本書の特色と使い方

自分で問題を解く力がつきます

教科書の学習内容をひとつひとつ丁寧に自分の力で解いていくことができるよう，解き方の見本やヒントを入れています。自分で問題を解く力がつき，楽しく確実に学習を進めていくことができます。

本書をコピー・印刷して教科書の内容をくりかえし練習できます

計算問題などは型分けした問題をしっかり学習したあと，いろいろな型を混合して出題しているので，学校での学習をくりかえし練習できます。
学校の先生方はコピーや印刷をして使えます。(本書 P128 をご確認ください)

学ぶ楽しさが広がり勉強がすきになります

計算問題は，めいろなどを取り入れ，楽しんで学習できるよう工夫しました。
楽しく学んでいるうちに，勉強がすきになります。

「ふりかえりテスト」で力だめしができます

「練習のページ」が終わったあと，「ふりかえりテスト」をやってみましょう。
「ふりかえりテスト」でできなかったところは，もう一度「練習のページ」を復習すると，力がぐんぐんついてきます。

スタートアップ解法編３年　目次

九九表とかけ算（1）

名前

1　下の九九表《ひょう》の空いているところをうめましょう。

かけられる数＼かける数	1	2	3	4	5	6	7	8	9
1	1	2	3	4	5	6	7	8	9
2	2	4	6	8	10	12	14	16	18
3	3	6	9	12	15	18	21	24	
4	4	8	12	16	20	24	28		36
5	5	10	15	20	25	30		40	45
6	6	12	18	24	30		42	48	54
7	7	14	21	28		42	49		63
8	8	16	24		40		56	64	72
9	9	18	27	36	45	54	63		81

2　上の九九表を見て，□にあてはまる数を書きましょう。

①　5のだんでは，かける数が１つふえるごとに答えは

□ずつ大きくなります。

②　8のだんでは，かける数が１つふえるごとに答えは

□ずつ大きくなります。

③　7×5の答えは，7×4の答えより□大きい。

④　7×5の答えは，7×6の答えより□小さい。

⑤　$5 \times 7 = 5 \times 6 + □$

⑥　$9 \times 8 = 9 \times 9 - □$

⑦　$4 \times 8 = 4 \times 7 + □$

⑧　$8 \times 6 = 8 \times 7 - □$

3　□にあてはまる数を書きましょう。

①　$5 \times 3 = 3 \times □$

②　$6 \times 8 = □ \times 6$

③　$4 \times 5 = 5 \times □$

④　$2 \times 9 = □ \times 2$

⑤　$7 \times 4 = 4 \times □$

5×3　　$3 \times □$

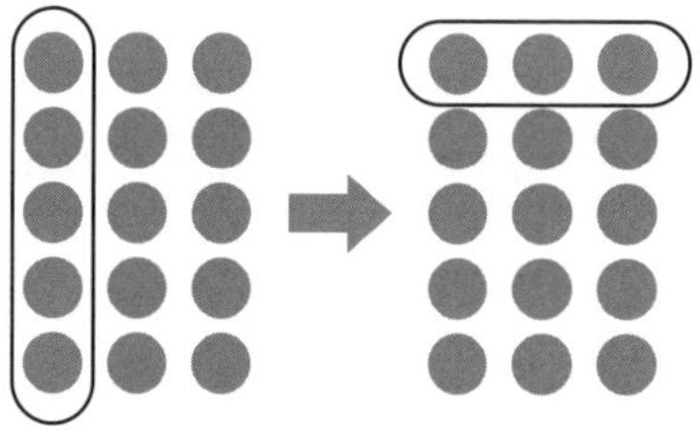

かけられる数と
かける数を
入れかえても
答えは同じだね。

九九表とかけ算（2）

名前

● □にあてはまる数を書きましょう。

① 7×4 ＜ $2 \times 4 = □$ ／ $□ \times 4 = □$

あわせて □

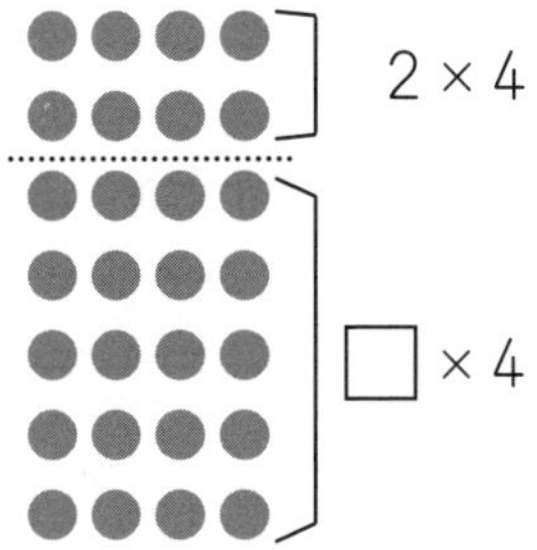

② 8×7 ＜ $□ \times 7 = □$ ／ $6 \times 7 = □$

あわせて □

③ 6×5 ＜ $4 \times 5 = □$ ／ $□ \times 5 = □$

あわせて □

④ 3×8 ＜ $3 \times 5 = □$ ／ $3 \times □ = □$

あわせて □

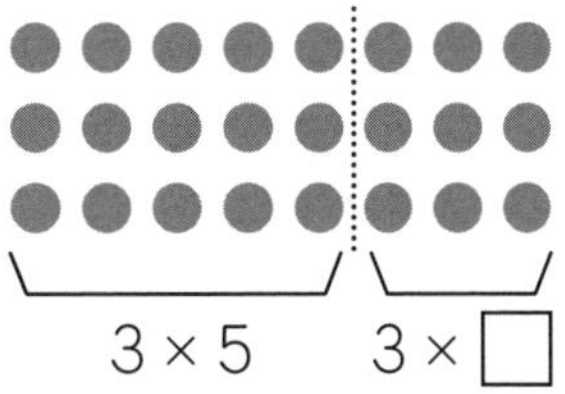

⑤ 4×9 ＜ $4 \times □ = □$ ／ $4 \times 4 = □$

あわせて □

⑥ 7×8 ＜ $7 \times 4 = □$ ／ $7 \times □ = □$

あわせて □

九九表とかけ算（3）

名前

1 計算をしましょう。

① $4 \times 10 = □$　② $9 \times 10 = □$

③ $10 \times 6 = □$　④ $10 \times 2 = □$

2 □にあてはまる数を書きましょう。

① $10 \times 8 = 8 \times □$　② $5 \times 10 = □ \times 5$

③ 10×7 ＜ $□ \times 7 = □$ ／ $5 \times 7 = □$

あわせて □

④ 10×10 ＜ $10 \times 8 = □$ ／ $10 \times □ = □$

あわせて □

3 4こ入りのたいやきの箱《はこ》が 10 箱あります。
たいやきは全部《ぜんぶ》で何こありますか。

式

答え

九九表とかけ算（4）

名前 ＿＿＿＿＿＿＿＿

1 まおさんがおはじき入れをすると，右のようになりました。
とく点を調《しら》べましょう。

点数	おはじきが入ったこ数	とく点
10	0	
5	5	25
3	2	
0	3	

（点数）（入った数）（とく点）

10点　10 × □ ＝ □

5点　5 × 5 ＝ 25

3点　3 × □ ＝ □

0点　0 × □ ＝ □

あわせて □ 点

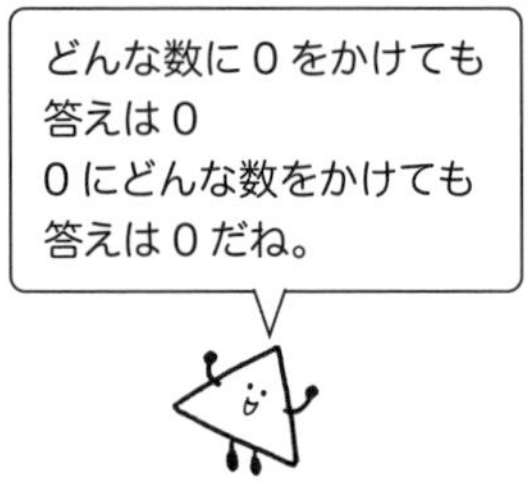

どんな数に０をかけても
答えは０
０にどんな数をかけても
答えは０だね。

2 計算をしましょう。

① 5 × 0 ＝ □　　② 10 × 0 ＝ □

③ 7 × 0 ＝ □　　④ 0 × 10 ＝ □

⑤ 0 × 8 ＝ □　　⑥ 0 × 0 ＝ □

九九表とかけ算（5）

名前 ＿＿＿＿＿＿＿＿

● □にあてはまる数を書きましょう。

①

3 × 12 ＜ 3 × 10 ＝ □ ／ 3 × 2 ＝ □

あわせて □

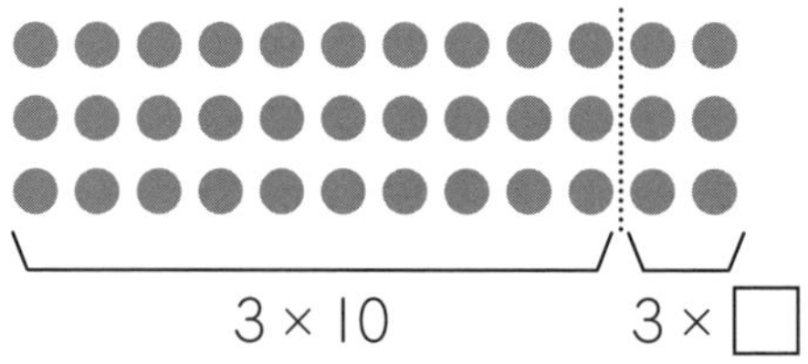

3 × 10
3 × □

②

5 × 14 ＜ 5 × 8 ＝ □ ／ 5 × □ ＝ □

あわせて □

③

4 × 16 ＜ 4 × □ ＝ □ ／ 4 × 8 ＝ □

あわせて □

④

13 × 4 ＜ 3 × 4 ＝ □ ／ □ × 4 ＝ □

あわせて □

⑤

15 × 6 ＜ 10 × 6 ＝ □ ／ □ × 6 ＝ □

あわせて □

⑥

12 × 5 ＜ □ × 5 ＝ □ ／ 7 × 5 ＝ □

あわせて □

時こくと時間 (1)

名前

● 次《つぎ》の時こくをもとめましょう。

① 午前 6 時 40 分から 30 分後の時こく

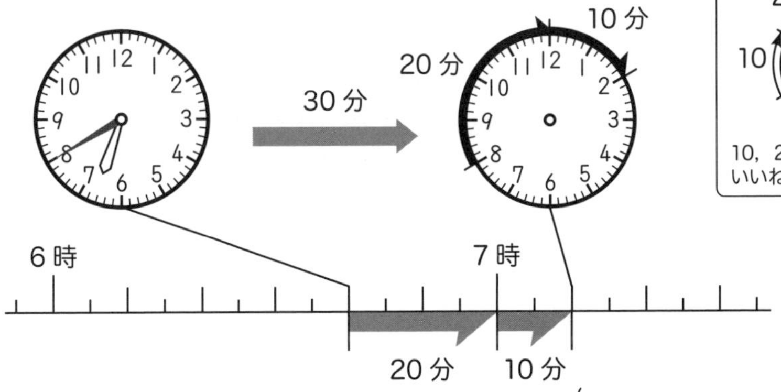

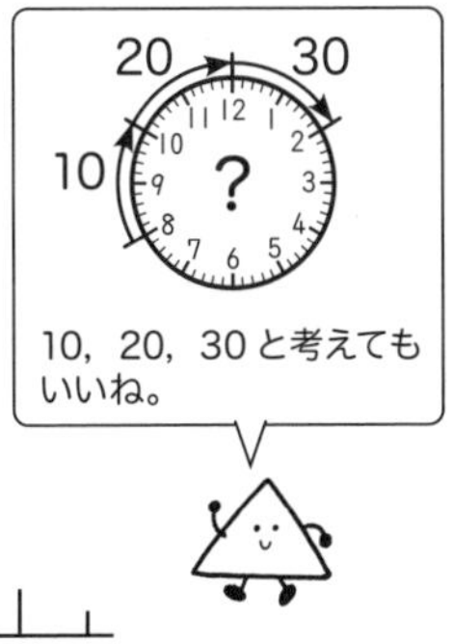

(午前　　　　　　　)

② 午前 9 時 50 分から 20 分後の時こく

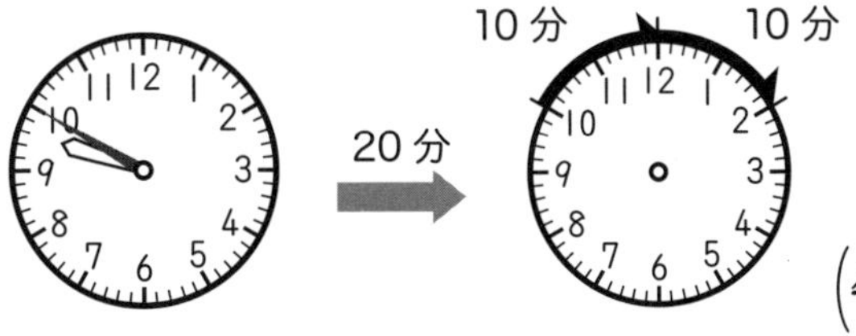

(午前　　　　　　　)

③ 午後 2 時 35 分から 40 分後の時こく

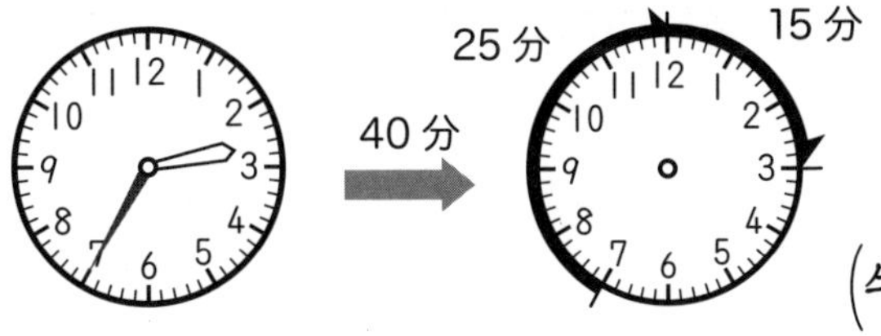

(午後　　　　　　　)

時こくと時間 (2)

名前

● 次《つぎ》の時こくをもとめましょう。

① 午前 8 時 10 分の 20 分前の時こく

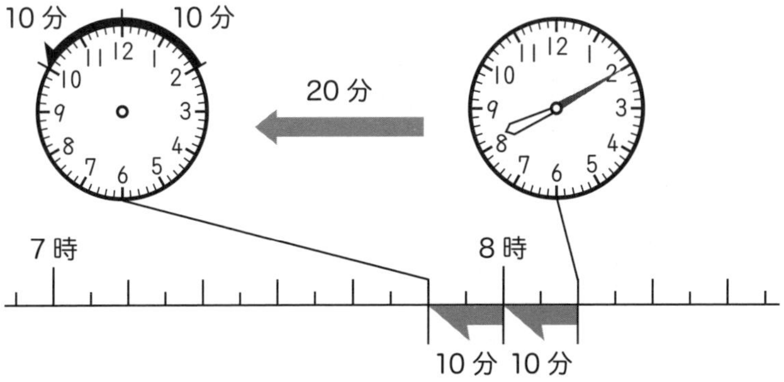

(午前　　　　　　　)

② 午後 5 時 15 分の 30 分前の時こく

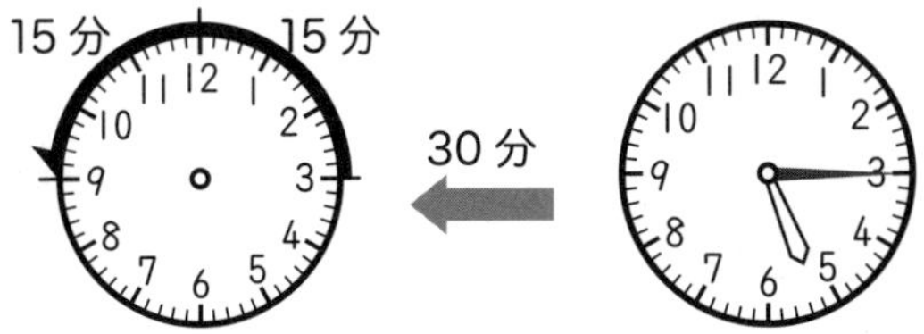

(午後　　　　　　　)

③ 午後 10 時 20 分の 45 分前の時こく

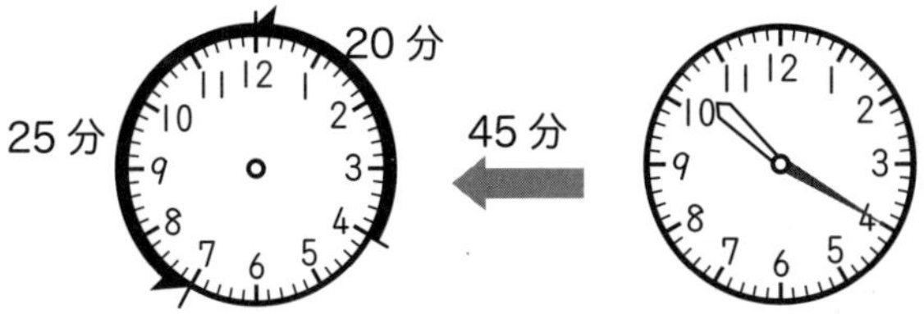

(午後　　　　　　　)

時こくと時間（3）

名前

● 次《つぎ》の時間をもとめましょう。

① 午前 7 時 40 分から午前 8 時 15 分までの時間

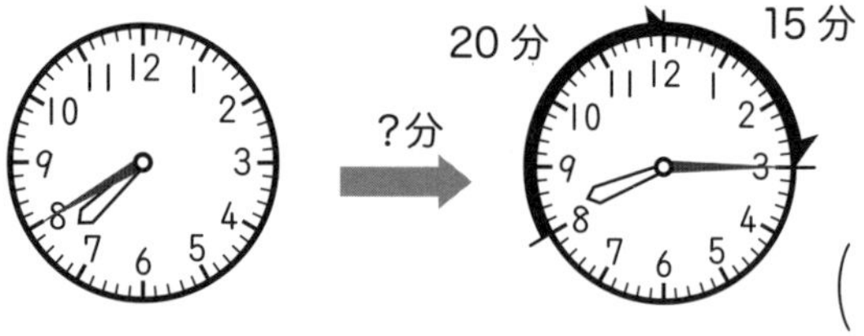

（　　　　　　　　）

② 午後 3 時 25 分から午後 4 時 5 分までの時間

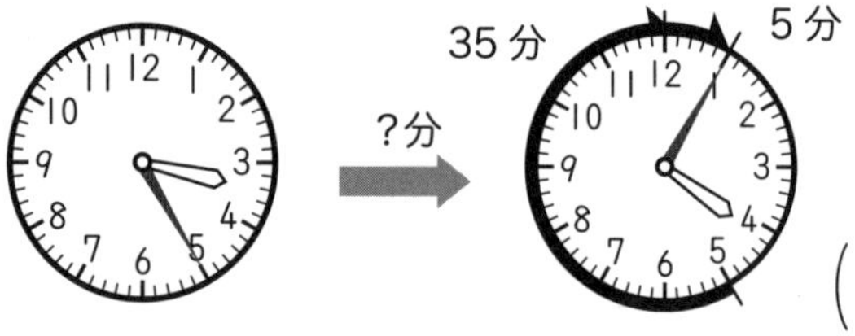

（　　　　　　　　）

③ 午前 6 時から午後 2 時までの時間

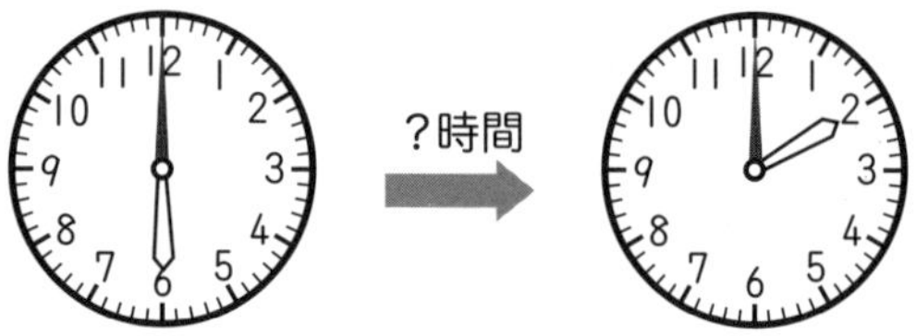

（　　　　　　　　）

④ 午前 10 時から午後 5 時 30 分までの時間

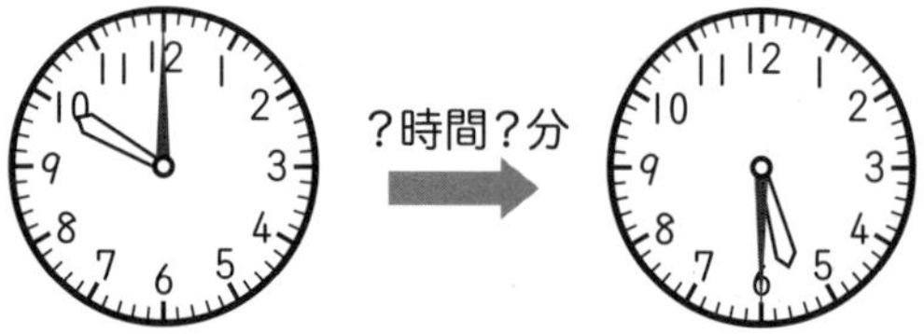

（　　　　　　　　）

時こくと時間（4）

名前

● 次《つぎ》の時間は，それぞれ何時間何分ですか。

① 30 分と 50 分をあわせた時間

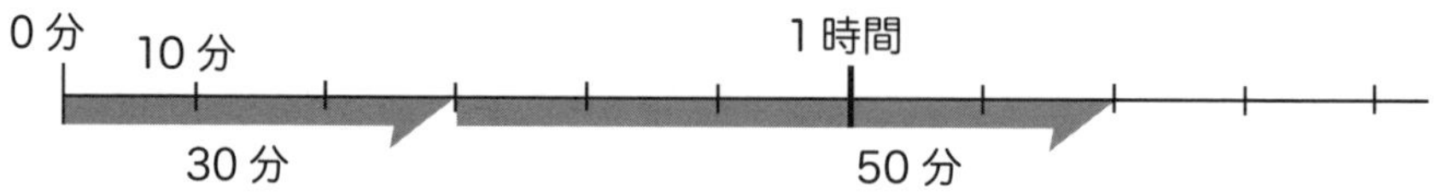

（　　　）分＝（　　　）時間（　　　）分

② 1 時間 10 分と 15 分をあわせた時間

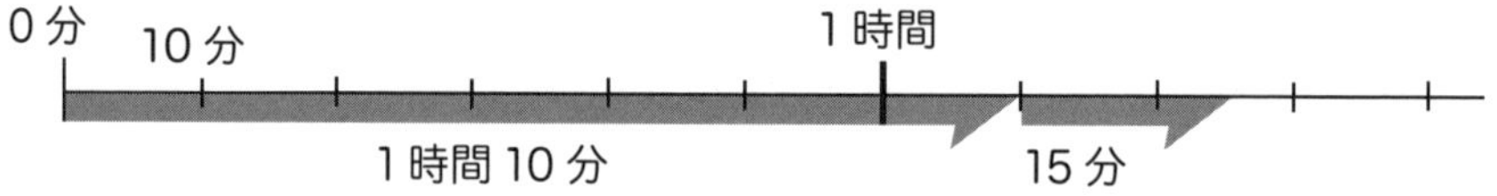

（　　　）時間（　　　）分

③ 45 分と 25 分をあわせた時間

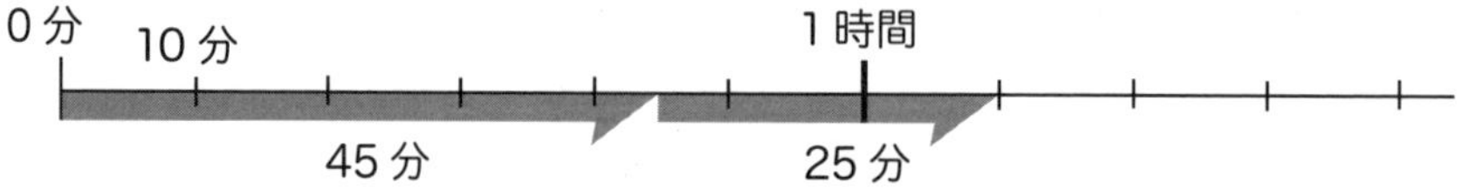

（　　　）分＝（　　　）時間（　　　）分

時こくと時間（5）

名前

1　さくらさんたちは，学校を午前９時30分に出発《しゅっぱつ》して，40分後に動物園《どうぶつえん》に着《つ》きました。
動物園に着いた時こくは何時何分ですか。

答え　午前＿＿＿＿＿＿＿＿

2　まみさんは，駅《えき》で午後２時15分にみさとさんと会います。
家から駅までは歩いて20分かかります。
何時何分までに家を出ればよいですか。

答え　午後＿＿＿＿＿＿＿＿

3　はるとさんは，午後５時45分から午後６時20分まで読書をしました。読書をしていた時間は何分ですか。

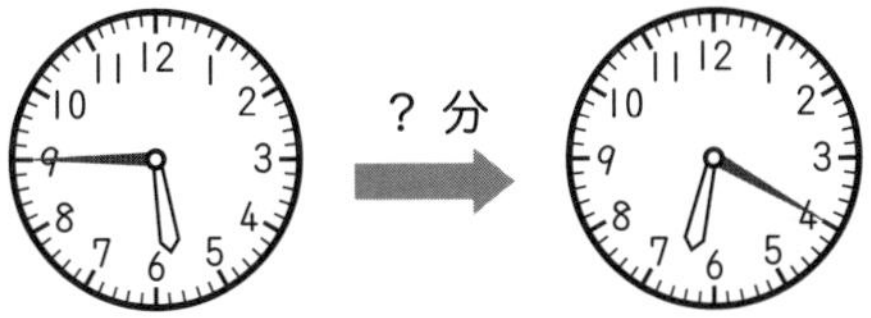

答え＿＿＿＿＿＿＿＿

時こくと時間（6）

名前

1分より短い時間のたんいに 秒《びょう》 があります。
1分 ＝ 60秒

1　□にあてはまる数を書きましょう。

① 90秒 ＝ □ 分 □ 秒　② 180秒 ＝ □ 分

③ 1分20秒 ＝ □ 秒　④ 2分 ＝ □ 秒

⑤ 1分40秒 ＝ □ 秒

2　どちらの時間が長いですか。長い方に○をしましょう。

①（　1分 ，65秒　）

②（　125秒 ，2分　）

3　□にあてはまる時間のたんい（秒・分・時間）を書きましょう。

① 1日のすいみん時間 …… 8 □

② 50mを走るのにかかった時間 …… 10 □

③ きゅう食の時間 …… 35 □

ふりかえりテスト　時こくと時間

名前

1　次《つぎ》の時こくや時間をもとめましょう。(10×4)

①　午前 10 時 50 分から 40 分後の時こく

（午前　　　　　　）

②　午後 7 時 20 分の 30 分前の時こく

（午後　　　　　　）

③　午後 9 時 50 分から
午後 10 時 35 分までの時間

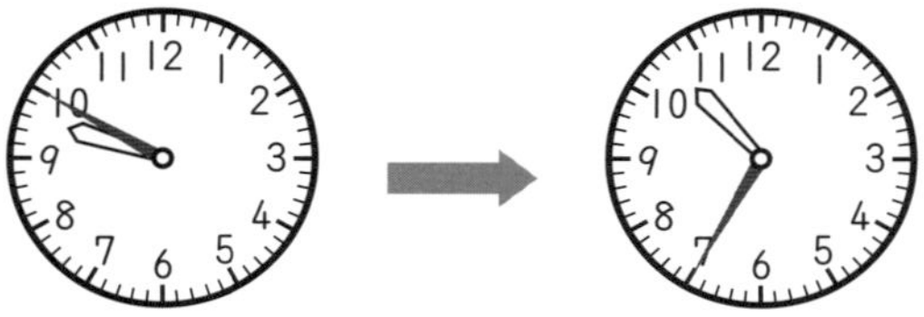

（　　　　　　　　）

④　45 分と 30 分をあわせた時間

（　　　時間　　　分）

2　□にあてはまる数を書きましょう。(7×3)

①　1 分 ＝ □ 秒

②　70 秒 ＝ □ 分 □ 秒

③　1 分 50 秒 ＝ □ 秒

3　□にあてはまる時間のたんい（秒・分・時間）を書きましょう。(6×3)

①　朝おきてから夜ねるまでの時間
…… 15 □

②　25m をおよぐのにかかった時間
…… 30 □

③　学校の昼休みの時間 …… 20 □

4　りくさんは，午前 10 時 35 分に家を出て，午前 11 時 20 分に図書館《としょかん》へ着《つ》きました。
図書館まで何分かかりましたか。(10)

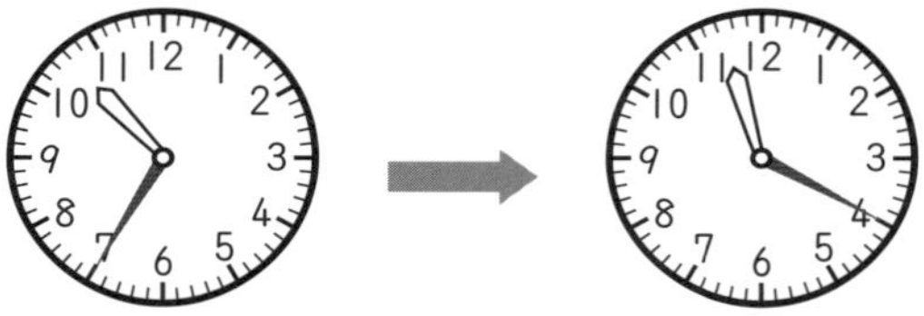

答え ＿＿＿＿＿＿

5　はるかさんは，午後 4 時 45 分から 35 分間，犬のさんぽに行きました。
何時何分まで犬のさんぽをしていましたか。(11)

答え　午後（　　　　　　）

わり算（1）

名前

● 絵を使《つか》って答えをもとめ，わり算の式《しき》に表《あらわ》しましょう。

あめが 12 こあります。
4 人で同じ数ずつ分けます。
1 人分は何こになりますか。

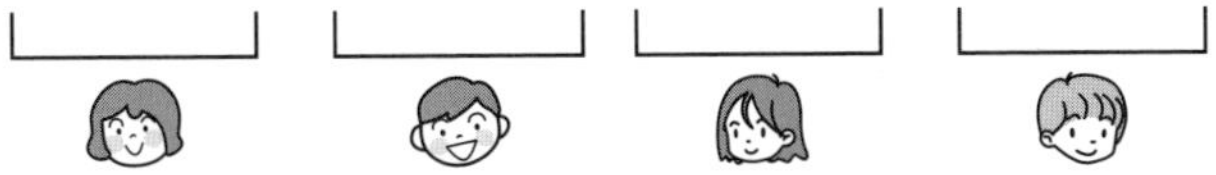

全部《ぜんぶ》の数　人数　1 人分の数

式《しき》　12 ÷ 4 = □

（こ）　（人）　（こ）

答え □ こ

わり算（2）

名前

● 絵を使《つか》って答えをもとめ，わり算の式《しき》に表《あらわ》しましょう。

① ビスケットが 8 まいあります。
4 人で同じ数ずつ分けます。
1 人分は何まいになりますか。

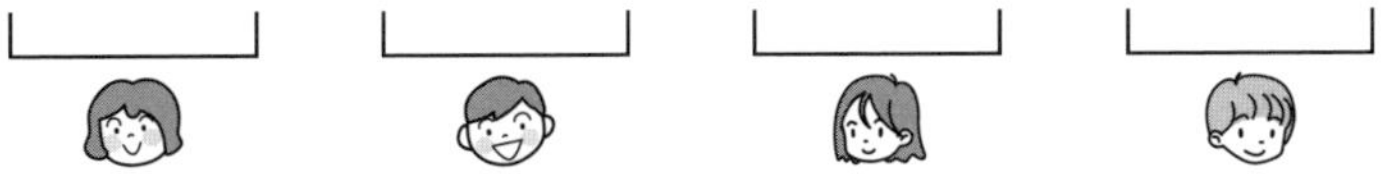

全部《ぜんぶ》の数　人数　1 人分の数

式《しき》　□ ÷ □ = □

（まい）　（人）　（まい）

答え □ まい

② みかんが 15 こあります。
5 人で同じ数ずつ分けます。
1 人分は何こになりますか。

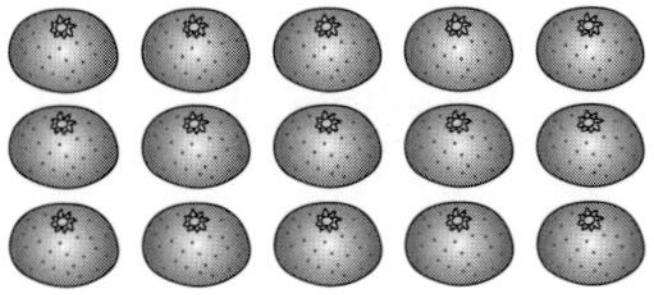

全部の数　人数　1 人分の数

式　□ ÷ □ = □

（こ）　（人）　（こ）

答え □ こ

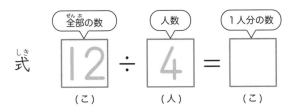

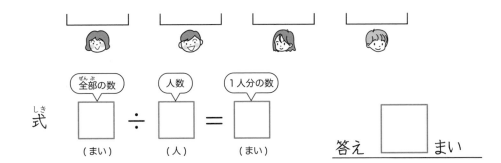

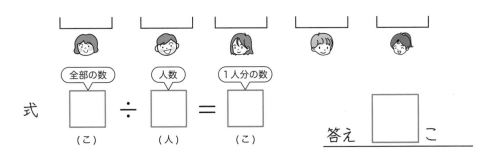

わり算（3）

名前

● ドーナツが 12 こあります。
3 人で同じ数ずつ分けます。
1 人分は何こになりますか。

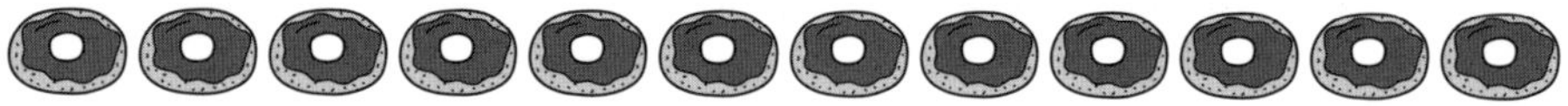

3 × 1 = 3
3 × 2 = 6
3 × 3 = 9
3 × [4] = 12
3 × 5 = 15
3 × 6 = 18
3 × 7 = 21
3 × 8 = 24
3 × 9 = 27

式《しき》　全部《ぜんぶ》の数 [12]（こ）÷ 人数 [3]（人）＝ 1 人分の数 [　]（こ）

↑ 3 のだんの九九を使って
答えを見つけよう。

答え [　] こ

② ① ③

わり算（4）

名前

1 いちごが 24 こあります。
4 皿《さら》に同じ数ずつ分けます。
1 皿分は何こになりますか。

式《しき》　全部《ぜんぶ》の数 [　]（こ）÷ 皿の数 [　]（皿）＝ 1 皿分の数 [　]（こ）

↑ わる数のだんの九九で
答えを見つけよう。

4 × 1 = □
4 × 2 = □
4 × 3 = □
4 × 4 = □
4 × 5 = □
4 × 6 = □
4 × 7 = □
⋮

4 のだんで
24 になるのは……

答え [　] こ

2 あめが 28 こあります。
7 ふくろに同じ数ずつ分けます。
1 ふくろ分は何こになりますか。

式　全部の数 [　]（こ）÷ ふくろの数 [　]（ふくろ）＝ 1 ふくろ分の数 [　]（こ）

7 × 1 = □
7 × 2 = □
7 × 3 = □
7 × 4 = □
7 × 5 = □
⋮

7 のだんで
28 になるのは……

答え [　] こ

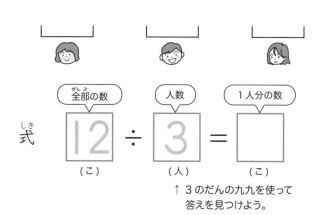

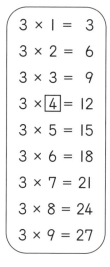

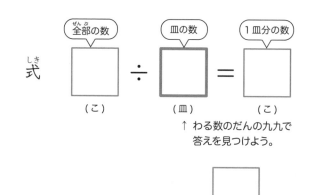

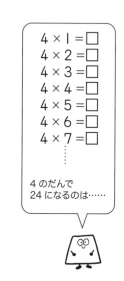

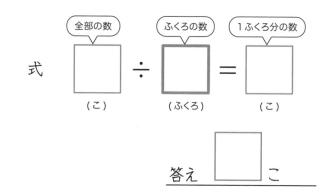

わり算（5）

名前

● キャラメルが 9 こあります。
1 人に 3 こずつ分けます。
何人に分けられますか。

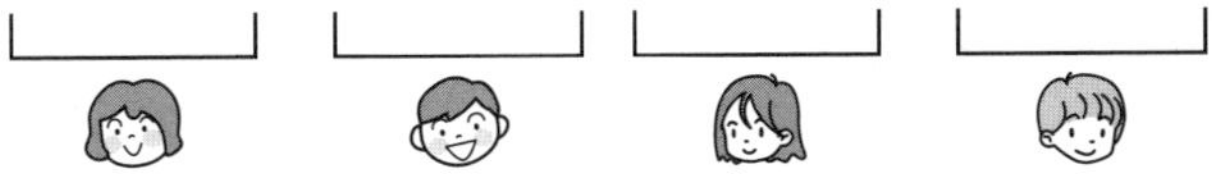

人数をもとめる計算もわり算だね。
九九を使って答えをもとめよう。

	全部《ぜんぶ》の数		1 人分の数		人数
式《しき》	9	÷	3	=	□
	（こ）		（こ）		（人）

↑ 3 のだんの九九を使って答えを見つけよう。

3	×	1	=	3
3	×	2	=	6
3	×	[3]	=	9
3	×	4	=	12
3	×	5	=	15
3	×	6	=	18
3	×	7	=	21
3	×	8	=	24
3	×	9	=	27

答え □ 人

わり算（6）

名前

1 りんごが 20 こあります。
1 人に 5 こずつ分けます。
何人に分けられますか。

	全部《ぜんぶ》の数		1 人分の数		人数
式《しき》	□	÷	□	=	□
	（こ）		（こ）		（人）

↑ わる数のだんの九九で答えを見つけよう。

5 × 1 = □
5 × 2 = □
5 × 3 = □
5 × 4 = □
5 × 5 = □
⋮

答え □ 人

2 えんぴつが 18 本あります。
1 人に 6 本ずつ分けます。
何人に分けられますか。

	全部の数		1 人分の数		人数
式	□	÷	□	=	□
	（本）		（本）		（人）

6 × 1 = □
6 × 2 = □
6 × 3 = □
6 × 4 = □
⋮

答え □ 人

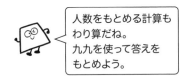

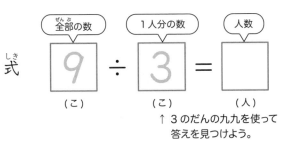

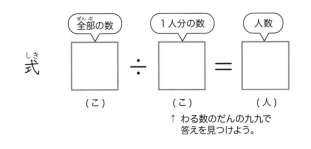

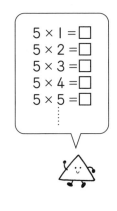

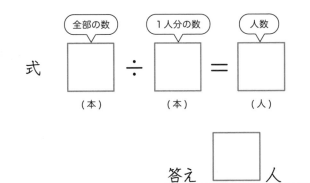

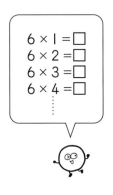

わり算（7）

名前

1 ゼリーが 24 こあります。
1 箱《はこ》に 6 こずつ入れます。
箱は何箱いりますか。

式《しき》 □（こ）÷ □（こ）＝ □（箱）

全部《ぜんぶ》の数 ÷ 1 箱分の数 ＝ 箱の数

↑ わる数のだんの九九で答えを見つけよう。

6 × 1 ＝ □
6 × 2 ＝ □
6 × 3 ＝ □
6 × 4 ＝ □
6 × 5 ＝ □
⋮

答え □ 箱

2 18cm のテープがあります。
3cm ずつに切ります。
テープは何本できますか。

式 □（cm）÷ □（cm）＝ □（本）

全体の長さ ÷ 1 本分の長さ ＝ 本数

3 × 1 ＝ □
3 × 2 ＝ □
3 × 3 ＝ □
3 × 4 ＝ □
3 × 5 ＝ □
3 × 6 ＝ □
3 × 7 ＝ □
⋮

答え □ 本

わり算（8）

名前

● 次《つぎ》の㋐，㋑の 2 つの問題《もんだい》をくらべましょう。

㋐
クッキーが 10 こあります。
2 人で同じ数ずつ分けます。
1 人分は何こになりますか。

㋑
クッキーが 10 こあります。
1 人に 2 こずつ分けます。
何人に分けられますか。

① 図を使《つか》って，㋐と㋑の分け方をくらべてみましょう。

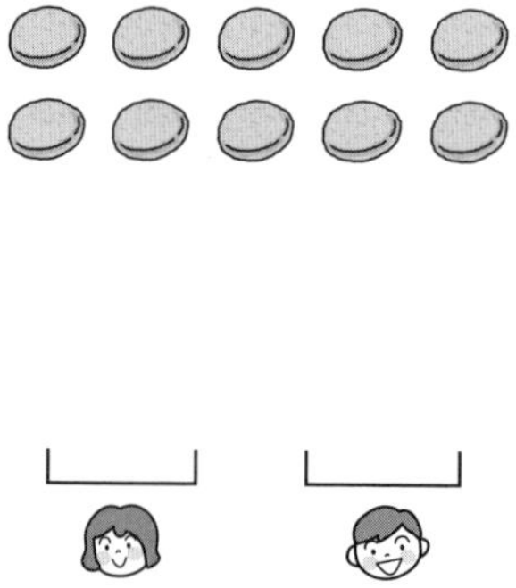

② 答えをもとめましょう。

㋐ 式《しき》 □（こ）÷ □（人）＝ □（こ）

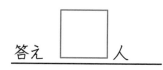

全部《ぜんぶ》の数 ÷ いくつ分 ＝ 1 つ分の数

答え □ こ

㋑ 式 □（こ）÷ □（こ）＝ □（人）

全部の数 ÷ 1 つ分の数 ＝ いくつ分

答え □ 人

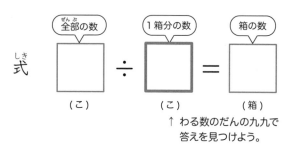

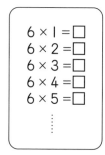

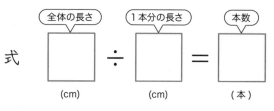

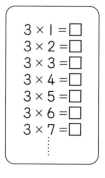

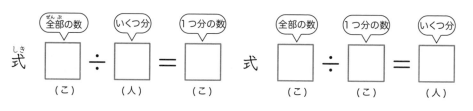

わり算（9）

名前

1　箱《はこ》に入っているドーナツを，３人で同じ数ずつ分けます。
　１人分は何こになりますか。

6こ

①  　□ ÷ 3 = □

3こ

② 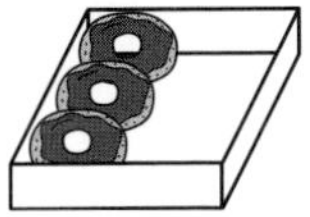 　□ ÷ 3 = □

0こ

③ 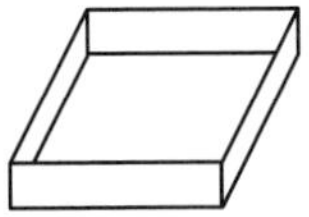 　□ ÷ 3 = □

2　計算をしましょう。

① $5 \div 5 =$ □　　② $8 \div 8 =$ □

③ $0 \div 3 =$ □　　④ $0 \div 7 =$ □

⑤ $0 \div 2 =$ □　　⑥ $0 \div 6 =$ □

⑦ $9 \div 1 =$ □　　⑧ $4 \div 1 =$ □

わり算（10）

名前

① $14 \div 2 =$ 7　$2 \times$ 7 $= 14$
② $10 \div 2 =$ □　$2 \times$ □ $= 10$
③ $2 \div 2 =$ □　$2 \times$ □ $= 2$
④ $18 \div 2 =$ □　$2 \times$ □ $= 18$
⑤ $8 \div 2 =$ □　$2 \times$ □ $= 8$
⑥ $4 \div 2 =$ □　$2 \times$ □ $= 4$
⑦ $6 \div 2 =$ □　$2 \times$ □ $= 6$
⑧ $12 \div 2 =$ □　$2 \times$ □ $= 12$
⑨ $14 \div 2 =$ □　$2 \times$ □ $= 14$
⑩ $16 \div 2 =$ □　$2 \times$ □ $= 16$

① $18 \div 3 =$ 6　$3 \times$ 6 $= 18$
② $6 \div 3 =$ □　$3 \times$ □ $= 6$
③ $21 \div 3 =$ □　$3 \times$ □ $= 21$
④ $3 \div 3 =$ □　$3 \times$ □ $= 3$
⑤ $9 \div 3 =$ □　$3 \times$ □ $= 9$
⑥ $27 \div 3 =$ □　$3 \times$ □ $= 27$
⑦ $18 \div 3 =$ □　$3 \times$ □ $= 18$
⑧ $12 \div 3 =$ □　$3 \times$ □ $= 12$
⑨ $15 \div 3 =$ □　$3 \times$ □ $= 15$
⑩ $24 \div 3 =$ □　$3 \times$ □ $= 24$

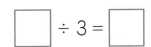

わり算（11）

名前

① 8 ÷ 4 = □

② 28 ÷ 4 = □

③ 12 ÷ 4 = □

④ 24 ÷ 4 = □

⑤ 20 ÷ 4 = □

⑥ 4 ÷ 4 = □

⑦ 32 ÷ 4 = □

⑧ 36 ÷ 4 = □

⑨ 28 ÷ 4 = □

⑩ 16 ÷ 4 = □

4 × 1 = 4
4 × 2 = 8
4 × 3 = 12
4 × 4 = 16
4 × 5 = 20
4 × 6 = 24
4 × 7 = 28
4 × 8 = 32
4 × 9 = 36

① 15 ÷ 5 = □

② 30 ÷ 5 = □

③ 45 ÷ 5 = □

④ 20 ÷ 5 = □

⑤ 5 ÷ 5 = □

⑥ 10 ÷ 5 = □

⑦ 35 ÷ 5 = □

⑧ 15 ÷ 5 = □

⑨ 25 ÷ 5 = □

⑩ 40 ÷ 5 = □

5 × 1 = 5
5 × 2 = 10
5 × 3 = 15
5 × 4 = 20
5 × 5 = 25
5 × 6 = 30
5 × 7 = 35
5 × 8 = 40
5 × 9 = 45

わり算（12）

名前

① 48 ÷ 6 = □

② 6 ÷ 6 = □

③ 24 ÷ 6 = □

④ 18 ÷ 6 = □

⑤ 12 ÷ 6 = □

⑥ 42 ÷ 6 = □

⑦ 48 ÷ 6 = □

⑧ 36 ÷ 6 = □

⑨ 54 ÷ 6 = □

⑩ 30 ÷ 6 = □

6 × 1 = 6
6 × 2 = 12
6 × 3 = 18
6 × 4 = 24
6 × 5 = 30
6 × 6 = 36
6 × 7 = 42
6 × 8 = 48
6 × 9 = 54

① 35 ÷ 7 = □

② 49 ÷ 7 = □

③ 7 ÷ 7 = □

④ 28 ÷ 7 = □

⑤ 14 ÷ 7 = □

⑥ 21 ÷ 7 = □

⑦ 28 ÷ 7 = □

⑧ 63 ÷ 7 = □

⑨ 56 ÷ 7 = □

⑩ 42 ÷ 7 = □

7 × 1 = 7
7 × 2 = 14
7 × 3 = 21
7 × 4 = 28
7 × 5 = 35
7 × 6 = 42
7 × 7 = 49
7 × 8 = 56
7 × 9 = 63

わり算（13）

名前

① 64 ÷ 8 = □

② 8 ÷ 8 = □

③ 40 ÷ 8 = □

④ 56 ÷ 8 = □

⑤ 24 ÷ 8 = □

⑥ 16 ÷ 8 = □

⑦ 32 ÷ 8 = □

⑧ 72 ÷ 8 = □

⑨ 56 ÷ 8 = □

⑩ 48 ÷ 8 = □

8 × 1 = 8
8 × 2 = 16
8 × 3 = 24
8 × 4 = 32
8 × 5 = 40
8 × 6 = 48
8 × 7 = 56
8 × 8 = 64
8 × 9 = 72

① 63 ÷ 9 = □

② 81 ÷ 9 = □

③ 18 ÷ 9 = □

④ 36 ÷ 9 = □

⑤ 54 ÷ 9 = □

⑥ 45 ÷ 9 = □

⑦ 63 ÷ 9 = □

⑧ 72 ÷ 9 = □

⑨ 27 ÷ 9 = □

⑩ 9 ÷ 9 = □

9 × 1 = 9
9 × 2 = 18
9 × 3 = 27
9 × 4 = 36
9 × 5 = 45
9 × 6 = 54
9 × 7 = 63
9 × 8 = 72
9 × 9 = 81

わり算（14）

○÷2～○÷5

名前

① 40 ÷ 5 =　　② 20 ÷ 4 =

③ 6 ÷ 3 =　　④ 12 ÷ 3 =

⑤ 6 ÷ 2 =　　⑥ 45 ÷ 5 =

⑦ 32 ÷ 4 =　　⑧ 16 ÷ 2 =

⑨ 14 ÷ 2 =　　⑩ 20 ÷ 5 =

⑪ 24 ÷ 4 =　　⑫ 16 ÷ 4 =

⑬ 18 ÷ 2 =　　⑭ 24 ÷ 3 =

⑮ 15 ÷ 5 =　　⑯ 35 ÷ 5 =

⑰ 28 ÷ 4 =　　⑱ 21 ÷ 3 =

⑲ 18 ÷ 3 =　　⑳ 8 ÷ 2 =

答えの大きい方をとおってゴールしましょう。とおった答えを下の □ に書きましょう。

① □　② □　③ □

わり算（15）

○÷6～○÷9

名前

① 63 ÷ 9 =　　② 56 ÷ 7 =

③ 24 ÷ 6 =　　④ 54 ÷ 9 =

⑤ 40 ÷ 8 =　　⑥ 32 ÷ 8 =

⑦ 21 ÷ 7 =　　⑧ 12 ÷ 6 =

⑨ 56 ÷ 8 =　　⑩ 36 ÷ 9 =

⑪ 54 ÷ 6 =　　⑫ 24 ÷ 8 =

⑬ 81 ÷ 9 =　　⑭ 42 ÷ 7 =

⑮ 72 ÷ 8 =　　⑯ 36 ÷ 6 =

⑰ 42 ÷ 6 =　　⑱ 28 ÷ 7 =

⑲ 35 ÷ 7 =　　⑳ 18 ÷ 9 =

答えの大きい方をとおってゴールしましょう。とおった答えを下の □ に書きましょう。

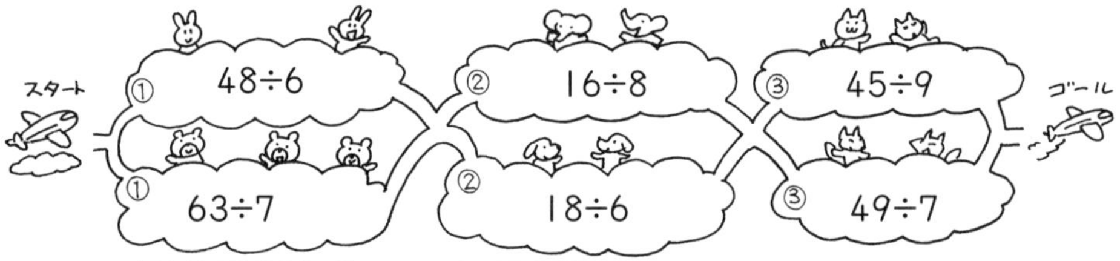

① □　② □　③ □

わり算（16）

○÷6～○÷9

名前

① 64 ÷ 8 =　　② 30 ÷ 6 =

③ 14 ÷ 7 =　　④ 27 ÷ 9 =

⑤ 63 ÷ 9 =　　⑥ 36 ÷ 6 =

⑦ 48 ÷ 8 =　　⑧ 54 ÷ 6 =

⑨ 40 ÷ 8 =　　⑩ 49 ÷ 7 =

⑪ 45 ÷ 9 =　　⑫ 32 ÷ 8 =

⑬ 28 ÷ 7 =　　⑭ 16 ÷ 8 =

⑮ 48 ÷ 6 =　　⑯ 54 ÷ 9 =

⑰ 18 ÷ 6 =　　⑱ 72 ÷ 9 =

⑲ 42 ÷ 7 =　　⑳ 63 ÷ 7 =

答えの大きい方をとおってゴールしましょう。とおった答えを下の □ に書きましょう。

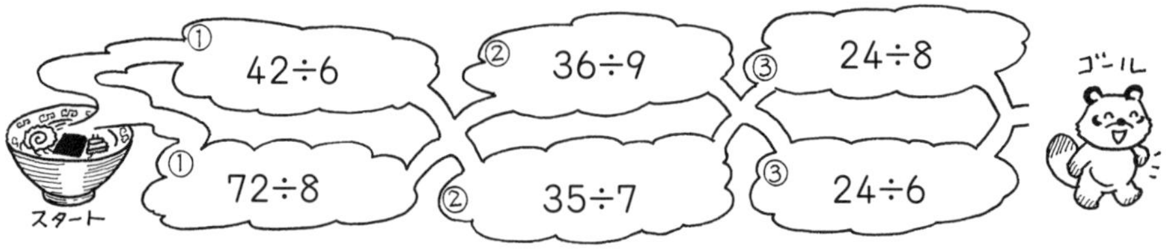

① □　② □　③ □

わり算（17）

○÷２～○÷５

名前

① 20 ÷ 5 =

② 18 ÷ 2 =

③ 20 ÷ 4 =

④ 21 ÷ 3 =

⑤ 32 ÷ 4 =

⑥ 28 ÷ 4 =

⑦ 10 ÷ 2 =

⑧ 9 ÷ 3 =

⑨ 45 ÷ 5 =

⑩ 8 ÷ 4 =

⑪ 18 ÷ 3 =

⑫ 6 ÷ 2 =

⑬ 27 ÷ 3 =

⑭ 10 ÷ 5 =

⑮ 16 ÷ 4 =

⑯ 15 ÷ 3 =

⑰ 8 ÷ 2 =

⑱ 16 ÷ 2 =

⑲ 36 ÷ 4 =

⑳ 12 ÷ 2 =

㉑ 3 ÷ 3 =

㉒ 35 ÷ 5 =

㉓ 40 ÷ 5 =

㉔ 14 ÷ 2 =

㉕ 24 ÷ 3 =

□問 ／25問

わり算（18）

○÷６～○÷９

名前

① 45 ÷ 9 =

② 64 ÷ 8 =

③ 24 ÷ 6 =

④ 30 ÷ 6 =

⑤ 72 ÷ 9 =

⑥ 27 ÷ 9 =

⑦ 7 ÷ 7 =

⑧ 14 ÷ 7 =

⑨ 54 ÷ 9 =

⑩ 36 ÷ 6 =

⑪ 42 ÷ 7 =

⑫ 28 ÷ 7 =

⑬ 63 ÷ 7 =

⑭ 18 ÷ 6 =

⑮ 21 ÷ 7 =

⑯ 48 ÷ 6 =

⑰ 81 ÷ 9 =

⑱ 16 ÷ 8 =

⑲ 18 ÷ 9 =

⑳ 32 ÷ 8 =

㉑ 42 ÷ 6 =

㉒ 49 ÷ 7 =

㉓ 56 ÷ 8 =

㉔ 48 ÷ 8 =

㉕ 40 ÷ 8 =

□問 ／25問

わり算（19）

○÷1～○÷5

名前

① 28 ÷ 4 =	② 9 ÷ 3 =	③ 6 ÷ 2 =
④ 16 ÷ 2 =	⑤ 40 ÷ 5 =	⑥ 30 ÷ 5 =
⑦ 4 ÷ 1 =	⑧ 6 ÷ 3 =	⑨ 1 ÷ 1 =
⑩ 12 ÷ 2 =	⑪ 15 ÷ 5 =	⑫ 24 ÷ 4 =
⑬ 20 ÷ 4 =	⑭ 36 ÷ 4 =	⑮ 8 ÷ 1 =
⑯ 21 ÷ 3 =	⑰ 10 ÷ 2 =	⑱ 24 ÷ 3 =
⑲ 14 ÷ 2 =	⑳ 12 ÷ 3 =	㉑ 18 ÷ 2 =
㉒ 16 ÷ 4 =	㉓ 20 ÷ 5 =	㉔ 8 ÷ 4 =
㉕ 10 ÷ 5 =	㉖ 8 ÷ 2 =	㉗ 12 ÷ 4 =
㉘ 4 ÷ 4 =	㉙ 35 ÷ 5 =	㉚ 27 ÷ 3 =
㉛ 45 ÷ 5 =	㉜ 15 ÷ 3 =	㉝ 25 ÷ 5 =
㉞ 32 ÷ 4 =	㉟ 3 ÷ 3 =	㊱ 18 ÷ 3 =

□ 問 ／36問

わり算（20）

○÷6～○÷9

名前

① 54 ÷ 6 =	② 14 ÷ 7 =	③ 81 ÷ 9 =
④ 18 ÷ 9 =	⑤ 18 ÷ 6 =	⑥ 63 ÷ 7 =
⑦ 49 ÷ 7 =	⑧ 12 ÷ 6 =	⑨ 16 ÷ 8 =
⑩ 56 ÷ 8 =	⑪ 72 ÷ 9 =	⑫ 36 ÷ 6 =
⑬ 6 ÷ 6 =	⑭ 48 ÷ 8 =	⑮ 32 ÷ 8 =
⑯ 63 ÷ 9 =	⑰ 24 ÷ 6 =	⑱ 36 ÷ 9 =
⑲ 28 ÷ 7 =	⑳ 48 ÷ 6 =	㉑ 35 ÷ 7 =
㉒ 24 ÷ 8 =	㉓ 56 ÷ 7 =	㉔ 54 ÷ 9 =
㉕ 42 ÷ 7 =	㉖ 30 ÷ 6 =	㉗ 72 ÷ 8 =
㉘ 64 ÷ 8 =	㉙ 27 ÷ 9 =	㉚ 40 ÷ 8 =
㉛ 9 ÷ 9 =	㉜ 42 ÷ 6 =	㉝ 8 ÷ 8 =
㉞ 21 ÷ 7 =	㉟ 7 ÷ 7 =	㊱ 45 ÷ 9 =

□ 問 ／36問

わり算 (21)

名前

1 3こで60円のあめがあります。
あめ1こ分は何円ですか。

式《しき》 60 ÷ 3 = □

答え

2 3こで69円のあめがあります。
あめ1こ分は何円ですか。

式 69 ÷ 3 = □

答え

3 計算をしましょう。

① 80 ÷ 4 =

② 50 ÷ 5 =

③ 60 ÷ 2 =

④ 70 ÷ 1 =

⑤ 40 ÷ 2 =

① 24 ÷ 2 =

② 96 ÷ 3 =

③ 48 ÷ 4 =

④ 39 ÷ 3 =

⑤ 88 ÷ 4 =

わり算 (22)

名前

1 ひまわりの花が28本あります。
4人で同じ数ずつ分けます。
1人分は何本になりますか。

式《しき》

答え

2 子どもが42人います。
同じ人数ずつ7つのチームに分けます。
1チームは何人になりますか。

式

答え

3 かごが8こあります。
32このボールを同じ数ずつ分けて入れます。
かご1こ分のボールは何こになりますか。

式

答え

わり算（23）

名前

① トマトが 27 こあります。
１つのふくろに３こずつ入れます。
ふくろはいくつできますか。

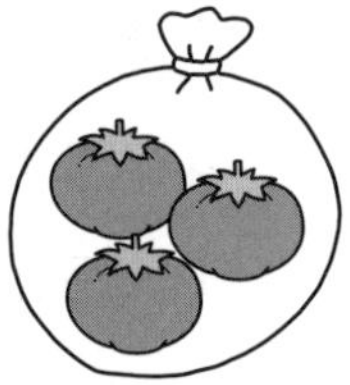

式《しき》

答え

② 花のたねが 54 こあります。
１つの植木《うえき》ばちに６こずつまきます。
植木ばちは何こいりますか。

式

答え

③ 56 ページの本があります。
毎日《まいにち》８ページずつ読みます。
何日で全部《ぜんぶ》読み終わりますか。

式

答え

わり算（24）

名前

① マドレーヌを 48 こ作りました。
友だち８人に同じ数ずつプレゼントします。
１人分は何こになりますか。

式《しき》

答え

② ジュースが 35dL あります。
１つのコップに 7dL ずつ入れます。
全部《ぜんぶ》のジュースを入れるにはコップは何こいりますか。

式

答え

③ 子どもが 40 人います。
５人ずつのチームに分かれてリレーをします。
チームは何チームできますか。

式

答え

ふりかえりテスト　わり算

名前 ＿＿＿＿＿＿＿＿

1 計算をしましょう。(2×40)

① 12 ÷ 2=	⑪ 24 ÷ 4=	㉑ 36 ÷ 6=	㉛ 72 ÷ 9=
② 28 ÷ 4=	⑫ 24 ÷ 8=	㉒ 54 ÷ 6=	㉜ 64 ÷ 8=
③ 30 ÷ 6=	⑬ 12 ÷ 6=	㉓ 72 ÷ 8=	㉝ 81 ÷ 9=
④ 36 ÷ 4=	⑭ 35 ÷ 7=	㉔ 32 ÷ 4=	㉞ 56 ÷ 8=
⑤ 27 ÷ 3=	⑮ 36 ÷ 9=	㉕ 45 ÷ 5=	㉟ 56 ÷ 7=
⑥ 21 ÷ 3=	⑯ 49 ÷ 7=	㉖ 42 ÷ 7=	㊱ 24 ÷ 6=
⑦ 42 ÷ 6=	⑰ 24 ÷ 3=	㉗ 63 ÷ 7=	㊲ 20 ÷ 4=
⑧ 16 ÷ 2=	⑱ 40 ÷ 5=	㉘ 16 ÷ 4=	㊳ 54 ÷ 9=
⑨ 25 ÷ 5=	⑲ 32 ÷ 8=	㉙ 15 ÷ 3=	㊴ 27 ÷ 9=
⑩ 18 ÷ 9=	⑳ 48 ÷ 8=	㉚ 28 ÷ 7=	㊵ 40 ÷ 8=

2 27cmのリボンがあります。
同じ長さずつ3本に切ります。
1本の長さは何cmになりますか。(10)

式《しき》

答え ＿＿＿＿＿＿＿＿

3 花が30本あります。
5本ずつたばにして花たばを作ります。
花たばはいくつできますか。(10)

式

答え ＿＿＿＿＿＿＿＿

たし算とひき算の筆算（1）

くり上がりなし・くり上がり１回

名前

①

	3	6	4
＋	2	3	1

（3＋2）（6＋3）（4＋1）

②

		1	
	5	2	8
＋	3	1	6
			4

（5＋3）（1＋2＋1）（8＋6）

③

	1		
	2	7	4
＋	4	5	3

（1＋2＋4）（7＋5）（4＋3）

④

	4	3	5
＋	5	2	2

⑤

	1	6	7
＋	4	2	4

⑥

	6	0	3
＋		7	9

⑦

	2	7	2
＋	3	8	6

⑧

	5	6	5
＋		4	3

一の位《くらい》から
じゅんに
計算しよう。

たし算とひき算の筆算（2）

くり上がりなし・くり上がり１回

名前

① 156 ＋ 712

② 546 ＋ 139

③ 82 ＋ 808

④ 377 ＋ 390

⑤ 614 ＋ 95

①と②の計算を筆算でしましょう。答えの大きい方をとおってゴールしましょう。とおった答えを下の □ に書きましょう。

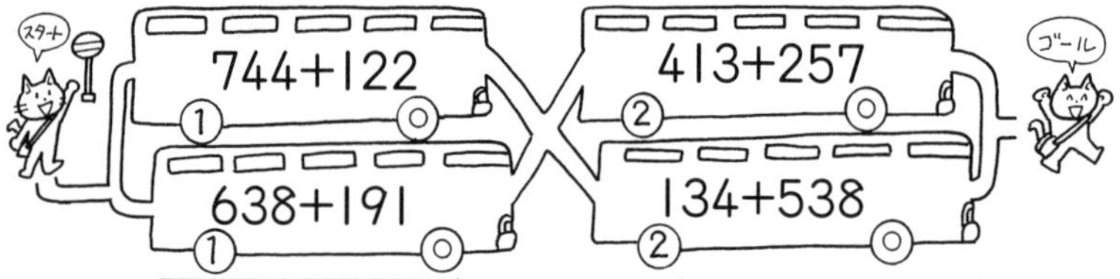

スタート
744＋122
①
638＋191
①
413＋257
②
134＋538
②
ゴール

① □

② □

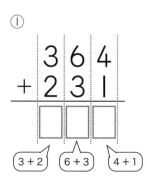

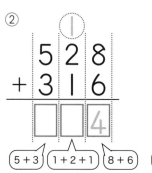

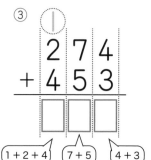

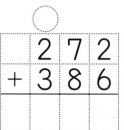

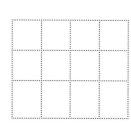

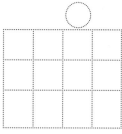

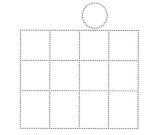

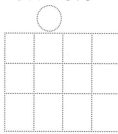

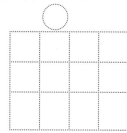

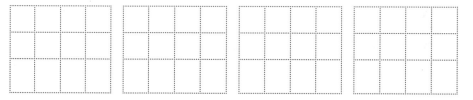

たし算とひき算の筆算（3）

くり上がり２回

名前

①

	1	1	
	4	5	7
+	2	8	4
		4	1

1＋4＋2　1＋5＋8　7＋4

②

	1	1	
	3	8	6
+		7	5

1＋3　1＋8＋7　6＋5

③

	1	8	9
+	6	4	5

④

	4	0	8
+		9	7

⑤

	5	2	4
+	2	7	6

⑥

	2	4	6
+		6	9

⑦

		7	3
+	7	3	8

⑧

	3	6	9
+	1	5	4

たし算とひき算の筆算（4）

くり上がり２回

名前

① 492 + 38

② 755 + 166

③ 371 + 239

④ 504 + 198

⑤ 95 + 805

①と②の計算を筆算でしましょう。答えの大きい方をとおってゴールしましょう。とおった答えを下の［　］に書きましょう。

①［　　　］　②［　　　］

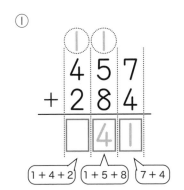

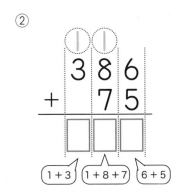

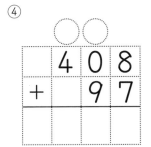

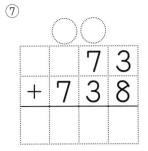

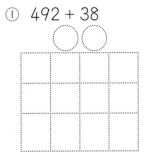

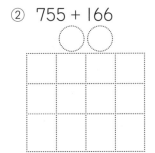

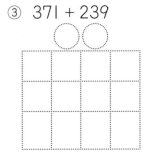

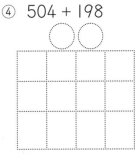

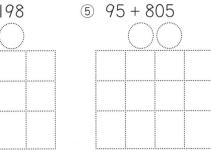

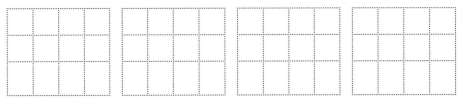

たし算とひき算の筆算（5）

名前

4けたになるたし算

①

	2	3	5
+	8	4	3

②

	5	9	2
+	4	6	4

③

	6	3	8
+	9	7	5

千の位《くらい》に
くり上がる計算だね。

④

	5	1	5
+	7	0	3

⑤

	9	8	4
+		9	4

⑥

	1	4	7
+	8	5	9

⑦

	4	2	2
+	6	3	5

⑧

	3	5	0
+	7	6	9

⑧

		8	8
+	9	1	6

たし算とひき算の筆算（6）

名前

いろいろな計算

① 325 + 397

② 528 + 76

③ 97 + 203

④ 184 + 70

⑤ 843 + 269

⑥ 411 + 356

⑦ 705 + 136

⑧ 512 + 88

⑨ 73 + 678

⑩ 409 + 591

くり上がった１を
わすれずに
計算しよう。

たし算とひき算の筆算（7）

くり下がりなし・くり下がり１回

名前

① 576 − 325

	5	7	6
−	3	2	5
	□	□	□

5 − 3　7 − 2　6 − 5

② 645 − 428

		3	10
	6	4	5
−	4	2	8
	□	□	□

6 − 4　3 − 2　15 − 8

③ 439 − 264

	3	10	
	4	3	9
−	2	6	4
	□	□	□

3 − 2　13 − 6　9 − 4

④

	3	8	2
−	3	6	0

⑤

	2	5	1
−	1	3	7

⑥

	5	4	6
−	4	6	3

⑦

	7	2	3
−	5	0	4

⑧

	6	0	8
−	3	5	8

一の位《くらい》から
じゅんに
計算しよう。

たし算とひき算の筆算（8）

くり下がりなし・くり下がり１回

名前

① 274 − 190　② 520 − 503　③ 618 − 313

④ 736 − 28　⑤ 405 − 242

①と②の計算を筆算でしましょう。答えの大きい方をとおってゴールしましょう。とおった答えを下の □ に書きましょう。

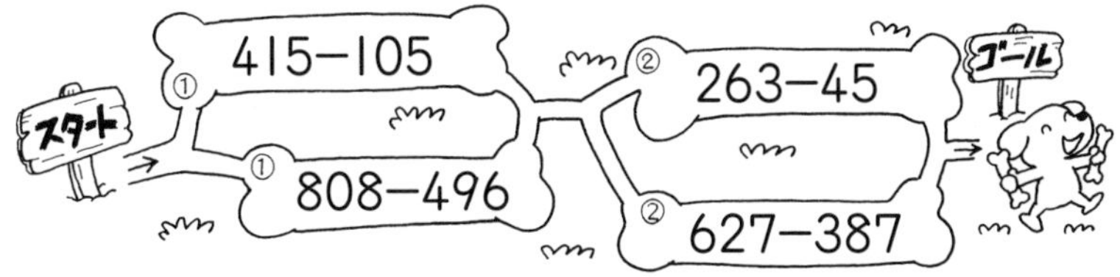

スタート
① 415−105
① 808−496
② 263−45
② 627−387
ゴール

① □　② □

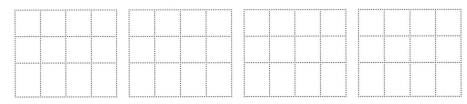

たし算とひき算の筆算（9）

名前

くり下がり２回

① 435－258

	10	
3	2	10
4	3	5
－2	5	8

（3－2）（12－5）（15－8）

② 223－57

	10	
1	1	10
2	2	3
－	5	7

（1－0）（11－5）（13－7）

③

	5	1	6
－	3	2	8

④

	3	8	0
－	1	8	5

⑤

	7	1	5
－	6	6	9

⑥

	1	5	2
－		7	4

⑦

	4	6	7
－	3	8	9

⑧

	6	2	0
－		2	8

たし算とひき算の筆算（10）

名前

くり下がり２回

① 540－356

② 834－87

③ 311－255

④ 475－276

⑤ 180－93

①と②の計算を筆算でしましょう。答えの大きい方をとおってゴールしましょう。とおった答えを下の □ に書きましょう。

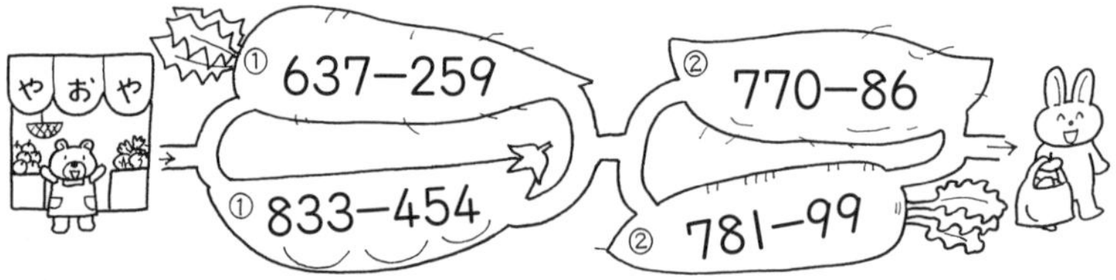

① □　② □

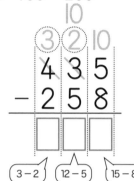

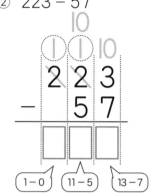

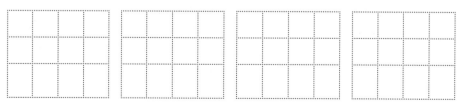

たし算とひき算の筆算（11）

名前

ひかれる数の十の位が０のひき算

1　502 − 276 を筆算《ひっさん》でしましょう。

	5	0	2
−	2	7	6

➡

	4	10	
	5	0	2
−	2	7	6

➡

		9	
	4	10	10
	5	0	2
−	2	7	6
	□	□	□
	4 − 2	9 − 7	12 − 6

十の位《くらい》が０なので，百の位から十の位へ，十の位から一の位へくり下がっていくよ。

2

① 703 − 465

	7	0	3
−	4	6	5

② 407 − 318

	4	0	7
−	3	1	8

③ 306 − 88

	3	0	6
−		8	8

④ 801 − 597

	8	0	1
−	5	9	7

⑤ 604 − 219

	6	0	4
−	2	1	9

⑥ 505 − 37

	5	0	5
−		3	7

たし算とひき算の筆算（12）

名前

何百，千からのひき算

① 400 − 238

		9	
	3	10	10
	4	0	0
−	2	3	8
	□	□	□
	3 − 2	9 − 3	10 − 8

上の位《くらい》からじゅんにくり下げていこう。

② 1000 − 572

		9	9	
		10	10	10
	1	0	0	0
−		5	7	2
		□	□	□
		9 − 5	9 − 7	10 − 2

③ 600 − 576

	6	0	0
−	5	7	6

④ 500 − 315

	5	0	0
−	3	1	5

⑤ 300 − 89

	3	0	0
−		8	9

⑥ 1000 − 427

	1	0	0	0
−		4	2	7

⑦ 1000 − 983

	1	0	0	0
−		9	8	3

⑧ 1000 − 14

	1	0	0	0
−			1	4

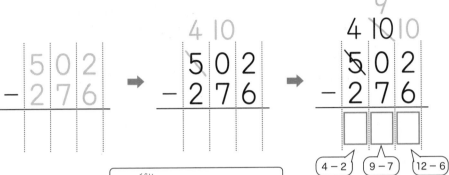

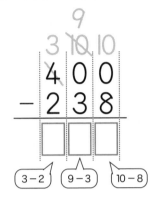

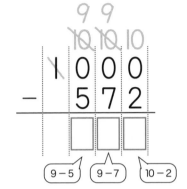

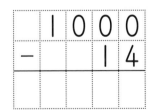

たし算とひき算の筆算（13）

名前

いろいろな計算

① 713 − 318　② 483 − 282　③ 366 − 89

④ 592 − 467　⑤ 608 − 149　⑥ 834 − 56

⑦ 302 − 77　⑧ 800 − 756　⑨ 1000 − 811

⑩ 1000 − 96

たし算とひき算の筆算（14）

名前

● 答えの大きい方へすすみましょう。
とおったほうの答えを□に書きましょう。

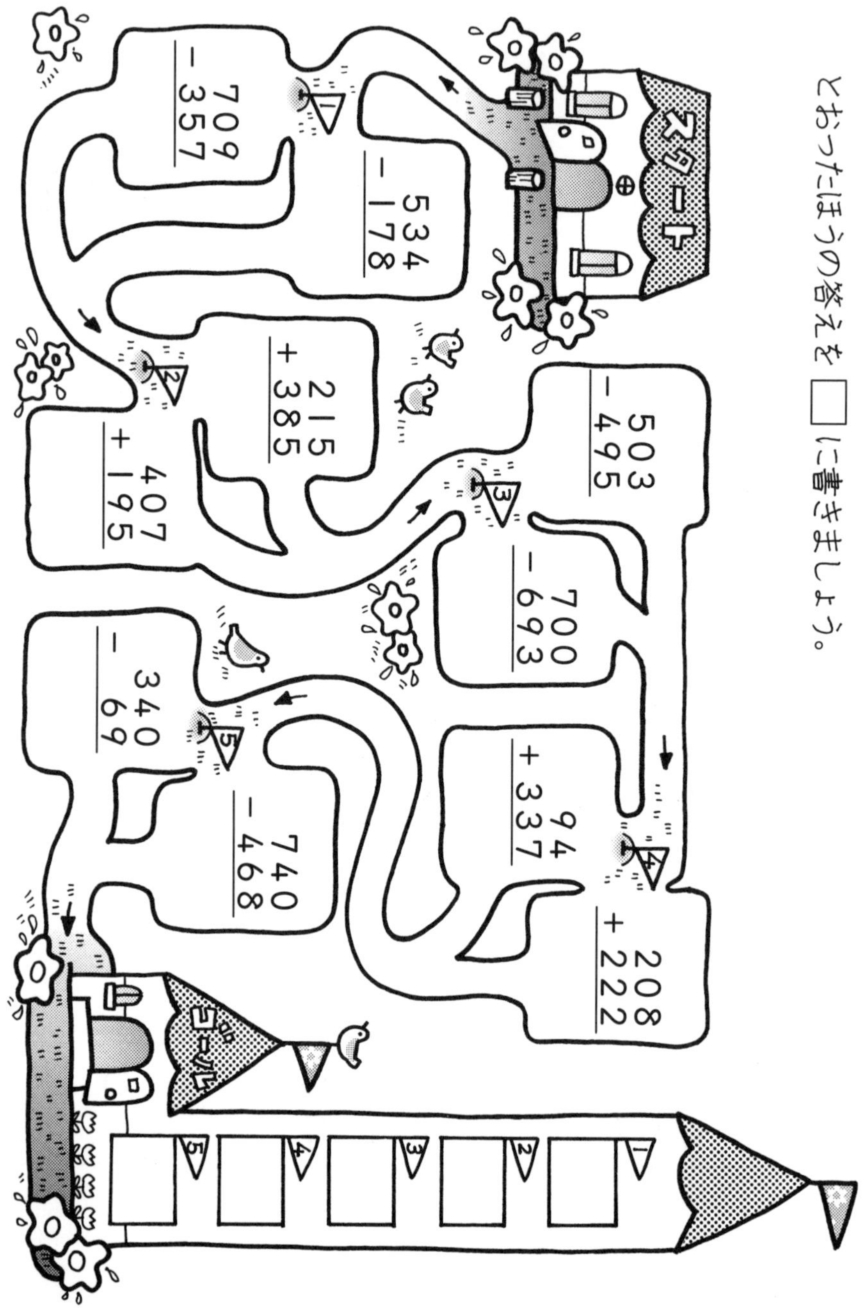

たし算とひき算の筆算（15）

4けたのたし算

名前

①

	2	6	5	3
+	1	7	2	8

②

	4	0	5	8
+		9	4	2

③

	1	5	8	0
+	3	7	3	7

④

	8	2	0	0
+		8	4	0

⑤

	2	0	7	7
+			4	6

⑥

	3	1	9	4
+	4	8	8	8

⑦

		7	3	6
+	5	1	9	5

⑧

	6	0	0	5
+		9	9	5

一の位《くらい》から
じゅんに
計算しよう。

たし算とひき算の筆算（16）

4けたのひき算

名前

①

	8	3	6	7
−	5	0	2	5

②

	3	0	0	8
−	1	4	5	6

③

	5	1	0	0
−	2	7	7	8

④

	4	0	3	0
−	1	0	8	0

⑤

	2	2	0	0
−		9	5	4

⑥

	7	4	3	5
−	3	8	1	1

⑦

	3	1	2	2
−			8	4

⑧

	5	0	0	0
−	4	9	3	5

ひけないときは
上の位《くらい》から
1くり下げてこよう。

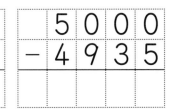

たし算とひき算の筆算（17）

名前

① 花だんに赤い花が 245 本，
白い花が 307 本さいています。
あわせて何本さいていますか。

式

答え

② けんたさんは，カードを 176 まい持《も》っています。
お兄さんから 24 まいもらいました。
カードは何まいになりましたか。

式

答え

③ 土曜日の動物園《どうぶつえん》の入場者数《にゅうじょうしゃすう》は 583 人でした。
日曜日の入場者数は，土曜日より 127 人多かったそうです。日曜日の入場者数は何人ですか。

式

答え

たし算とひき算の筆算（18）

名前

① さいふに 1000 円入っています。
682 円のふでばこを買うと，のこりはいくらになりますか。

式

答え

② スーパーで，マンゴーとメロンを売っています。
マンゴーは 752 円で，メロンは 940 円です。
どちらが何円高いですか。

式

答え

③ 赤色と青色のおり紙があわせて 305 まいあります。そのうち，赤色のおり紙は 166 まいです。青色のおり紙は何まいですか。

式

答え

ふりかえりテスト　たし算とひき算の筆算

名前

1　筆算《ひっさん》になおして計算しましょう。(6 × 10)

① 144 + 372　② 358 + 356

③ 508 + 192　④ 863 + 47

⑤ 739 + 496　⑥ 617 − 358

⑦ 523 − 119　⑧ 704 − 695

⑨ 300 − 53　⑩ 1000 − 182

2　じゃがいもが 210 こあります。
カレーを作るのに 126 こ使《つか》いました。
のこりのじゃがいもは何こですか。(10)

式《しき》

答え

3　536 円のクッキーと，297 円のチョコレートを買うと，代金《だいきん》はいくらになりますか。(10)

式

答え

4　りょうたさんは，くりを 195 こひろいました。
お兄さんは，りょうたさんより 68 こ多くひろいました。
お兄さんは何こひろいましたか。(10)

式

答え

5　ひろとさんの身長《しんちょう》は 129cm です。
先生の身長は 170cm です。
2 人のちがいは何 cm ですか。(10)

式

答え

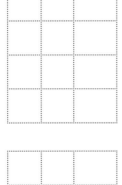

長さ（1）

名前

1 次《つぎ》のまきじゃくで，⬇のめもりが表《あらわ》す長さを書きましょう。

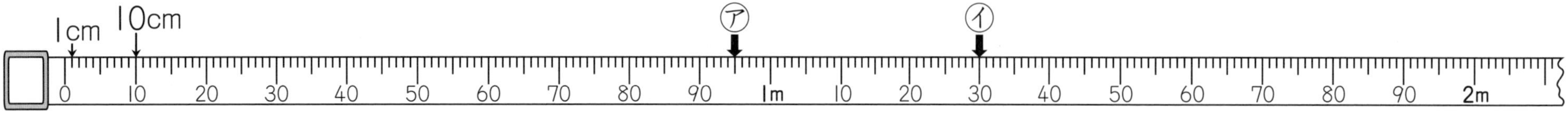

㋐ cm　　㋑ m cm

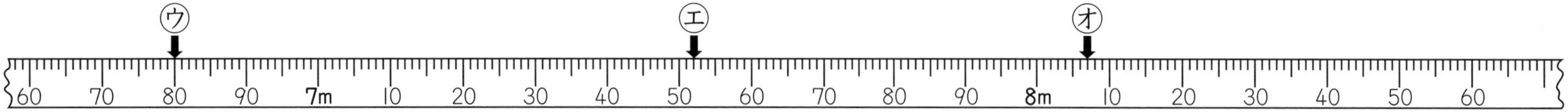

㋒ m cm　　㋓ m cm　　㋔ m cm

2 次のまきじゃくで，㋕〜㋗の長さを表すめもりに↓をかき入れましょう。

㋕ 5m25cm　　㋖ 4m70cm　　㋗ 5m96cm

長さ（2）

名前

長い長さを表《あらわ》すのに 1km（1 キロメートル）のたんいを使《つか》います。

1km = 1000m

①②③ 1km 2km 3km

1 ☐にあてはまる数を書きましょう。

① 3000m = ☐ km

② 5200m = ☐ km ☐ m

③ 4km = ☐ m

④ 2km 70m = ☐ m

⑤ 6km 800m = ☐ m

km			m
3	0	0	0

2 ☐にあてはまることばを書きましょう。

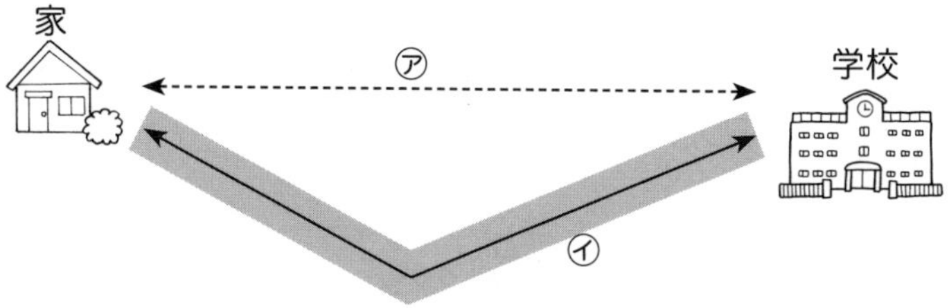

まっすぐにはかった長さ（㋐）を ☐ といい，

道にそってはかった長さ（㋑）を ☐ といいます。

長さ（3）

名前

● 右の図を見て答えましょう。

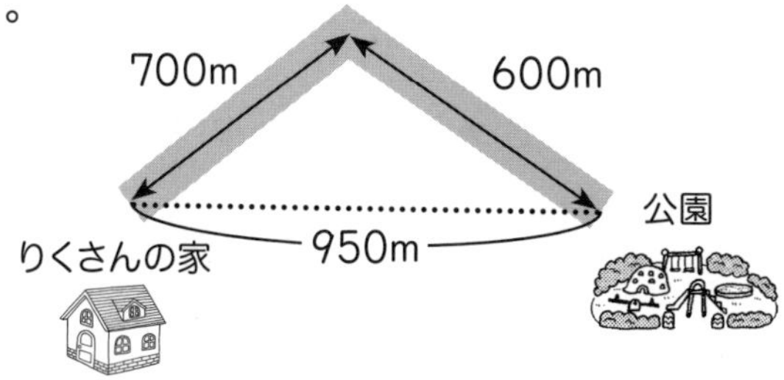

① りくさんの家から公園までのきょりは何 m ですか。

（　　　　）m

② りくさんの家から学校までの道のりは何 m ですか。

また，それは何 km 何 m ですか。

式

km			m
＋			

答え（　　　）m，（　　）km（　　　）m

③ きょりと道のりはどちらが何 m 長いですか。

式

km			m
−			

答え（　　　　）が，（　　　　）m 長い。

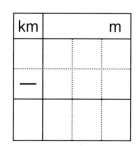

長さ (4)

名前

1 次《つぎ》の計算をしましょう。

① 1km 600m + 300m = □ km □ m

② 2km 500m + 500m = □ km

③ 2km 400m − 400m = □ km

④ 1km − 800m = □ m

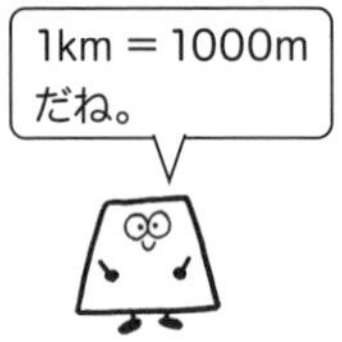
1km = 1000m
だね。

2 □ にあてはまる数を書きましょう。

① 1cm = □ mm

② 1m = □ cm

③ 1km = □ m

これまでに学習した
長さのたんいを
ふりかえろう。

3 □ にあてはまる長さのたんい（km, m, cm, mm）を書きましょう。

① プールのたての長さ …… 25 □

② 東京から大阪までのきょり …… 400 □

③ 教科書の横《よこ》の長さ …… 18 □

④ ノートのあつさ …… 3 □

⑤ 富士山《ふじさん》の高さ …… 3776 □

長さ (5)

名前

● ゆうさんは，家から公園まで，次《つぎ》の道じゅんで犬とさんぽに行きました。ゆうさんが歩いた道のりは何 km 何 m ですか。

家→ケーキやさんでケーキを買う
→おばあちゃんの家にとどける
→犬のおやつを買いにスーパーへ行く
→犬のともだちのシロがいる道を通る
→公園へむかう

いちばん近い
道のりで考えよう。

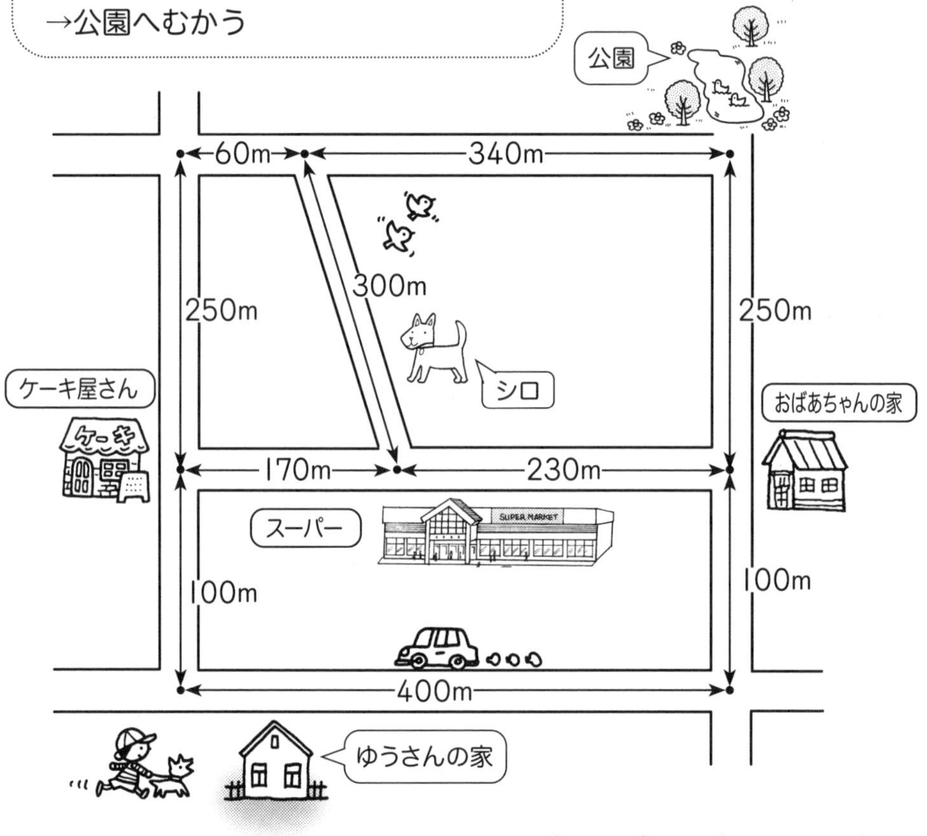
公園
60m
340m
300m
250m
250m
シロ
ケーキ屋さん
ケーキ
おばあちゃんの家
170m
230m
スーパー
SUPER MARKET
100m
100m
400m
ゆうさんの家

答え（　　）km（　　）m

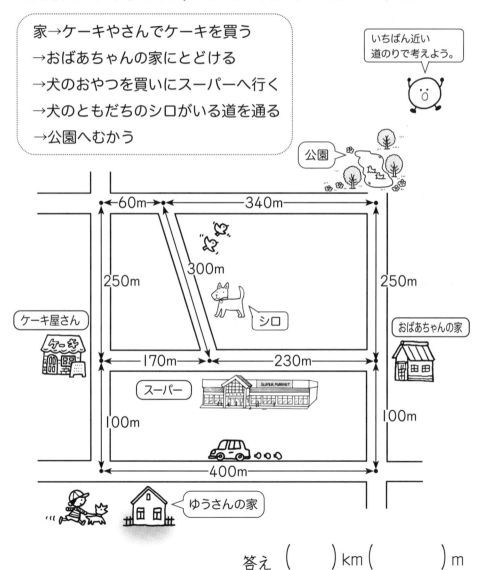

ふりかえりテスト　長さ

名前

1　㋐〜㋒のめもりが表《あらわ》す長さを書きましょう。(6 × 3)

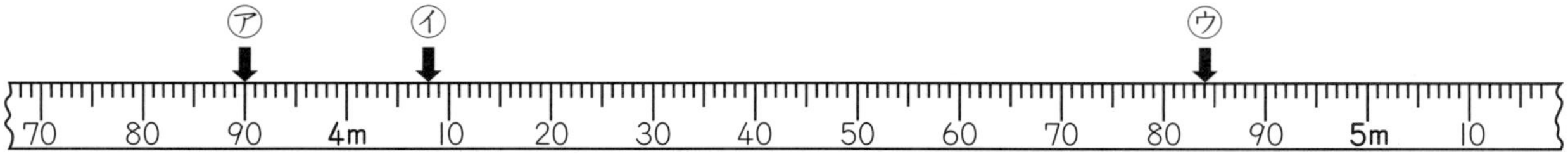

㋐ ☐　㋑ ☐　㋒ ☐

2　☐にあてはまる数を書きましょう。(6 × 4)

① 1km = ☐ m

② 7000m = ☐ km

③ 5km 600m = ☐ m

④ 3080m = ☐ km ☐ m

3　☐にあてはまる長さのたんい
(km, m, cm, mm) を書きましょう。(6 × 4)

① えんぴつの長さ …… 17 ☐

② マラソンコースの道のり …… 5 ☐

③ アリの体長 …… 6 ☐

④ 体育館《たいいくかん》のたての長さ …… 45 ☐

4　計算をしましょう。(7 × 2)

① 1km 150m + 2km 200m =

② 5km 400m − 3km =

5　下の図を見て答えましょう。

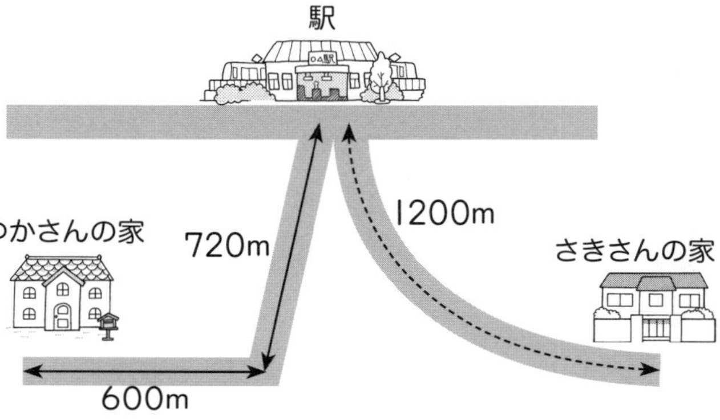

① ゆかさんの家から駅までの道のりは何mですか。また，何km何mですか。(10)

式

答え（　　）m，（　）km（　　）m

② ゆかさんの家から駅までの道のりと，さきさんの家から駅までの道のりは，どちらが何m遠いですか。(10)

式

答え

あまりのあるわり算（1）

名前

● 絵を使《つか》って答えをもとめ，わり算の式《しき》に表《あらわ》しましょう。

クッキーが９まいあります。
１人に２まいずつ分けます。
何人に分けられて，何まいあまりますか。

式　全部《ぜんぶ》の数 □ ÷ 1つ分の数 □ ＝ いくつ分 □ あまり □

答え □ 人に分けられて，□ まいあまる。

あまりのあるわり算（2）

名前

● 絵を使《つか》って答えをもとめ，わり算の式《しき》に表《あらわ》しましょう。

チョコレートが８こあります。
３人で同じ数ずつ分けます。
１人分は何こになって，何こあまりますか。

式　全部《ぜんぶ》の数 □ ÷ いくつ分 □ ＝ 1つ分の数 □ あまり □

答え １人分は □ こになって，□ こあまる。

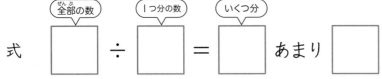

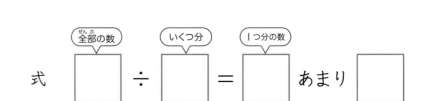

あまりのあるわり算 (3)

名前 ＿＿＿＿＿＿＿＿

● あめが 15 こあります。

1 人に 4 こずつ分けます。

何人に分けられて，何こあまりますか。

式《しき》 （全部《ぜんぶ》の数）15 ÷ （1つ分の数）4 ＝ （いくつ分）3 あまり 3

4 のだんんの九九を使《つか》って考えよう。

あまりの数が
わる数より小さく
なっているかたしかめよう。

答えが 15 になる
九九はないよ。
① **15 より小さい数**
② **15 にいちばん近い数**で
さがしてみよう。

4 × 1 = 4
4 × 2 = 8
4 × 3 = 12
4 × 4 = 16
4 × 5 = 20
4 × 6 = 24
4 × 7 = 28
4 × 8 = 32
4 × 9 = 36

答え □ 人に分けられて，□ こあまる。

あまりのあるわり算 (4)

名前 ＿＿＿＿＿＿＿＿

● あまりの大きさに気をつけて答えをもとめましょう。

① りんごが 22 こあります。

1 ふくろに 3 こずつ入れます。

何ふくろできて，何こあまりますか。

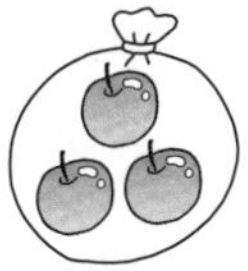

3 × 1 = 3
3 × 2 = 6
3 × 3 = 9
3 × 4 = 12
3 × 5 = 15
3 × 6 = 18
3 × 7 = 21
3 × 8 = 24
⋮

式《しき》 （全部《ぜんぶ》の数）□ ÷ （1つ分の数）□ ＝ （いくつ分）□ あまり □

答え □ ふくろできて，□ こあまる。

② バラの花が 27 本あります。

5 本ずつ花たばにします。

花たばはいくつできて，何本あまりますか。

式 （全部の数）□ ÷ （1つ分の数）□ ＝ （いくつ分）□ あまり □

5 × 1 = 5
5 × 2 = 10
5 × 3 = 15
5 × 4 = 20
5 × 5 = 25
5 × 6 = 30
⋮

あまりの数が
わる数より小さくなっているかな。

答え □ たばできて，□ 本あまる。

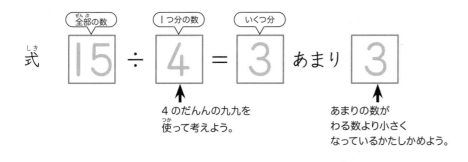

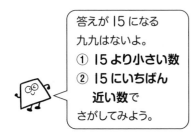

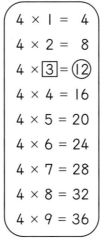

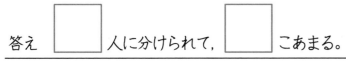

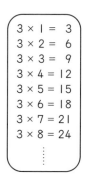

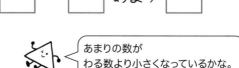

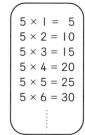

あまりのあるわり算（5）

名前

● あまりの大きさに気をつけて答えをもとめましょう。

① ドーナツが 10 こあります。

4 人で同じ数ずつ分けます。

1 人分は何こになって，何こあまりますか。

4 × 1 = 4
4 × 2 = 8
4 × 3 = 12
⋮

式《しき》 □（全部《ぜんぶ》の数） ÷ □（いくつ分） ＝ □（1 つ分の数） あまり □

10 より小さくて
10 にいちばん近い数は……。

答え　1 人分は □ こになって，□ こあまる。

② えんぴつが 23 本あります。

6 人で同じ数ずつ分けます。

1 人分は何本になって，何本あまりますか。

6 × 1 = 6
6 × 2 = 12
6 × 3 = 18
6 × 4 = 24
⋮

式 □（全部の数） ÷ □（いくつ分） ＝ □（1 つ分の数） あまり □

あまりの数が
わる数より小さくなっているかな。

答え　1 人分は □ 本になって，□ 本あまる。

あまりのあるわり算（6）

名前

● あまりの大きさに気をつけて答えをもとめましょう。

① ケーキが 15 こあります。

2 つの箱《はこ》に同じ数ずつ分けます。

1 箱分は何こになって，何こあまりますか。

2 × 1 = 2
2 × 2 = 4
2 × 3 = 6
2 × 4 = 8
2 × 5 = 10
2 × 6 = 12
2 × 7 = 14
2 × 8 = 16
⋮

式《しき》 □（全部《ぜんぶ》の数） ÷ □（いくつ分） ＝ □（1 つ分の数） あまり □

答え　1 箱分は □ こになって，□ こあまる。

② 金魚が 32 ひきいます。

7 つの水そうに同じ数ずつ分けます。

1 つの水そうは何びきになって，何びきあまりますか。

7 × 1 = 7
7 × 2 = 14
7 × 3 = 21
7 × 4 = 28
7 × 5 = 35
⋮

式 □（全部の数） ÷ □（いくつ分） ＝ □（1 つ分の数） あまり □

答え　1 つの水そうは □ ひきになって，□ ひきあまる。

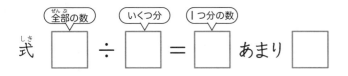

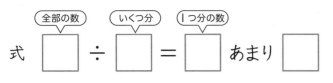

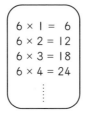

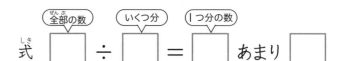

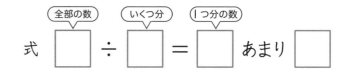

あまりのあるわり算（7）

名前

● □にあてはまる数を書きましょう。

① 11 ÷ 2 = 5 あまり 1

　− 10 ← 2 × 5

　　 1

② 26 ÷ 3 = 8 あまり □

　− □ ← 3 × 8

　　 □

③ 31 ÷ 4 = □ あまり □

　− □

　　 □

④ 29 ÷ 5 = □ あまり □

　− □

　　 □

⑤ 40 ÷ 6 = □ あまり □

　− □

　　 □

⑥ 52 ÷ 7 = □ あまり □

　− □

　　 □

⑦ 35 ÷ 8 = □ あまり □

　− □

　　 □

⑧ 26 ÷ 9 = □ あまり □

　− □

　　 □

「あまりの数＜わる数」になっているかたしかめよう。

あまりのあるわり算（8）

○÷ 2, ○÷ 3

名前

① 11 ÷ 2 = あまり

② 9 ÷ 2 = あまり

③ 17 ÷ 2 = あまり

④ 7 ÷ 2 = あまり

⑤ 13 ÷ 2 = あまり

⑥ 15 ÷ 2 = あまり

⑦ 7 ÷ 2 = あまり

⑧ 11 ÷ 2 = あまり

⑨ 3 ÷ 2 = あまり

⑩ 5 ÷ 2 = あまり

① 8 ÷ 3 = あまり

② 20 ÷ 3 = あまり

③ 7 ÷ 3 = あまり

④ 13 ÷ 3 = あまり

⑤ 19 ÷ 3 = あまり

⑥ 16 ÷ 3 = あまり

⑦ 17 ÷ 3 = あまり

⑧ 22 ÷ 3 = あまり

⑨ 11 ÷ 3 = あまり

⑩ 5 ÷ 3 = あまり

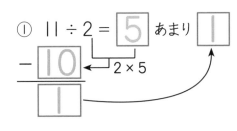

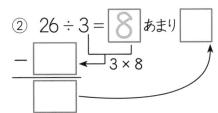

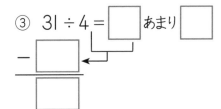

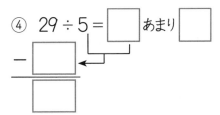

あまりのあるわり算 (9)

○÷ 4, ○÷ 5

名前

① 11 ÷ 4 = 　　あまり

② 18 ÷ 4 = 　　あまり

③ 30 ÷ 4 = 　　あまり

④ 13 ÷ 4 = 　　あまり

⑤ 22 ÷ 4 = 　　あまり

⑥ 25 ÷ 4 = 　　あまり

⑦ 6 ÷ 4 = 　　あまり

⑧ 35 ÷ 4 = 　　あまり

⑨ 23 ÷ 4 = 　　あまり

⑩ 31 ÷ 4 = 　　あまり

① 23 ÷ 5 = 　　あまり

② 11 ÷ 5 = 　　あまり

③ 33 ÷ 5 = 　　あまり

④ 17 ÷ 5 = 　　あまり

⑤ 26 ÷ 5 = 　　あまり

⑥ 9 ÷ 5 = 　　あまり

⑦ 41 ÷ 5 = 　　あまり

⑧ 37 ÷ 5 = 　　あまり

⑨ 29 ÷ 5 = 　　あまり

⑩ 13 ÷ 5 = 　　あまり

あまりのあるわり算 (10)

○÷ 6, ○÷ 7

名前

① 34 ÷ 6 = 　　あまり

② 21 ÷ 6 = 　　あまり

③ 49 ÷ 6 = 　　あまり

④ 31 ÷ 6 = 　　あまり

⑤ 45 ÷ 6 = 　　あまり

⑥ 14 ÷ 6 = 　　あまり

⑦ 38 ÷ 6 = 　　あまり

⑧ 52 ÷ 6 = 　　あまり

⑨ 28 ÷ 6 = 　　あまり

⑩ 41 ÷ 6 = 　　あまり

① 46 ÷ 7 = 　　あまり

② 33 ÷ 7 = 　　あまり

③ 61 ÷ 7 = 　　あまり

④ 39 ÷ 7 = 　　あまり

⑤ 17 ÷ 7 = 　　あまり

⑥ 57 ÷ 7 = 　　あまり

⑦ 27 ÷ 7 = 　　あまり

⑧ 44 ÷ 7 = 　　あまり

⑨ 52 ÷ 7 = 　　あまり

⑩ 36 ÷ 7 = 　　あまり

あまりのあるわり算（11）

○÷8，○÷9

名前 ＿＿＿＿＿＿＿＿＿＿

① 46 ÷ 8 = 　　あまり

② 58 ÷ 8 = 　　あまり

③ 20 ÷ 8 = 　　あまり

④ 67 ÷ 8 = 　　あまり

⑤ 41 ÷ 8 = 　　あまり

⑥ 52 ÷ 8 = 　　あまり

⑦ 71 ÷ 8 = 　　あまり

⑧ 37 ÷ 8 = 　　あまり

⑨ 60 ÷ 8 = 　　あまり

⑩ 14 ÷ 8 = 　　あまり

① 78 ÷ 9 = 　　あまり

② 24 ÷ 9 = 　　あまり

③ 66 ÷ 9 = 　　あまり

④ 52 ÷ 9 = 　　あまり

⑤ 38 ÷ 9 = 　　あまり

⑥ 74 ÷ 9 = 　　あまり

⑦ 31 ÷ 9 = 　　あまり

⑧ 17 ÷ 9 = 　　あまり

⑨ 59 ÷ 9 = 　　あまり

⑩ 44 ÷ 9 = 　　あまり

あまりのあるわり算（12）

○÷2～○÷5

名前 ＿＿＿＿＿＿＿＿＿＿

① 24 ÷ 5 = 　　あまり

② 20 ÷ 3 = 　　あまり

③ 7 ÷ 4 = 　　あまり

④ 5 ÷ 2 = 　　あまり

⑤ 26 ÷ 3 = 　　あまり

⑥ 8 ÷ 5 = 　　あまり

⑦ 13 ÷ 3 = 　　あまり

⑧ 33 ÷ 4 = 　　あまり

⑨ 27 ÷ 4 = 　　あまり

⑩ 19 ÷ 5 = 　　あまり

⑪ 25 ÷ 3 = 　　あまり

⑫ 15 ÷ 4 = 　　あまり

⑬ 23 ÷ 3 = 　　あまり

⑭ 17 ÷ 2 = 　　あまり

⑮ 36 ÷ 5 = 　　あまり

⑯ 10 ÷ 4 = 　　あまり

⑰ 26 ÷ 4 = 　　あまり

⑱ 32 ÷ 5 = 　　あまり

⑲ 43 ÷ 5 = 　　あまり

⑳ 9 ÷ 2 = 　　あまり

あまりの数が大きい方をとおってゴールしましょう。とおった方の答えを下の □ に書きましょう。

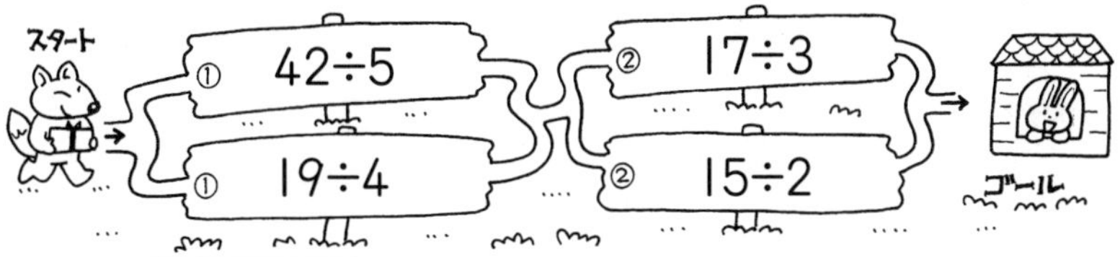

① □　　② □

あまりのあるわり算（13）

○÷6～○÷9

名前

① 30 ÷ 8 = 　　あまり　　② 62 ÷ 7 = 　　あまり

③ 25 ÷ 8 = 　　あまり　　④ 65 ÷ 9 = 　　あまり

⑤ 41 ÷ 9 = 　　あまり　　⑥ 47 ÷ 7 = 　　あまり

⑦ 43 ÷ 8 = 　　あまり　　⑧ 25 ÷ 7 = 　　あまり

⑨ 55 ÷ 8 = 　　あまり　　⑩ 30 ÷ 7 = 　　あまり

⑪ 39 ÷ 6 = 　　あまり　　⑫ 26 ÷ 6 = 　　あまり

⑬ 43 ÷ 6 = 　　あまり　　⑭ 15 ÷ 6 = 　　あまり

⑮ 38 ÷ 7 = 　　あまり　　⑯ 47 ÷ 6 = 　　あまり

⑰ 69 ÷ 9 = 　　あまり　　⑱ 66 ÷ 8 = 　　あまり

⑲ 34 ÷ 9 = 　　あまり　　⑳ 76 ÷ 9 = 　　あまり

あまりの数が大きい方をとおってゴールしましょう。とおった方の答えを下の □ に書きましょう。

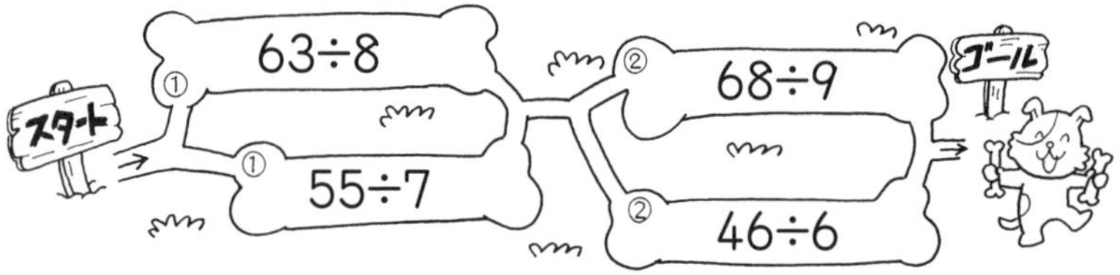

① □　　② □

あまりのあるわり算（14）

名前

① 37 ÷ 6 = 　　あまり　　② 20 ÷ 7 = 　　あまり

③ 29 ÷ 4 = 　　あまり　　④ 28 ÷ 5 = 　　あまり

⑤ 12 ÷ 5 = 　　あまり　　⑥ 17 ÷ 6 = 　　あまり

⑦ 39 ÷ 8 = 　　あまり　　⑧ 42 ÷ 9 = 　　あまり

⑨ 40 ÷ 6 = 　　あまり　　⑩ 29 ÷ 7 = 　　あまり

⑪ 54 ÷ 7 = 　　あまり　　⑫ 39 ÷ 5 = 　　あまり

⑬ 53 ÷ 9 = 　　あまり　　⑭ 44 ÷ 8 = 　　あまり

⑮ 77 ÷ 9 = 　　あまり　　⑯ 23 ÷ 6 = 　　あまり

⑰ 34 ÷ 4 = 　　あまり　　⑱ 32 ÷ 7 = 　　あまり

⑲ 22 ÷ 9 = 　　あまり　　⑳ 54 ÷ 8 = 　　あまり

㉑ 45 ÷ 7 = 　　あまり　　㉒ 59 ÷ 8 = 　　あまり

㉓ 31 ÷ 5 = 　　あまり　　㉔ 53 ÷ 6 = 　　あまり

㉕ 61 ÷ 9 = 　　あまり　　㉖ 22 ÷ 8 = 　　あまり

㉗ 51 ÷ 6 = 　　あまり　　㉘ 19 ÷ 3 = 　　あまり

㉙ 20 ÷ 6 = 　　あまり　　㉚ 26 ÷ 8 = 　　あまり

㉛ 69 ÷ 8 = 　　あまり　　㉜ 48 ÷ 9 = 　　あまり

㉝ 58 ÷ 7 = 　　あまり　　㉞ 15 ÷ 2 = 　　あまり

㉟ 23 ÷ 3 = 　　あまり

□問 ／35問

あまりのあるわり算 (15)

名前

● 次《つぎ》の計算の答えをたしかめましょう。

① 35 ÷ 4 ＝ 8 あまり 3

4 × 8 ＋ 3 ＝ □

② 51 ÷ 8 ＝ 6 あまり 3

□ × □ ＋ □ ＝ □

③ 62 ÷ 9 ＝ 6 あまり 8

□ × □ ＋ □ ＝ □

④ 35 ÷ 6 ＝ 5 あまり 5

□ × □ ＋ □ ＝ □

⑤ 60 ÷ 7 ＝ 8 あまり 4

□ × □ ＋ □ ＝ □

あまりの数が大きい方をとおってゴールしましょう。とおった方の答えを下の □ に書きましょう。

① □　② □　③ □

あまりのあるわり算 (16)

名前

1 くりが 45 こあります。
1人に 7 こずつ配《くば》ります。
何人に配れて，何こあまりますか。

式《しき》

答え ＿＿＿＿＿＿＿＿

2 たまごが 38 こあります。
6 つの箱《はこ》に同じ数ずつつめていきます。
1 箱何こずつになって，何こあまりますか。

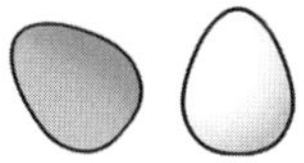

式

答え ＿＿＿＿＿＿＿＿

3 リボンが 67cm あります。
8cm ずつ切ると，8cm のリボンは何本できて，
何 cm あまりますか。

式

答え ＿＿＿＿＿＿＿＿

あまりのあるわり算（17）

名前

1　クッキーが 15 まいあります。
1 ふくろに 6 まいずつ入れます。
全部《ぜんぶ》のクッキーを入れるには，ふくろが何まいいりますか。

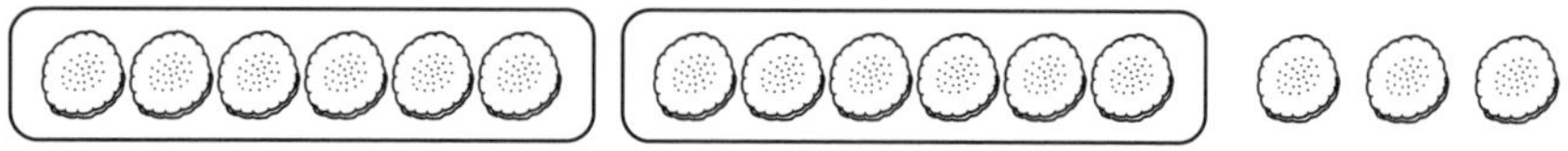

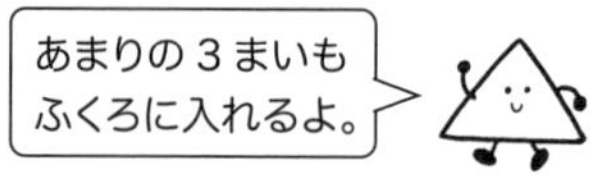

式《しき》

答え

2　子どもが 74 人います。車に 9 人ずつ乗《の》っていきます。
みんなが乗るには，車は何台いりますか。

式

答え

3　43 問の計算問題《もんだい》を，1 日に 5 問ずつやります。
全部の問題を終《お》わるのに何日かかりますか。

式

答え

あまりのあるわり算（18）

名前

1　クッキーが 22 まいあります。1 ふくろに 6 まいずつ入れます。
6 まい入りのクッキーが何ふくろできますか。

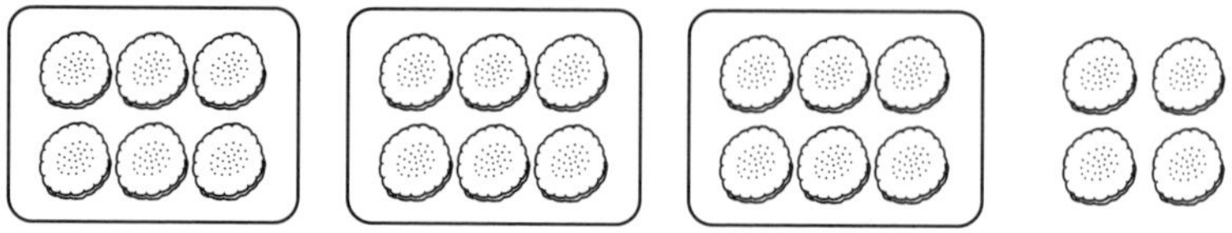

式《しき》

答え

2　1 本のびんにジュースを 8dL ずつ入れます。
58dL のジュースでは，8dL 入りのジュースが何本できますか。

式

答え

3　1 このケーキにいちごを 7 こずつかざります。
いちごは 52 こあります。ケーキは何こ作れますか。

式

答え

あまりのあるわり算（19）

筆算で計算

名前

● 筆算《ひっさん》で計算してみましょう。

① 15 ÷ 4

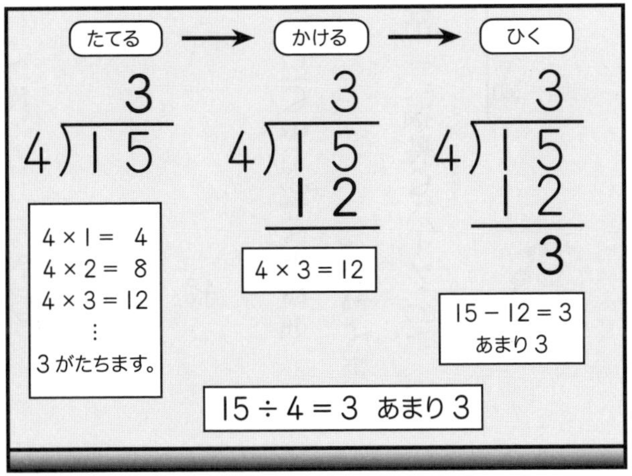

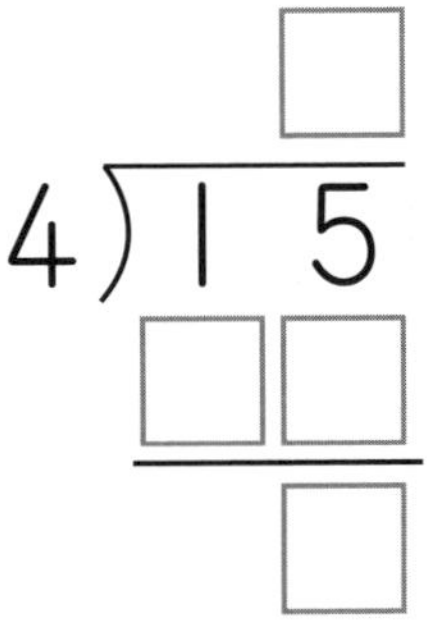

② 19 ÷ 7

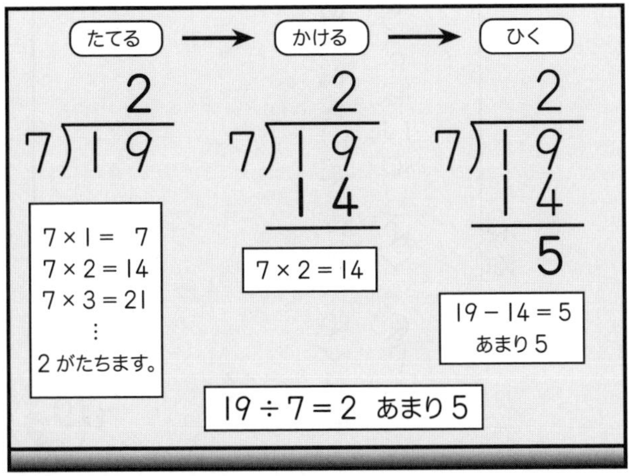

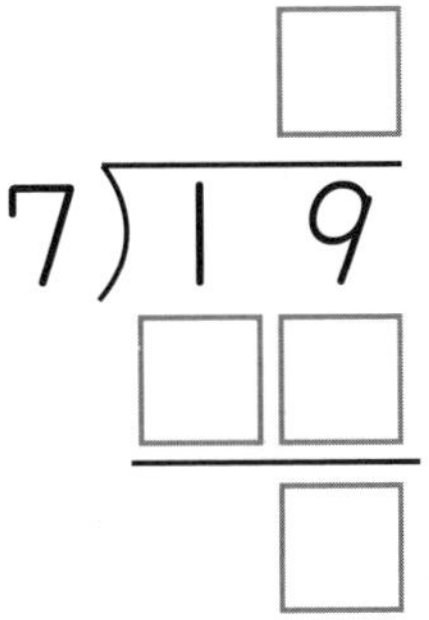

あまりのあるわり算（20）

筆算で計算

名前

① 26 ÷ 3

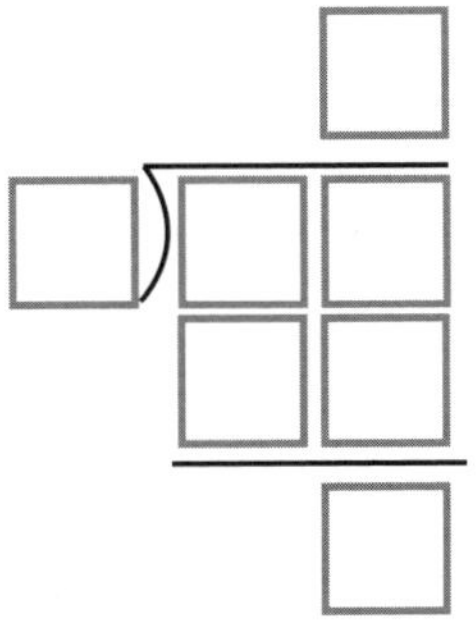

② 38 ÷ 5

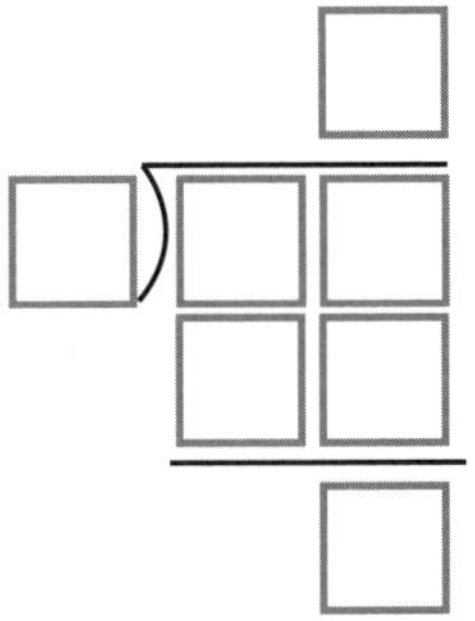

③ 49 ÷ 6

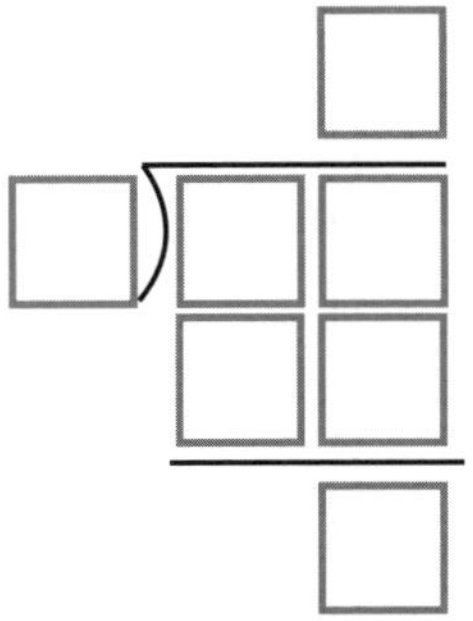

④ 32 ÷ 7

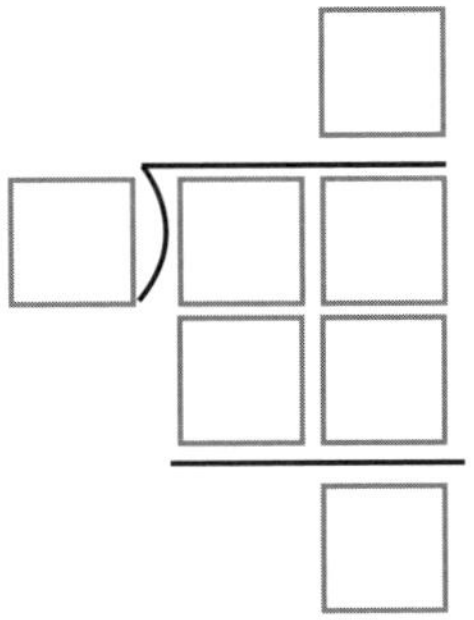

⑤ 51 ÷ 8

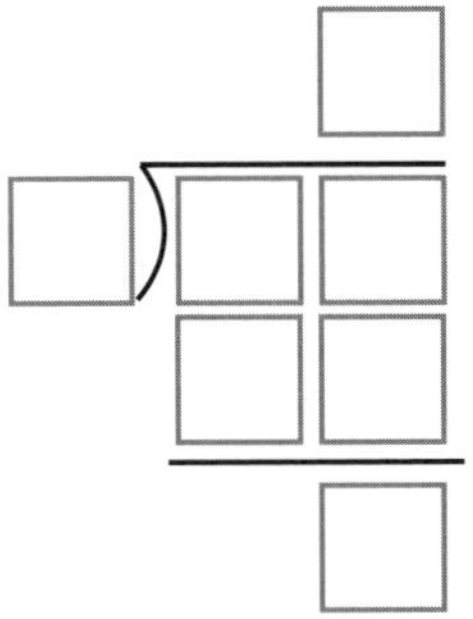

⑥ 70 ÷ 9

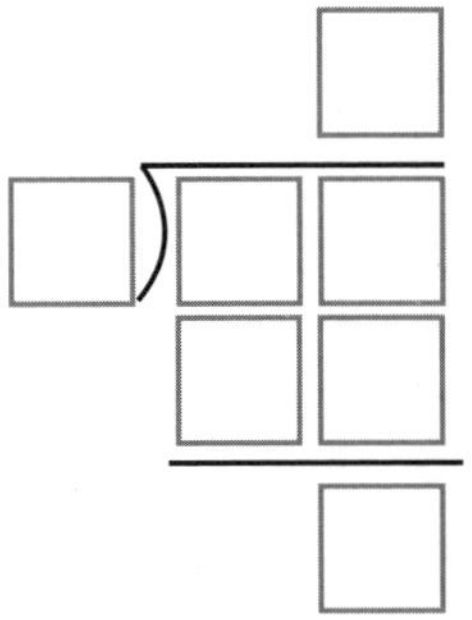

⑦ 35 ÷ 4

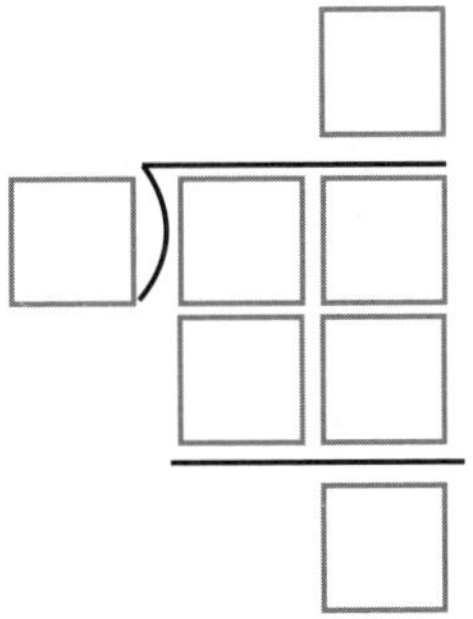

⑧ 22 ÷ 6

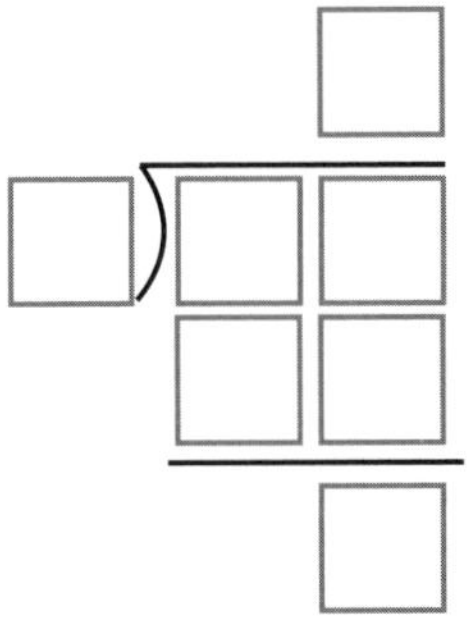

ふりかえりテスト  あまりのあるわり算

名前

□1 計算をしましょう (3×20)

① $16 \div 6 =$ 　あまり	② $10 \div 6 =$ 　あまり	③ $68 \div 8 =$ 　あまり
④ $28 \div 8 =$ 　あまり	⑤ $31 \div 7 =$ 　あまり	⑥ $23 \div 4 =$ 　あまり
⑦ $41 \div 7 =$ 　あまり	⑧ $62 \div 9 =$ 　あまり	⑨ $43 \div 9 =$ 　あまり
⑩ $70 \div 9 =$ 　あまり	⑪ $17 \div 4 =$ 　あまり	⑫ $27 \div 5 =$ 　あまり
⑬ $26 \div 3 =$ 　あまり	⑭ $35 \div 8 =$ 　あまり	⑮ $34 \div 7 =$ 　あまり
⑯ $27 \div 6 =$ 　あまり	⑰ $11 \div 2 =$ 　あまり	⑱ $53 \div 8 =$ 　あまり
⑲ $62 \div 8 =$ 　あまり	⑳ $22 \div 3 =$ 　あまり	

□2 あめが27こあります。

① 4人で同じ数ずつ分けると，1人分は何こになって，何こあまりますか。(10)

式

答え

② 1つのふくろに6こずつ入れると，何ふくろできて，何こあまりますか。(10)

式

答え

□3 おもちゃの車1台を作るのにタイヤを4こ使います。タイヤは26こあります。

車は何台作れますか。(10)

式

答え

□4 75ページの本を，1日に8ページずつ読みます。

全部読み終《お》わるのに何日かかりますか。(10)

式

答え

10000 より大きい数 (1)

名前

1 □の中に数字を入れましょう。

① 1が10集《あつ》まると □

② 10が10集まると □

③ 100が10集まると □

④ 1000が10集まると □

2 紙は全部《ぜんぶ》で何まいですか。

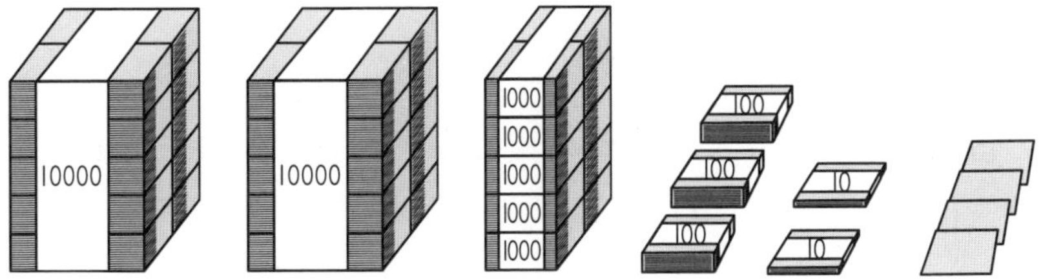

① 1万のたばはいくつありますか。 □ たば

② 右の表《ひょう》に紙のまい数を表《あらわ》しましょう。

一万の位《くらい》	千の位	百の位	十の位	一の位

まい

③ 紙のまい数の読み方を，かん字で書きましょう。

□

10000 より大きい数 (2)

名前

● 次《つぎ》の数を□に書きましょう。

①

一万の位《くらい》	千の位	百の位	十の位	一の位
10000 10000 10000	1000 1000 1000 1000	100	10 10 10 10 10 10	1 1 1 1 1
3	4	1	6	5

②

一万の位	千の位	百の位	十の位	一の位
10000 10000 10000 10000 10000 10000			10 10	1 1 1

③

一万の位	千の位	百の位	十の位	一の位
10000 10000	1000 1000 1000 1000 1000 1000 1000 1000 1000		10 10 10 10 10	

④

一万の位	千の位	百の位	十の位	一の位
10000 10000 10000 10000 10000	1000 1000 1000 1000 1000 1000 1000 1000			

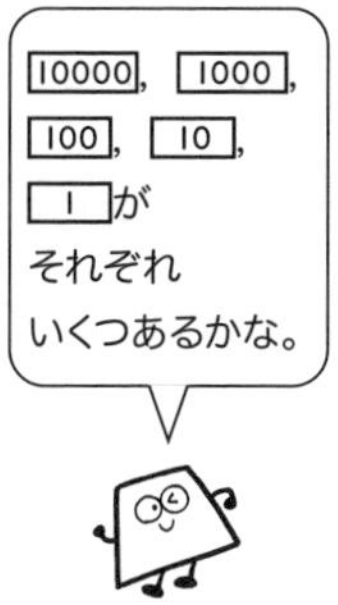

10000 より大きい数 (3)

名前

1　次《つぎ》の数を右の表《ひょう》に数字で書きましょう。

① 七万九千六百十八

② 八万四千二十六

③ 四万五十

④ 一万を６こ，千を２こ，
百を７こ，一を７こあわせた数

⑤ 一万を８こと十を３こ
あわせた数

	一万の位《くらい》	千の位	百の位	十の位	一の位
①					
②					
③					
④					
⑤					

2　次の □ にあてはまる数を書きましょう。

① 54038 は，一万を □ こ，
千を □ こ，十を □ こ，
一を □ こあわせた数です。

一万	千	百	十	一

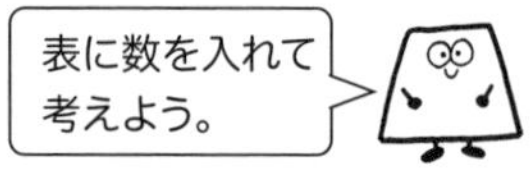

② 60907 は，一万を □ こ，
百を □ こ，一を □ こ
あわせた数です。

一万	千	百	十	一

10000 より大きい数 (4)

名前

1　次《つぎ》の □ にあてはまる数を書きましょう。

1000 が　10 こで　1 万

1 万が　10 こで　□

10 万が　10 こで　□

100 万が　10 こで　□

			1	0	0	0	0	10 集まる
		1	0	0	0	0	0	10 集まる
	1	0	0	0	0	0	0	10 集まる
1	0	0	0	0	0	0	0	

2　東京都の人口は，13515000 人です。
この数について調《しら》べましょう。

① 位《くらい》に気をつけて，東京都の人口を下の表に入れましょう。

千	百	十	一	千	百	十	一
			万				

② この数は，千万を □ こ，百万を □ こ，十万を □ こ，
一万を □ こ，千を □ こあわせた数です。

③ 13515000 の読み方を，かん字で書きましょう。

□ 人

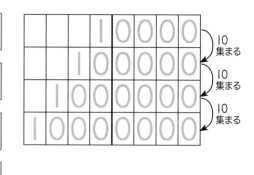

10000 より大きい数 (5)

名前

□1 次《つぎ》の数を右の表《ひょう》に数字で書きましょう。

① 800 万

② 三千百二十万六百

③ 千万を６こ，百万を３こ，十万を４こ，一万を７こあわせた数

④ 千万を９こ，一万を５こあわせた数

⑤ 百万を７こ，一万を４こ，百を２こあわせた数

	千万	百万	十万	一万	千	百	十	一
①								
②								
③								
④								
⑤								

□2 次の □ にあてはまる数を書きましょう。

① 58360000 は，千万を □ こ，百万を □ こ，十万を □ こ一万を □ こあわせた数です。

千万	百万	十万	一万	千	百	十	一

② 40507000 は，千万を □ こ，十万を □ こ，千を □ こあわせた数です。

千万	百万	十万	一万	千	百	十	一

10000 より大きい数 (6)

名前

□1 1000 を 23 こ集《あつ》めた数はいくつですか。

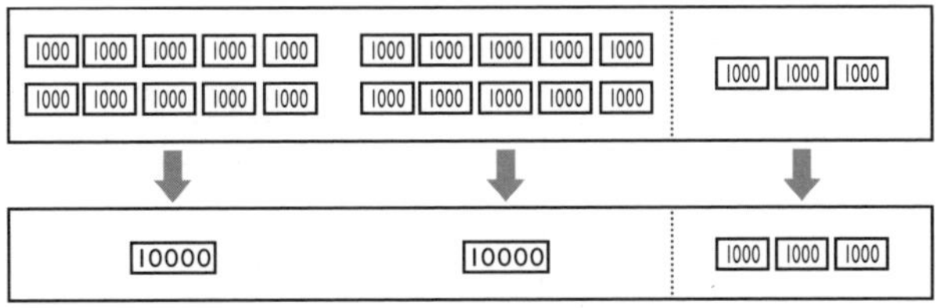

一万	千	百	十	一
	1	0	0	0
2	3	0	0	0

□

□2 □ にあてはまる数を書きましょう。

① 1000 を 37 こ集めた数

□

② 1000 を 45 こ集めた数

□

一万	千	百	十	一
	1	0	0	0

□3 32000 は，1000 を何こ集めた数ですか。

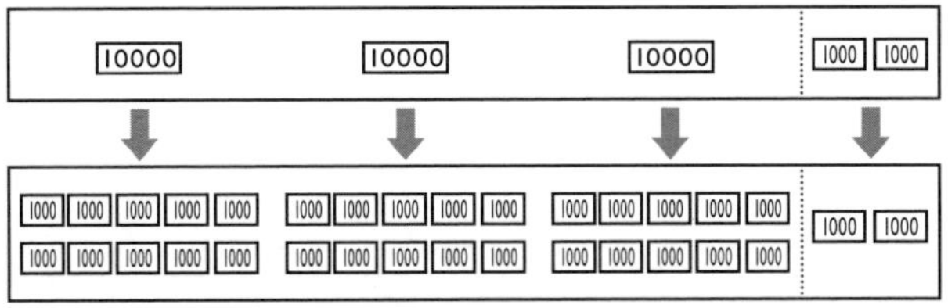

一万	千	百	十	一
3	2	0	0	0
	1	0	0	0

□ こ

□4 □ にあてはまる数を書きましょう。

① 63000 は，1000 を □ こ集めた数です。

② 180000 は，1000 を □ こ集めた数です。

十万	一万	千	百	十	一
		1	0	0	0

10000 より大きい数 (7)

名前

1　□にあてはまる数を書きましょう。

①　570万 ― 580万 ― □ ― □ ― 610万

②　□ ― 700万 ― 800万 ― □ ― □

2　下の数直線で１めもりの数と，㋐〜㋘にあてはまる数を書きましょう。

①

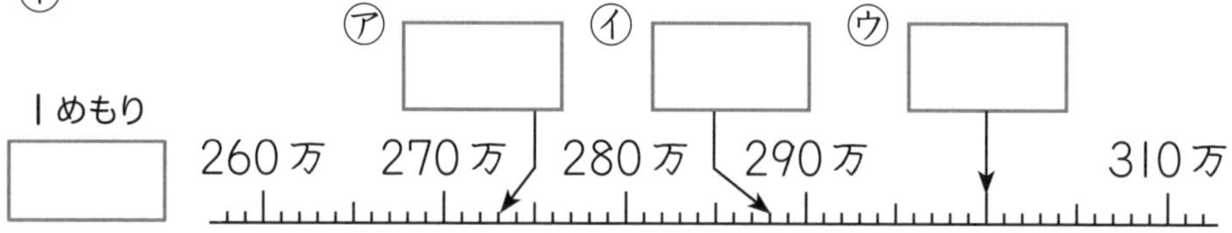

㋐
㋑
㋒
１めもり
260万
270万
280万
290万
310万

②

㋓
㋔
㋕
１めもり
500万
600万
700万
800万
900万

③

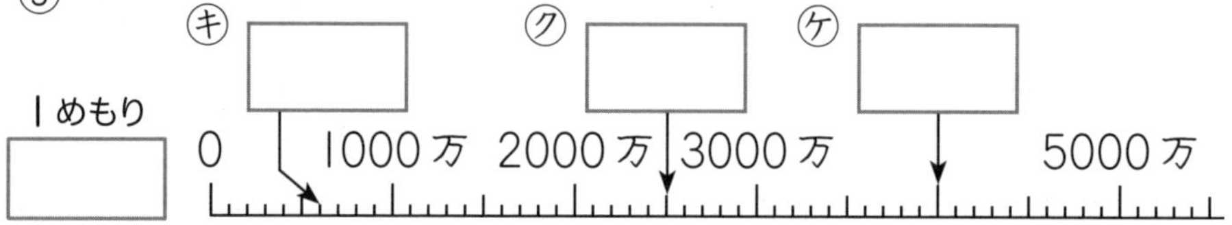

㋖
㋗
㋘
１めもり
0
1000万
2000万
3000万
5000万

10000 より大きい数 (8)

名前

1　下の数直線について答えましょう。

①　□にあてはまる数を書きましょう。

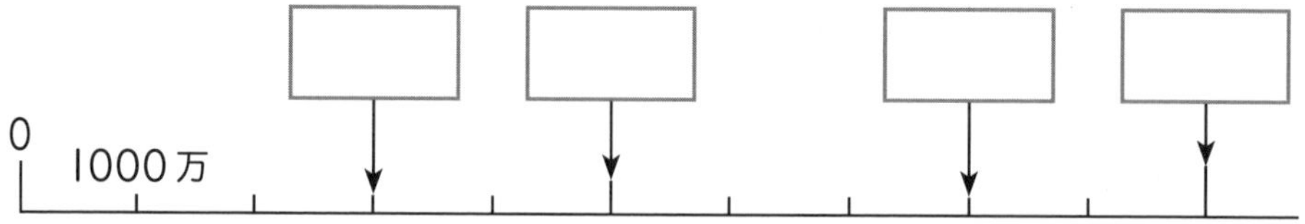

0
1000万

②　1000万を10こ集《あつ》めた数を数字で書きましょう。

10こ集めた数

	1	0	0	0	0	0	0	0

2　□にあてはまる不等号《ふとうごう》（>，<）を書きましょう。

①　54200　□　53800

②　267300　□　267400

③　1240000　□　199000

④　7059100　□　7050800

⑤　1億　□　9999万

千万	百万	十万	一万	千	百	十	一
			5	4	2	0	0
			5	3	8	0	0

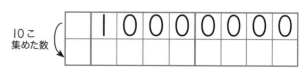

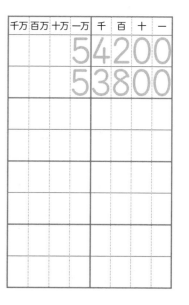

10000 より大きい数 (9)

名前

1 27を10倍《ばい》した数はいくつですか。

27 × 10 = [　　　　]

百	十	一	
	2	7	10倍
2	7	0	

2 27を100倍，1000倍した数はいくつですか。

① 27 × 100
＝ [　　　　]

② 27 × 1000
＝ [　　　　]

	一万	千	百	十	一	
				2	7	10倍
10倍			2	7	0	10倍
100倍						10倍
1000倍						

3 270を10でわった数はいくつですか。

270 ÷ 10 = [　　　　]

百	十	一	
2	7	0	10でわる
	2	7	

4 580を10倍，100倍，1000倍した数はいくつですか。
また，10でわった数はいくつですか。

10倍 [　　　　]　　100倍 [　　　　]

1000倍 [　　　　]　　10でわる [　　　　]

10倍すると位が1つ上がり，
10でわると位が1つ下がるね。

10000 より大きい数 (10)

名前

1 右の表《ひょう》は，せんたくきと電子レンジのねだんです。
次《つぎ》の問《と》いに答えましょう。

せんたくき	87000円
電子レンジ	25000円

① 2つのねだんをあわせると，いくらになりますか。

式《しき》

答え ＿＿＿＿＿＿

② ねだんのちがいはいくらですか。

式

答え ＿＿＿＿＿＿

87000
+25000
112000
と考えて計算してもいいね。

2 次の計算をしましょう。

① 56000 + 9000 =　　② 80000 − 30000 =

③ 7万 + 6万 =　　④ 52万 + 18万 =

⑤ 10万 − 5万 =　　⑥ 34万 − 27万 =

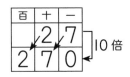

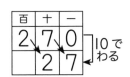

ふりかえりテスト　10000より大きい数

名前

1 次《つぎ》の数を □ に書きましょう。(5)

10000 10000 10000 10000	1000 1000		10 10 10	
一万の位《くらい》	千の位	百の位	十の位	一の位

2 □ にあてはまる数を書きましょう。(5×5)

① 千万を８こ，百万を４こ，
一万を７こあわせた数は

□□□□□□□□ です。

② 30506000は，千万を □ こ，

十万を □ こ，千を □ こあわせた数です。

③ 1000万を10こ集《あつ》めた数は，

□ です。

④ 1000を74こ集めた数は，

□□□□□ です。

⑤ 42000は，1000を □ こ

集めた数です。

3 下の数直線で㋐～㋒にあてはまる数を書きましょう。(5×3)

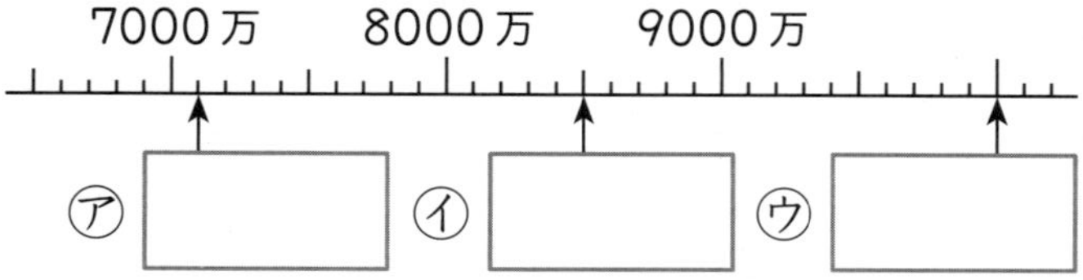

4 □ にあてはまる不等号《ふとうごう》を書きましょう。(5×3)

① 83020 □ 83008

② 134050 □ 134100

③ 230000 □ 2290000

5 410を10倍，100倍，1000倍した数を書きましょう。
また，10でわった数を書きましょう。(5×4)

10倍	100倍
1000倍	10でわる

6 計算をしましょう。(5×4)

① 17000 + 5000 =

② 62万 + 38万 =

③ 45000 − 5000 =

④ 100万 − 55万 =

かけ算の筆算 ① (1)

何十，何百のかけ算・2けた×1けた

名前

1 計算をしましょう。

① 20 × 3 =　　② 40 × 2 =

③ 60 × 4 =　　④ 80 × 9 =

⑤ 300 × 3 =　　⑥ 100 × 8 =

⑦ 500 × 7 =　　⑧ 700 × 6 =

2 23 × 2 をじゅんに筆算《ひっさん》でしましょう。

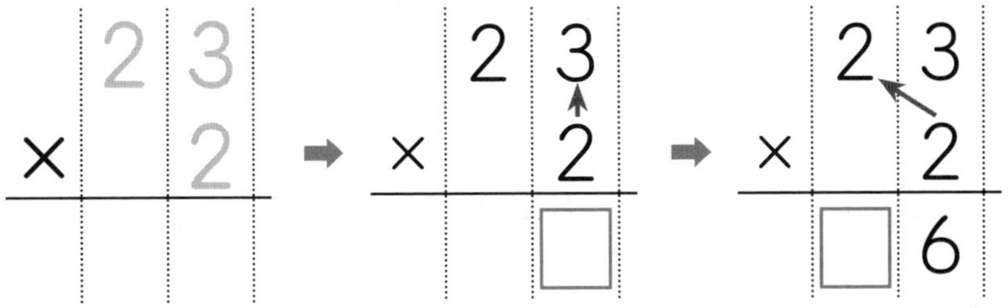

❶ 位《くらい》をたてにそろえて書く。

❷ 一の位は「二三が 6」

❸ 十の位は「二二が 4」

	2	3
×		2

かけ算の筆算 ① (2)

2けた× 1けた（くり上がりなし）

名前

1

①

	3	2
×		3

②

	2	3
×		3

③

	2	2
×		4

④

	3	0
×		2

⑤

	1	3
×		2

2

① 33 × 3　　② 42 × 2　　③ 20 × 4

④ 24 × 2　　⑤ 11 × 7

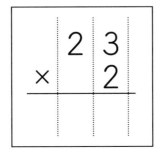

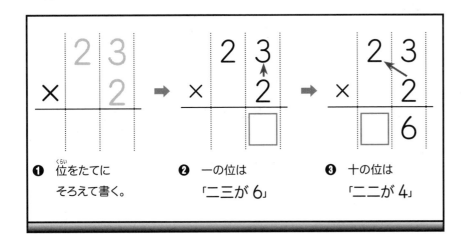

かけ算の筆算 ① (3)

名前

2けた×1けた(くり上がり1回/十の位へ)

1

①

	2	4
×	❷	3 ❶
	1	
	7	2

❶ 一の位《くらい》は「三四 12」
十の位に 1 くり上げる。

❷ 十の位は「三二が 6」
6 に くり上げた 1 をたす。

②

	1	9
×		3

③

	3	7
×		2

④

	4	6
×		2

⑤

	2	4
×		4

2

① 39 × 2

② 16 × 6

③ 12 × 8

④ 45 × 2

⑤ 28 × 3

かけ算の筆算 ① (4)

名前

2けた×1けた(くり上がり1回/百の位へ)

1

①

	6	2
×	❷	3 ❶
1	8	6

❶ 一の位《くらい》は「三二が 6」

❷ 十の位は「三六 18」
百の位に 1 くり上げる。

②

	3	2
×		4

③

	5	1
×		7

④

	6	0
×		8

⑤

	7	3
×		2

2

① 43 × 3

② 84 × 2

③ 52 × 2

④ 80 × 7

⑤ 71 × 6

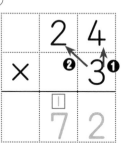

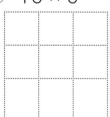

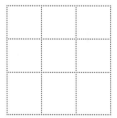

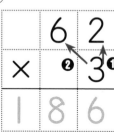

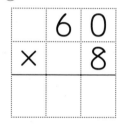

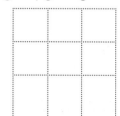

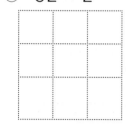

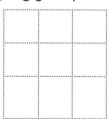

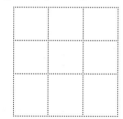

かけ算の筆算 ①（5）

名前

2けた×1けた（くり上がり2回）

1

①

	4	5
×	❷	3 ❶
	1	
1	3	5

②

	2	3
×		7

③

	4	6
×		5

❶ 一の位《くらい》は「三五 15」
十の位に 1 くり上げる。

❷ 十の位は「三四 12」
2 に くり上げた 1 をたす。
百の位に 1 くり上げる。

④

	3	7
×		4

⑤

	6	2
×		6

2

① 28 × 6　② 58 × 3　③ 74 × 5

④ 49 × 4　⑤ 65 × 7

かけ算の筆算 ①（6）

名前

2けた×1けた（たし算でもくり上がる）

1

①

	2	4
×	❷	9 ❶
	3	
2	1	6

②

	1	7
×		6

③

	4	5
×		7

❶ 一の位《くらい》は「九四 36」
十の位に 3 くり上げる。

❷ 十の位は「九二 18」
8 に くり上げた 3 をたす。
18 + 3 = 21
百の位に 2 くり上げる。

④

	7	9
×		4

⑤

	2	9
×		8

2

① 28 × 4　② 35 × 3　③ 56 × 9

④ 65 × 8　⑤ 37 × 6

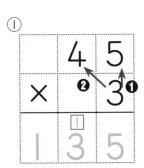

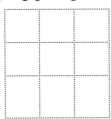

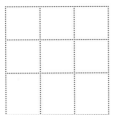

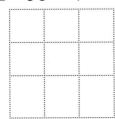

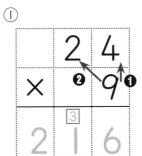

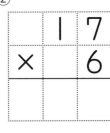

かけ算の筆算 ①（7）

名前

2けた×1けた（いろいろな型）

① 25 × 3

② 67 × 6

③ 49 × 7

④ 36 × 8

⑤ 83 × 3

①と②の計算を筆算でしましょう。答えの大きい方をとおってゴールしましょう。とおった答えを下の □ に書きましょう。

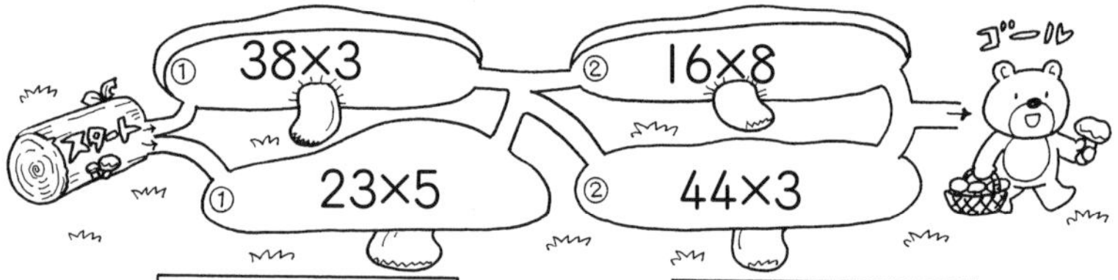
スタート
① 38×3
① 23×5
② 16×8
② 44×3
ゴール

① □

② □

かけ算の筆算 ①（8）

名前

3けた×1けた（くり上がりなし・1回／十の位へ）

1

①

	3	2	4
×			2
	6	4	8

2けた×1けたと
同じように，
一の位《くらい》からじゅんに
計算していこう。

②

	2	1	2
×			4

③

	2	1	3
×			4
	8	5 (1)	2

くり上がった1を
わすれずにたしてね。

④

	3	1	5
×			3

2

① 111 × 6

② 123 × 3

③ 430 × 2

④ 446 × 2

⑤ 219 × 4

⑥ 327 × 3

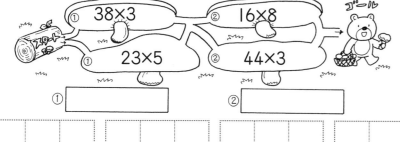

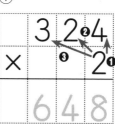

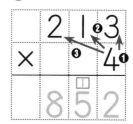

かけ算の筆算 ①（9）

名前

3けた×1けた（くり上がり1回／百の位へ・千の位へ）

1

①

	2	7	3
×			2
	5	4	6

百の位《くらい》へ
くり上がる計算だね。

②

	1	9	2
×			3

③

	5	1	3
×			3
1	5	3	9

今度は，
千の位へ上がるよ。

④

	8	1	1
×			7

2

① 282 × 3

② 491 × 2

③ 240 × 4

④ 621 × 3

⑤ 922 × 4

⑥ 732 × 2

かけ算の筆算 ①（10）

名前

3けた×1けた（くり上がり2回）

1

①

	2	6	4
×			3
	7	9	2

くり上がった
数をたすのを
わすれないでね。

②

	5	4	2
×			4
2	1	6	8

③

	9	3	8
×			2
1	8	7	6

2

① 137 × 5

② 358 × 2

③ 712 × 6

④ 824 × 4

⑤ 840 × 5

⑥ 672 × 4

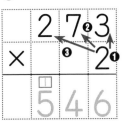

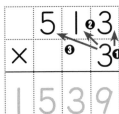

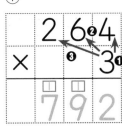

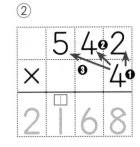

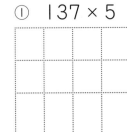

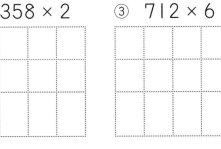

かけ算の筆算 ①（11）

3けた×1けた（十の位が0・くり上がり3回）

名前

1

①

	3	0	4
×			8
2	4	3	2

十の位《くらい》が
0なので,
一の位からの
くり上がりに
気をつけて。

②

	5	0	7
×			6

③

	8	7	5
×			3
	2	1	
2	6	2	5

十の位，百の位，
千の位すべて
くり上がるね。

④

	7	4	4
×			7

2

① 405 × 7　② 204 × 5　③ 602 × 4

④ 534 × 6　⑤ 383 × 5　⑥ 662 × 8

かけ算の筆算 ①（12）

3けた×1けた（くり上がり3回）

名前

① 645 × 7　② 736 × 4　③ 859 × 2

④ 692 × 5　⑤ 264 × 8

①と②の計算を筆算でしましょう。答えの大きい方をとおってゴールしましょう。とおった答えを下の □ に書きましょう。

スタート
① 345×6
① 654×3
② 578×4
② 356×7
ゴール

① □　② □

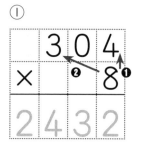

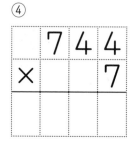

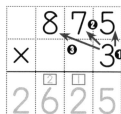

かけ算の筆算 ① (13)

3けた×1けた（いろいろな型）

名前

① 703 × 8

② 162 × 4

③ 288 × 9

④ 474 × 7

⑤ 312 × 3

⑥ 411 × 6

⑦ 556 × 8

⑧ 143 × 7

⑨ 976 × 5

⑩ 618 × 4

かけ算の筆算 ① (14)

3けた×1けた（いろいろな型）

名前

① 238 × 2

② 691 × 6

③ 758 × 3

④ 806 × 4

⑤ 469 × 8

①と②の計算を筆算でしましょう。答えの大きい方をとおってゴールしましょう。とおった答えを下の □ に書きましょう。

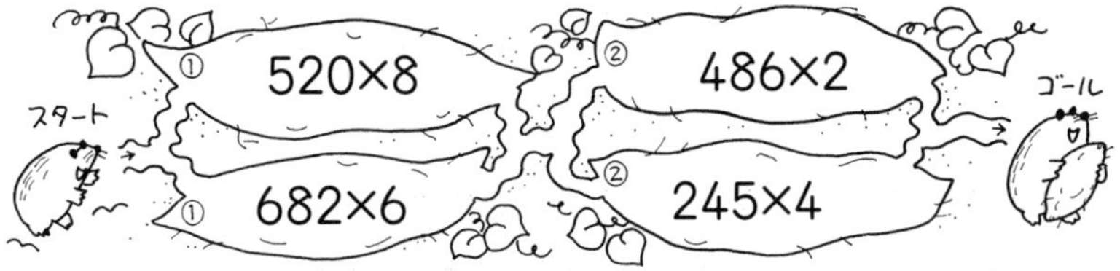

スタート
① 520×8
② 486×2
① 682×6
② 245×4
ゴール

① □　　② □

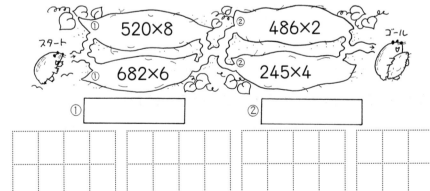

かけ算の筆算 ①（15）

名前

1　1 箱《はこ》に 27 まいのクッキーが入っています。
8 箱では，クッキーは全部《ぜんぶ》で何まいありますか。

式《しき》

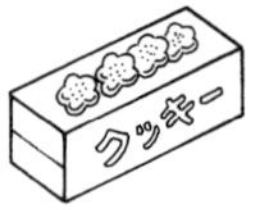

答え

2　350mL のジュースが 5 本あります。
全部で何 mL ありますか。

式

答え

3　1 台のバスに 53 人乗《の》ることができます。
4 台では，あわせて何人乗ることができますか。

式

答え

かけ算の筆算 ①（16）

名前

1　ペンを 7 本買います。
ペンは 1 本 88 円です。
代金《だいきん》は，全部《ぜんぶ》でいくらになりますか。

式《しき》

答え

2　1 ふくろに 256 このクリップが入っています。
4 ふくろでは，クリップは全部で何こありますか。

式

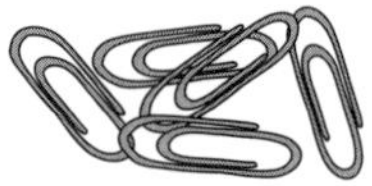

答え

3　植物園《しょくぶつえん》の入園料《にゅうえんりょう》は 1 人 375 円です。
6 人分ではいくらになりますか。

式

答え

ふりかえりテスト　かけ算の筆算 ①

名前

1　次《つぎ》の計算をしましょう。(7 × 10)

①　34×2

②　27×3

③　43×5

④　77×8

⑤　58×7

⑥　324×4

⑦　165×3

⑧　815×4

⑨　704×9

⑩　486×6

2　おり紙が５箱《はこ》あります。
１箱におり紙が57まいずつ入っています。
おり紙は全部《ぜんぶ》で何まいありますか。(10)

式《しき》

答え

3　池のまわりを１しゅう走ると182 mです。
６しゅう走ると何mになりますか。(10)

式

答え

4　１こ580円のショートケーキを７こ買いました。
代金《だいきん》は全部でいくらになりますか。(10)

式

答え

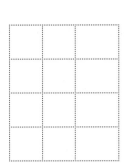

円と球（1）

名前

1　図を見て，（　）にあてはまることばを［　］からえらんで書きましょう。

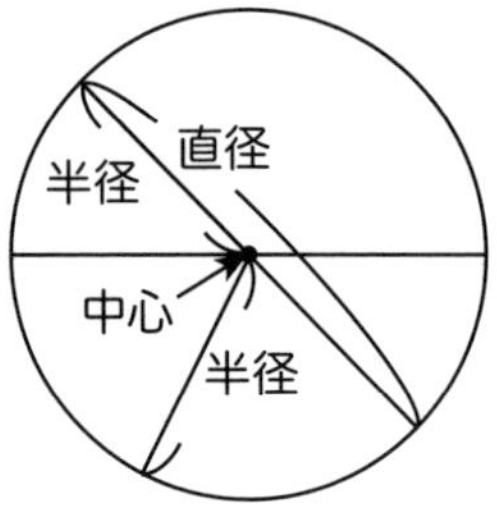

①　１つの点から長さが同じになるようにかいたまるい形を（　　）といいます。

②　円の真《ま》ん中の点を円の（　　　）といいます。

③　円の真ん中から円のまわりまでひいた直線を（　　　）といいます。

④　１つの円では，半径はみんな（　　　）長さです。

⑤　真ん中の点を通って円のまわりからまわりまでひいた直線を（　　　）といいます。

中心　・　円　・　同じ　・　半径《はんけい》・　直径

2　次《つぎ》の円の直径と半径の長さを書きましょう。

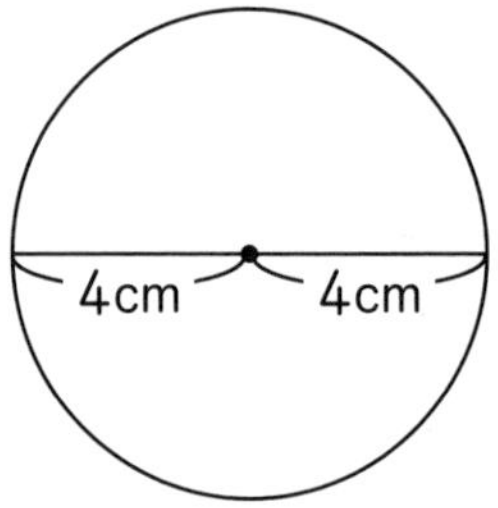

直径　（　　　　）cm

半径　（　　　　）cm

円と球（2）

名前

1　下の図で，直径《ちょっけい》を表《あらわ》す線はア～ウのどれですか。

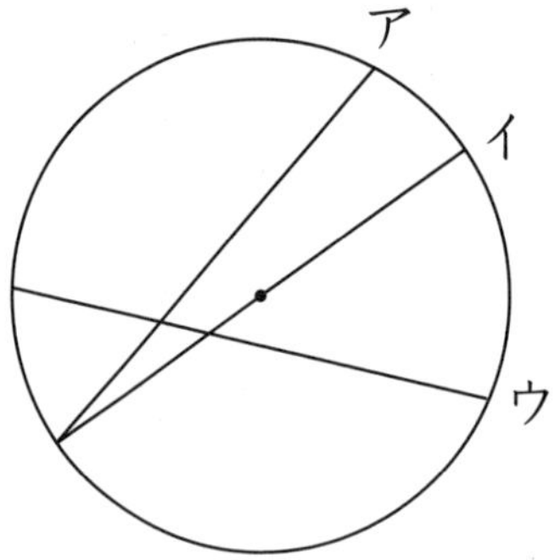

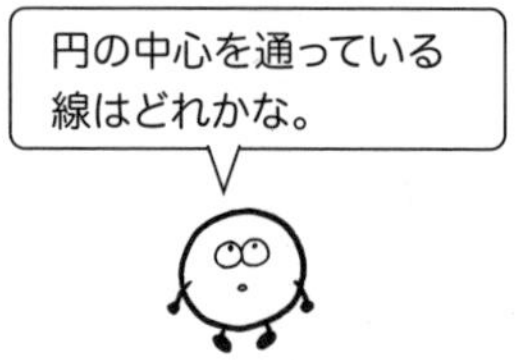

（　　　　）

2　次《つぎ》の円の直径と半径《はんけい》の長さをものさしを使《つか》って調べましょう。

①

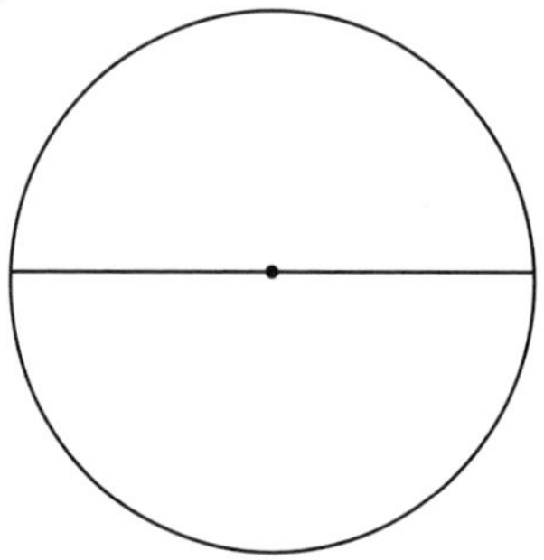

直径　（　　　）cm

半径　（　　　）cm

②

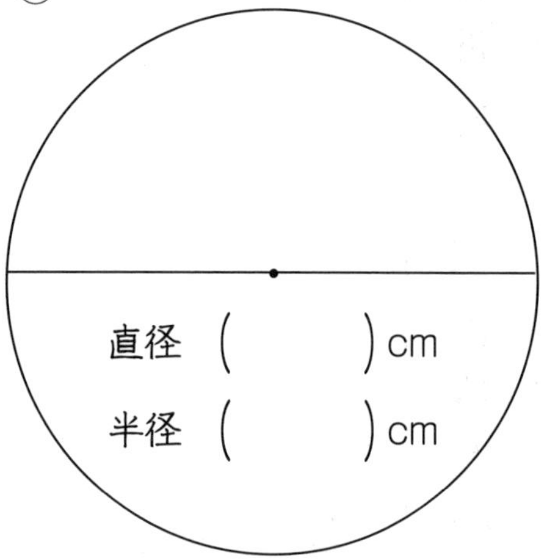

直径　（　　　）cm

半径　（　　　）cm

直径の長さは，半径の（　　）ばいです。

円と球 (3)

名前

● コンパスを使《つか》って円をかきましょう。

① 直径《ちょっけい》 8cm の円

直径が 8cm
なので,
コンパスを
半径の長さ
4cm に開いて
かくといいね。

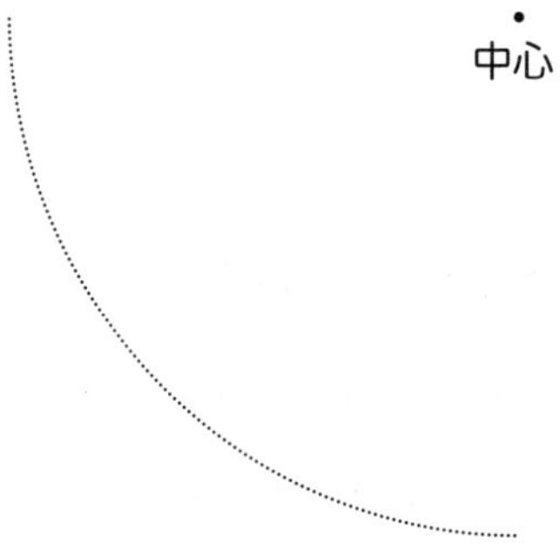
中心

② 半径《はんけい》 3cm の円

円と球 (4)

名前

1 コンパスを使《つか》って, 下の直線を 3cm ずつに区切《くぎ》りましょう。

3cm

2 下の直線で, いちばん長いのはどれですか。
コンパスを使って調《しら》べましょう。

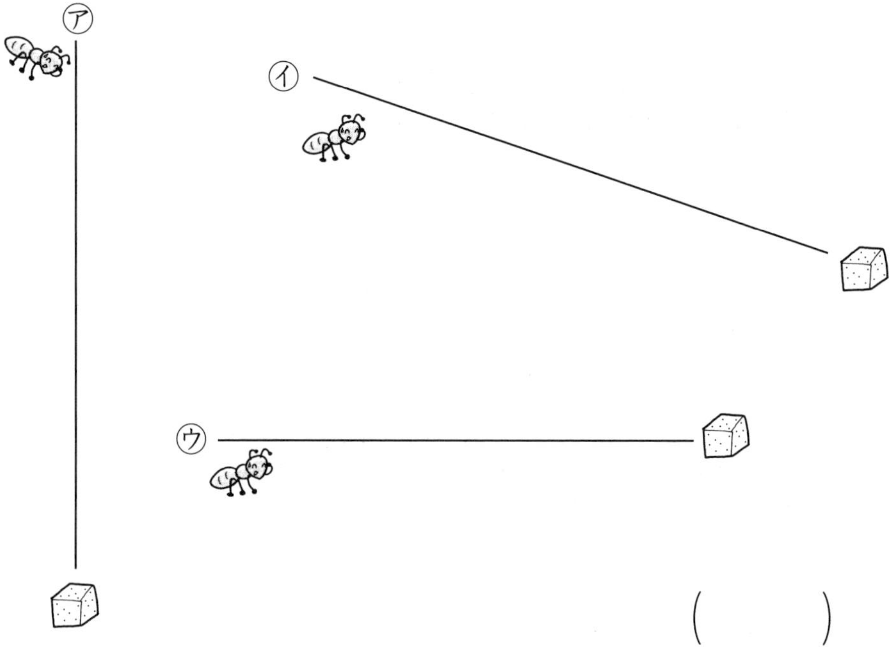
ア
イ
ウ

(　　　)

円と球（5）

名前

● コンパスを使《つか》って，左の図と同じもようをかきましょう。

①

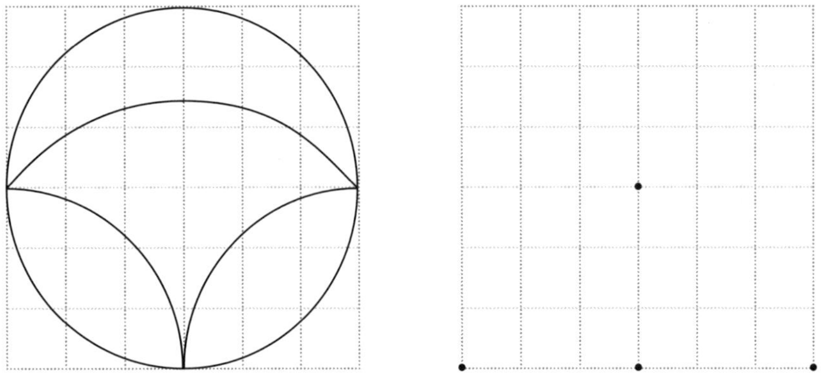

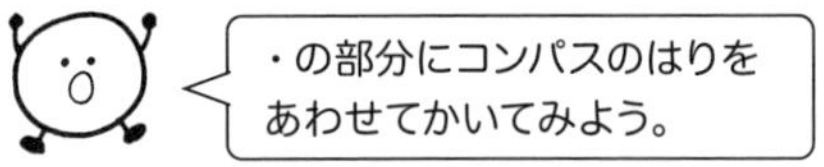
・の部分にコンパスのはりをあわせてかいてみよう。

②

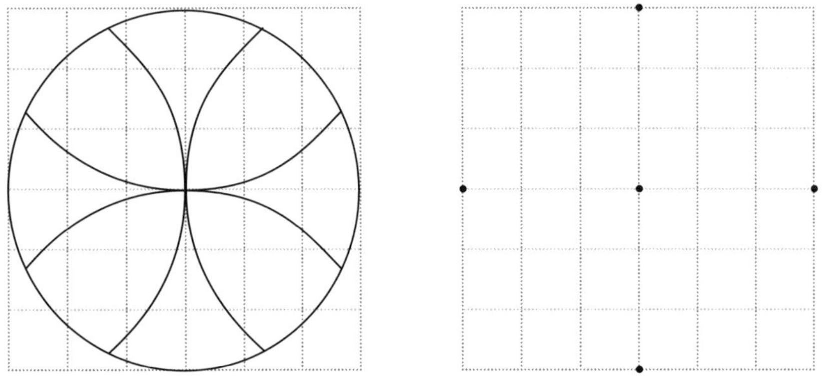

円と球（6）

名前

1 下の図は，球《きゅう》を真《ま》ん中で半分に切ったところです。

ア～ウにあてはまることばを □ からえらんで書きましょう。

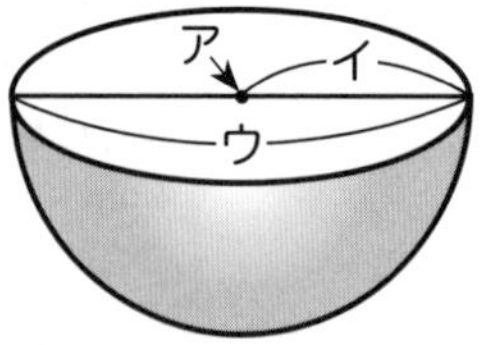
ア
イ
ウ

ア（　　　　　）

イ（　　　　　）

ウ（　　　　　）

半径《はんけい》
直径《ちょっけい》
中心《ちゅうしん》

2 球を切って切り口を調《しら》べます。

あてはまることばに○をしましょう。

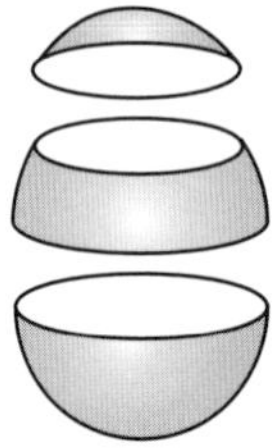

① 球のどこを切っても切り口の形は（ 正方形 ・ 円 ）になります。

② 球を（ 半分 ・ ななめ ）に切ったとき，切り口の円はいちばん大きくなります。

3 箱《はこ》の中に，同じ大きさのボールが２こぴったり入っています。

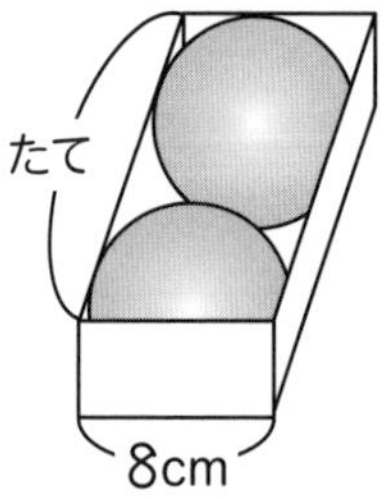
たて
8cm

① ボールの直径は何 cm ですか。

（　　　　　）cm

② 箱のたての長さは何 cm ですか。

（　　　　　）cm

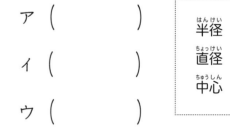

ふりかえりテスト　円と球

名前

1　図のア，イ，ウにあてはまることばを，
（　）に書きましょう。(8 × 3)

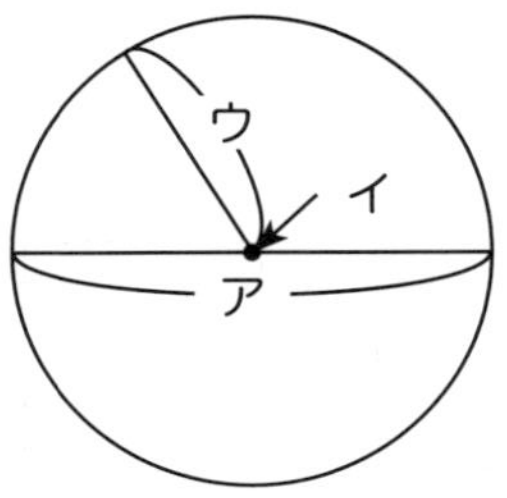

ア（　　　）

イ（　　　）

ウ（　　　）

2　次《つぎ》の円の直径《ちょっけい》と半径《はんけい》の長さを書きましょう。
(8 × 2)

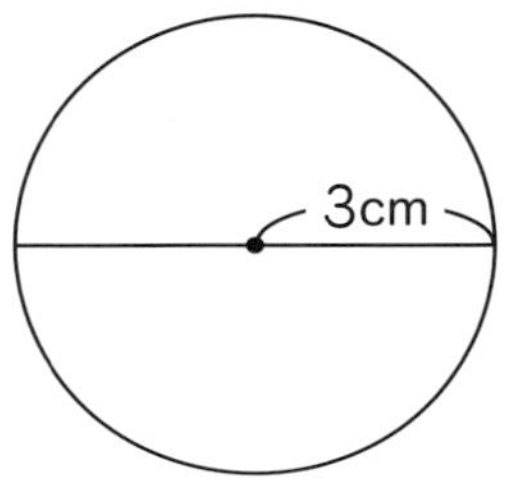

直径（　　　）cm

半径（　　　）cm

3　コンパスを使《つか》って，直径 6cm の円を
かきましょう。(10)

4　㋐と㋑の直線はどちらが長いですか。
コンパスを使って調《しら》べましょう。(8)

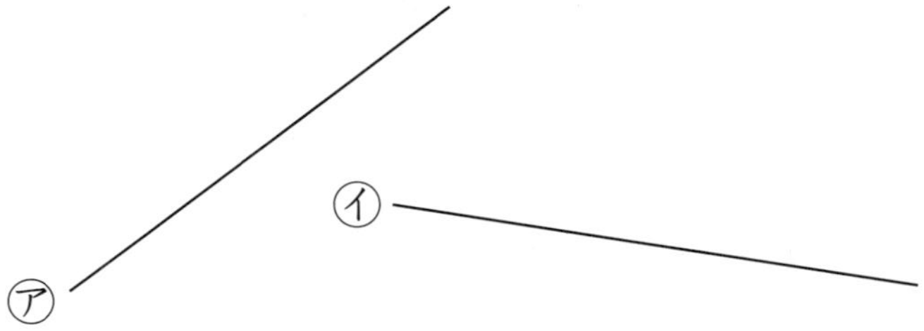

（　　　）

5　下の図は，球《きゅう》を真《ま》ん中で半分に切った
ところです。

①　ア，イ，ウにあてはまることばを，
（　）に書きましょう。(8 × 3)

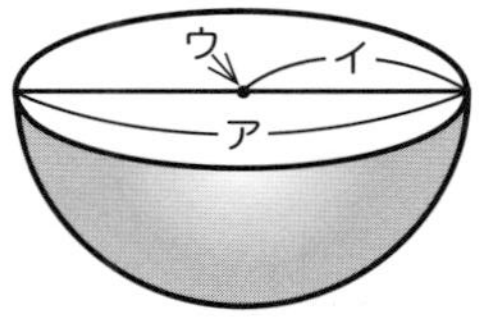

ア（　　　）

イ（　　　）

ウ（　　　）

②　球を切ると切り口はどんな形を
していますか。(8)

（　　　）

6　箱《はこ》の中に，同じ大きさのボールが 3 こ
ぴったり入っています。
この箱のたての長さをもとめましょう。(10)

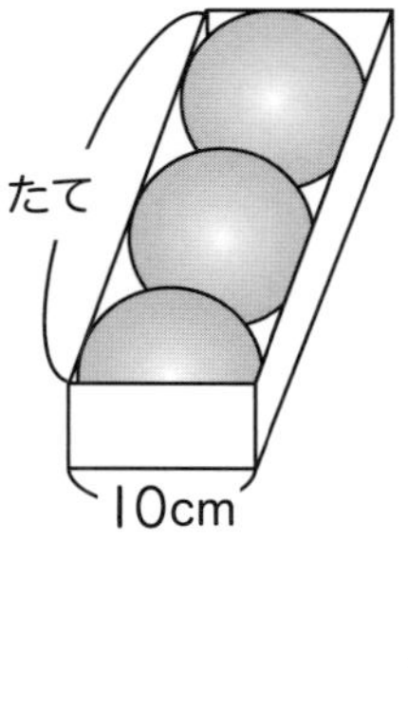

式

答え

小数（1）

名前

1Lを10等分《とうぶん》した1こ分を
0.1Lと書き，
「れい点《てん》一リットル」と読みます。

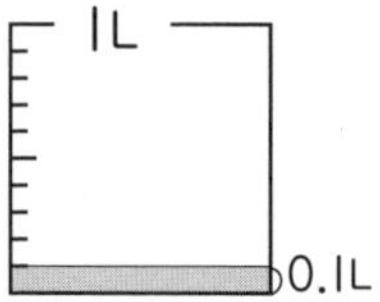

● 水のかさは何Lですか。

①

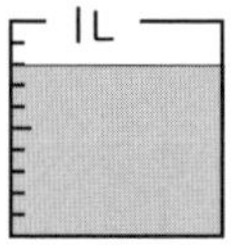

0.1Lが □ こ分で，□ L

②

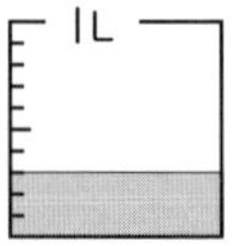

0.1Lが □ こ分で，□ L

③

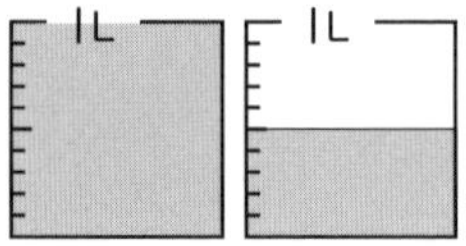

1Lと □ Lで，□ L

④

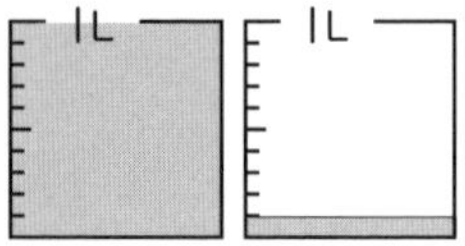

1Lと □ Lで，□ L

⑤

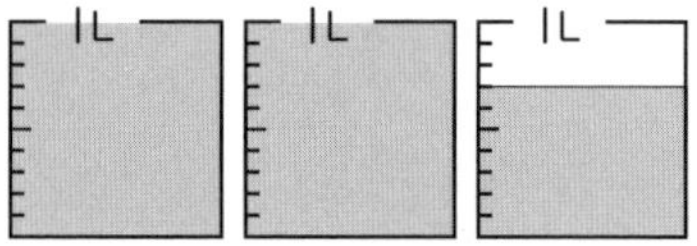

2Lと □ Lで，□ L

小数（2）

名前

1 次《つぎ》の（　）の中にあうことばを書きましょう。

5	.	8
一の位	小数点	小数第一位

5.8，1.2，0.9などの数を（　　　）といい，

「.」を（　　　）といいます。

小数点の右の位を小数第一《しょうすうだいいち》位《い》といいます。

2 次の数を整数《せいすう》と小数に分けましょう。

㋐ 0.4　㋑ 7.3　㋒ 15　㋓ 1.6　㋔ 100

整数（　　　　）　小数（　　　　）

3 水のかさの分だけ，色をぬりましょう。

① 0.6L

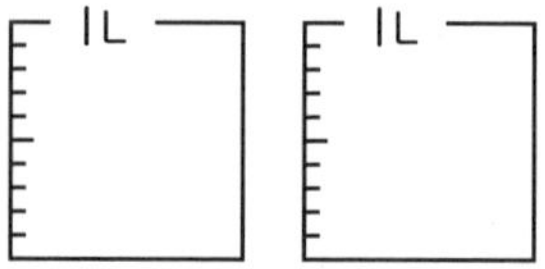

② 1.4L

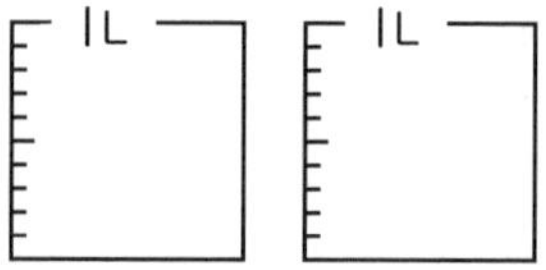

小数（3）

名前

1　次《つぎ》のテープの長さを cm で表《あらわ》しましょう。

ア
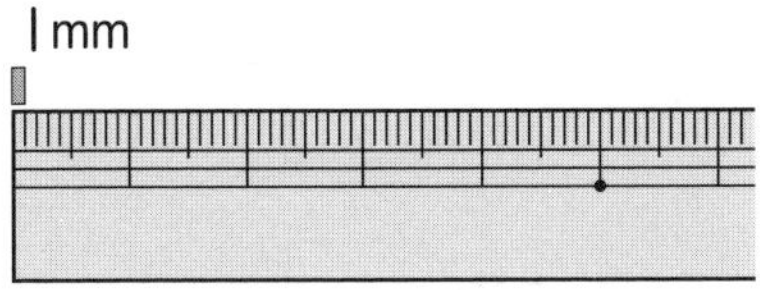
1mm

1mm は，1cm を 10 等分した 1 こ分の長さ

［0.1］cm

イ
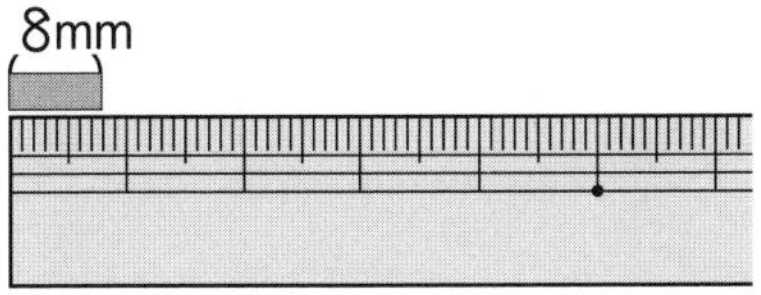
8mm

0.1cm が［　］こ分で

［　］cm

ウ
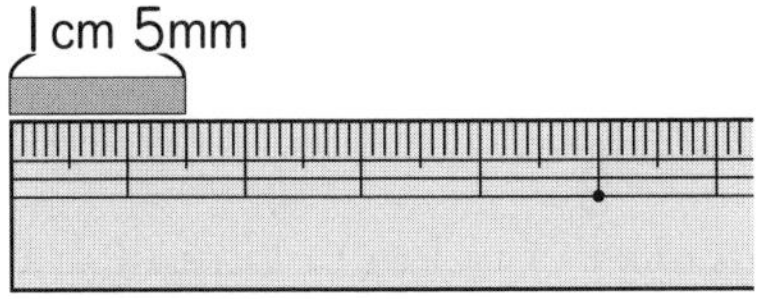
1cm 5mm

1cm と［　］cm で

［　］cm

2　★からア，イ，ウまでの長さはそれぞれ何 cm ですか。

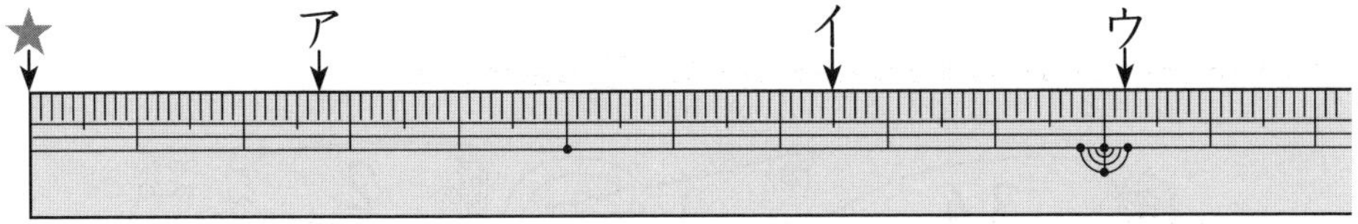
★
ア
イ
ウ

ア（　　　　）イ（　　　　）ウ（　　　　）

小数（4）

名前

1　次《つぎ》の数直線で↑ア～コの表《あらわ》している数を書きましょう。

①
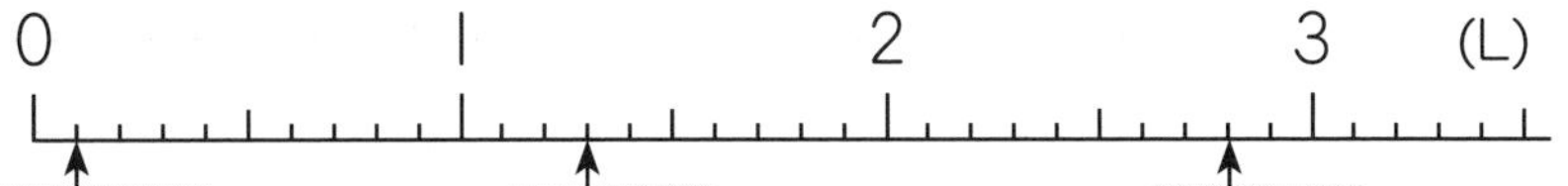
0
1
2
3
(L)

ア［　］L　イ［　］L　ウ［　］L

②
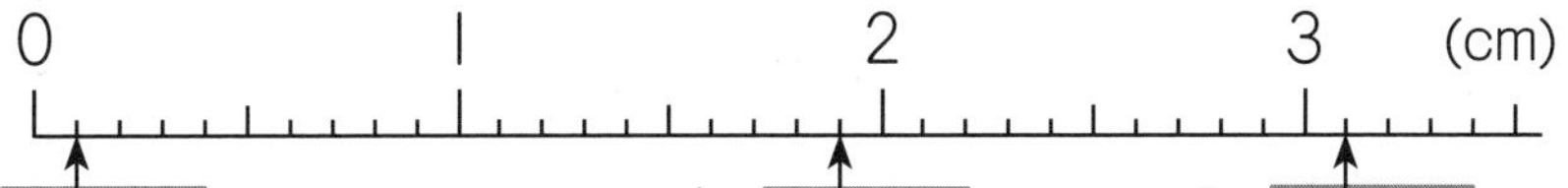
0
1
2
3
(cm)

エ［　］cm　オ［　］cm　カ［　］cm

③
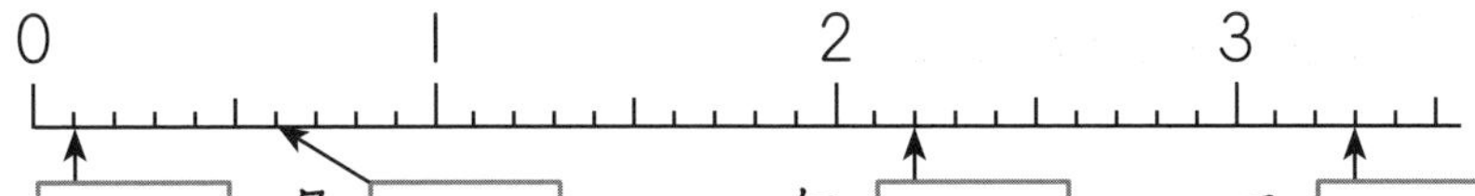
0
1
2
3

キ［　］　ク［　］　ケ［　］　コ［　］

1 を 10 等分した 1 こ分は 0.1 だね。

2　次の数を数直線に↑で書き入れましょう。

㋐ 0.3　㋑ 1.4　㋒ 2.7　㋓ 3.2

0
1
2
3

小数（5）

名前

● 下の数直線を見て，□にあてはまる数を書きましょう。

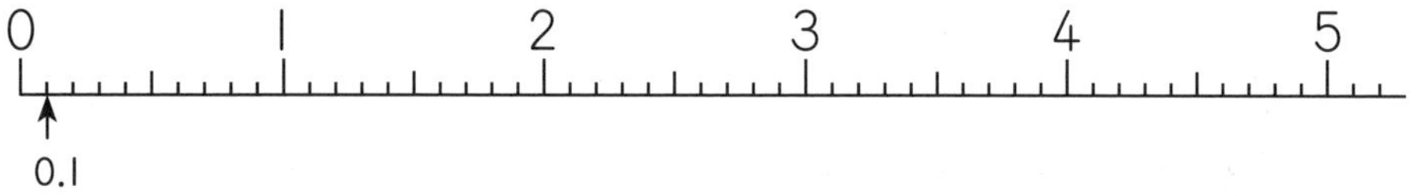

0
1
2
3
4
5
0.1

数直線に
数を表してみると
よくわかるよ。

① 0.7は，0.1を □ こ集《あつ》めた数です。

② 2は，0.1を □ こ集めた数です。

③ 3.5は，0.1を □ こ集めた数です。

④ 0.1を10こ集めた数は □ です。

⑤ 0.1を12こ集めた数は □ です。

⑥ 0.1を46こ集めた数は □ です。

⑦ 3.8は，1を □ こと，0.1を □ こ集めた数です。

⑧ 2より0.6大きい数は □ です。

小数（6）

名前

● □にあてはまる不《ふ》等号《とうごう》を書きましょう。

① 0.5 □ 0.2

② 2.9 □ 3

③ 1.8 □ 2.3

④ 0.8 □ 1.4

⑤ 4.6 □ 3.9

⑥ 1 □ 1.1

⑦ 0.1 □ 0

⑧ 1.2 □ 2.1

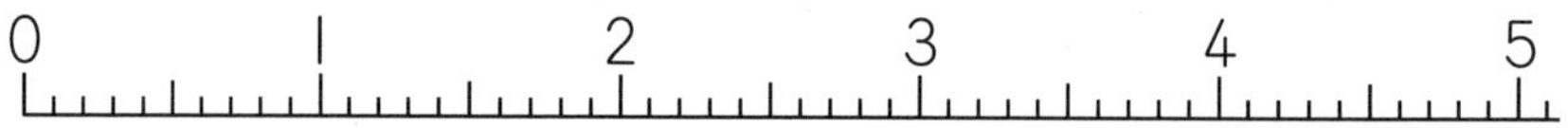

0
1
2
3
4
5

数を数直線に表すと，大きさがくらべやすいね。

数の大きい方をとおってゴールしましょう。とおった数を下の □ に書きましょう。

やおや
スタート
① 3.4
① 4.3
② 1
② 0.9
③ 2
③ 1.8
ゴール

① □　② □　③ □

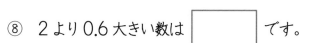

小数（7）

名前

□1 ジュースがびんに 0.6L，ペットボトルに 0.2L 入っています。

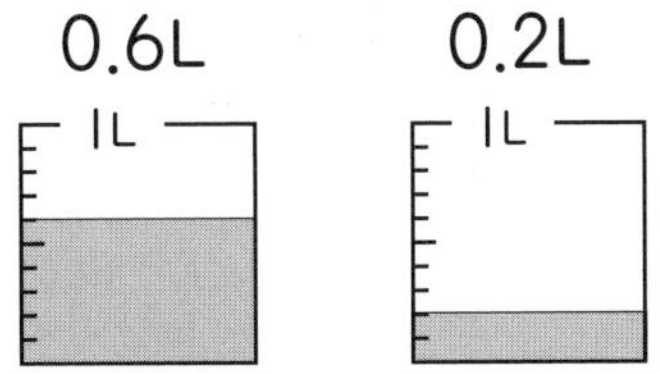
0.6L
1L
0.2L
1L

0.1 が □ こ　0.1 が □ こ

① あわせて何 L ですか。

式《しき》 0.6 + 0.2 = □

答え ＿＿＿＿＿＿

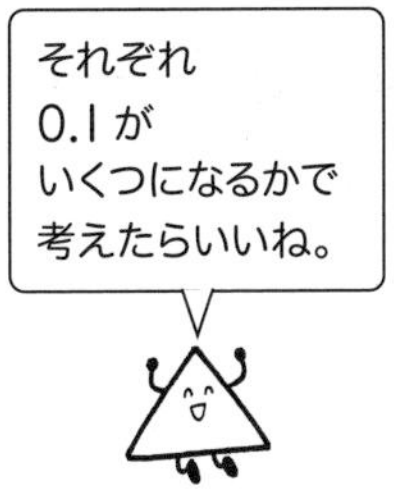
それぞれ
0.1 が
いくつになるかで
考えたらいいね。

② ちがいは何 L ですか。

式 0.6 − 0.2 = □

答え ＿＿＿＿＿＿

□2

① 0.4 + 0.2 =　② 0.6 + 0.3 =

③ 0.3 + 0.7 =　④ 0.5 + 0.5 =

⑤ 0.9 − 0.5 =　⑥ 0.7 − 0.1 =

⑦ 1 − 0.8 =　⑧ 1 − 0.4 =

小数（8）

小数のたし算

名前

① 2.7 + 3.6

	2.	7
+	3.	6
	6.	3

❶ 位《くらい》をそろえて書く。
❷ 整数《せいすう》のたし算と同じように計算する。
❸ 上の小数点にそろえて，答えの小数点をうつ。

② 4.3 + 1.5

③ 4.7 + 3.9

④ 3.2 + 5.5

⑤ 6.7 + 4.6

⑥ 2.9 + 6.8

⑦ 7.4 + 0.2

⑧ 1.3 + 8.8

⑨ 7.6 + 5.6

⑩ 5.7 + 0.9

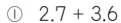

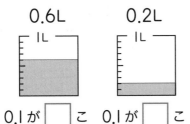

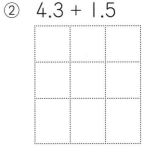

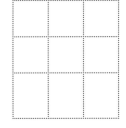

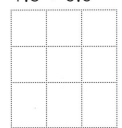

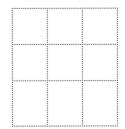

小数 (9)

小数のたし算

名前

1 ① 7 + 2.5

	7.	0
+	2.	5

位《くらい》をそろえてね。

② 5.8 + 3

	5.	8
+	3.	0

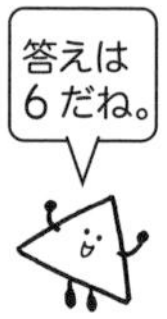
答えは6だね。

③ 3.6 + 2.4

	3.	6
+	2.	4
	6.	0

④ 8 + 7.2

⑤ 4.3 + 6

⑥ 1.8 + 8.2

2 ① 4.8 + 5.9

② 8.6 + 6.5

③ 5.1 + 0.9

④ 9 + 3.4

⑤ 7.7 + 2.3

小数 (10)

小数のひき算

名前

① 5.4 − 2.7

	5.	4
−	2.	7

小数のたし算と同じようにやってみよう。

② 7.6 − 3.8

③ 6.5 − 1.2

④ 3.2 − 1.5

⑤ 8.3 − 0.9

⑥ 7.3 − 4.8

⑦ 4.8 − 0.6

⑧ 5.1 − 3.3

⑨ 9.7 − 5.4

⑩ 2.4 − 0.8

小数（11）

小数のひき算

名前

1 ① 7 − 5.4

	7.	0
−	5.	4

位《くらい》を
そろえ
てね。

② 4.6 − 2

	4.	6
−	2.	0

答えに
0を
わすれな
いでね。

③ 6.5 − 5.8

	6.	5
−	5.	8
	0.	7

④ 10 − 8.3　⑤ 7.1 − 4　⑥ 3.4 − 2.9

2 ① 7.6 − 2.8　② 6.4 − 5.5　③ 8 − 3.5

④ 9.3 − 8.3　⑤ 12.2 − 6

小数（12）

名前

1 5L あったジュースを，みんなで 2.6L 飲《の》みました。
のこりは，何Lですか。

式

答え

2 水そうに水が 3.8L 入っています。そこへ，水を 4.2 L
入れました。あわせて水は何Lですか。

式

答え

3 リボンが 2.3 mあります。そのうち，1.7 m使《つか》いました。
のこりのリボンは何mですか。

式

答え

ふりかえりテスト　小数

名前

1　次《つぎ》のかさを小数で表しましょう。(5×2)

① 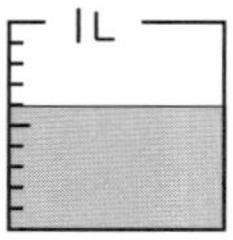

(　　　)L

② 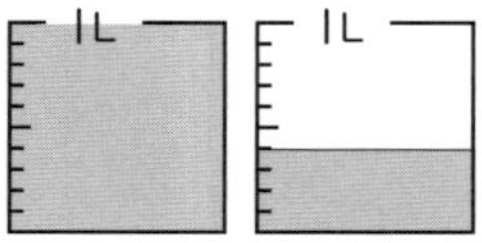

(　　　)L

2　★からア，イまでの長さをそれぞれ cm で表《あらわ》しましょう。(5×2)

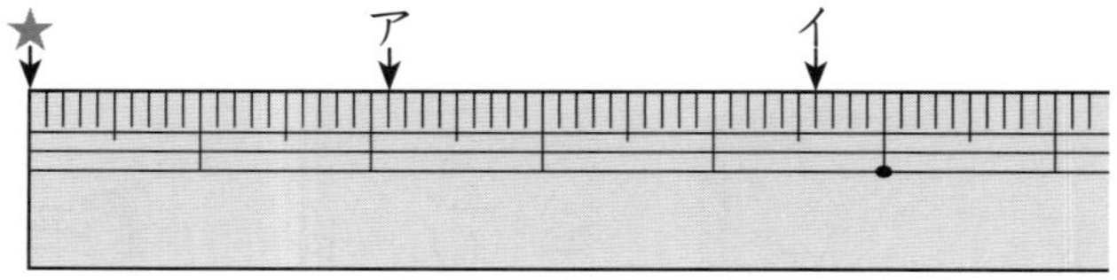

ア（　　　　）イ（　　　　）

3　次の数直線で↑の表している数を書きましょう。(5×2)

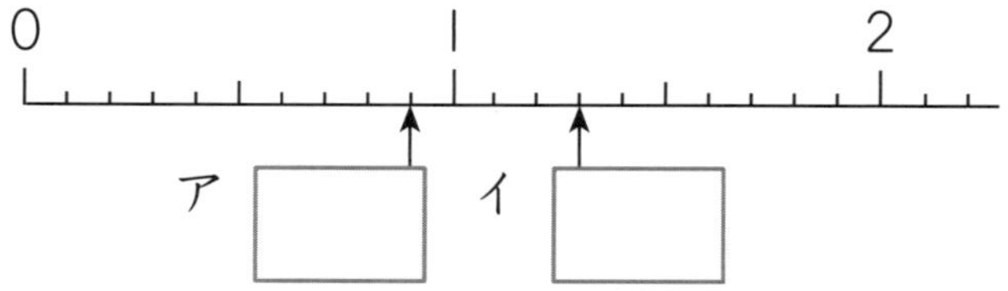

4　□にあてはまる数を書きましょう。(5×3)

① 2.4は，0.1を□こ集《あつ》めた数です。

② 0.1を16こ集めた数は□です。

③ 5.6は，1を□こと，0.1を□こあわせた数です。

5　□にあてはまる不等号《ふとうごう》を書きましょう。(5×3)

① 3.2□2.3　② 1.1□0.9

③ 4.8□5

6　計算をしましょう。(5×6)

① 3.7＋5.8　② 7.7＋3　③ 4.6＋1.4

④ 6.4－3.9　⑤ 5－2.9　⑥ 8.2－7.6

7　お茶が大きいやかんに2.8L，ペットボトルに1.2L入っています。(5×2)

① あわせると，何Lですか。

式

答え

② ちがいは何Lですか。

式

答え

重さ（1）

名前

重《おも》さは，たんいにした重さが何こ分あるかで表《あらわ》します。
重さのたんいには，**グラム**があり，g と書きます。
1円玉1この重さは1gです。

1　1円玉を使《つか》ってものの重さを調《しら》べました。gで表《あらわ》しましょう。

①

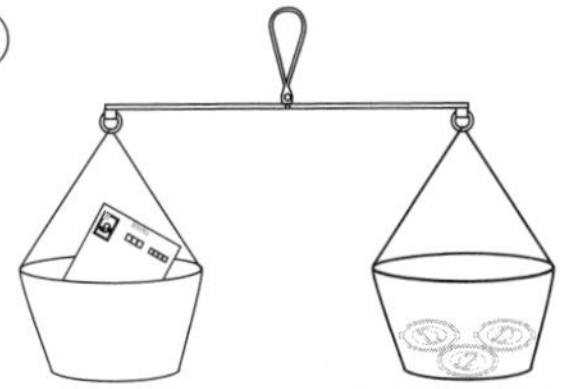

ハガキ　1円玉3こ

（　　　）g

②

いちご　1円玉20こ

（　　　）g

③

たまご　1円玉50こ

（　　　）g

④

消しゴム　1円玉16こ

（　　　）g

2　gを書くれんしゅうをしましょう。

1g　2g　3g　4g　5g

重さ（2）

名前

1　はかりで㋐と㋑の重《おも》さをはかりました。

㋐　さつまいも

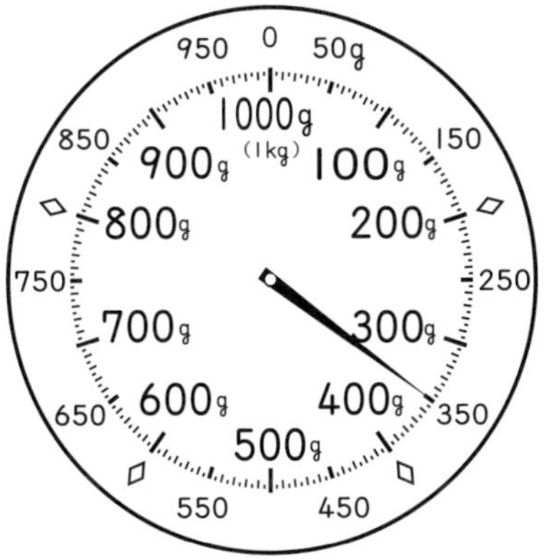

㋑　キャベツ

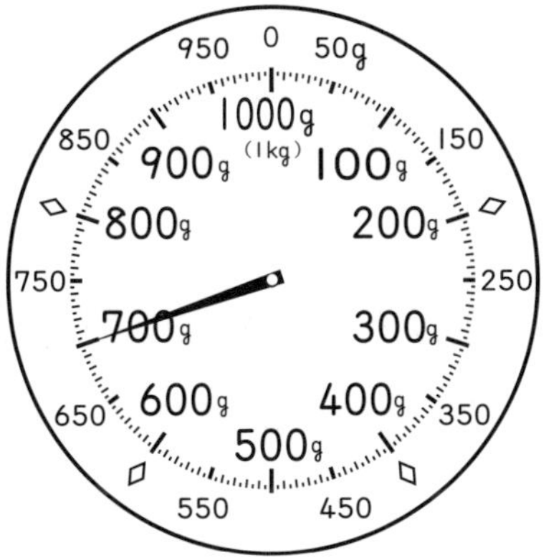

①　このはかりでは，何gまではかれますか。

（　　　）g

②　さつまいもとキャベツの重さは，それぞれ何gですか。

㋐（　　　）g　㋑（　　　）g

2　メロンの重さをはかると，800gありました。右のはかりにはりをかき入れましょう。

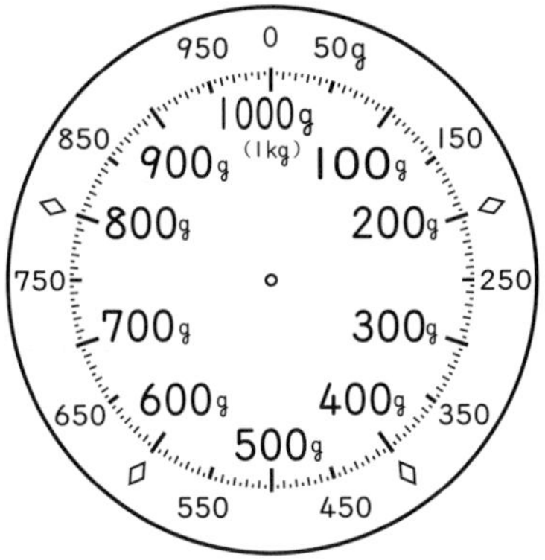

重さ (3)

名前

重《おも》いものをはかるには **kg**（**キログラム**）というたんいを使《つか》います。　1kg = 1000g

kg			g
1	0	0	0

①②③ 1kg　2kg　3kg

● かぼちゃの重さは何 g ですか。
また，何 kg 何 g ですか。

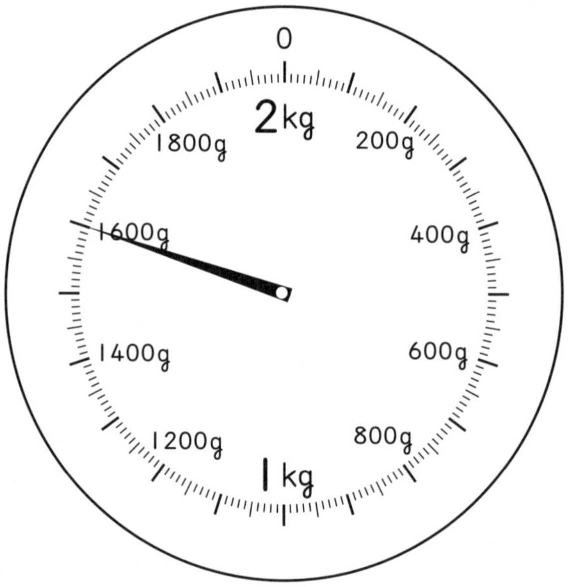

kg			g
1	6	0	0

g

kg　g

重さ (4)

名前

● はかりのはりがさしているめもりは何 g ですか。
また，何 kg 何 g（何 kg）ですか。

①

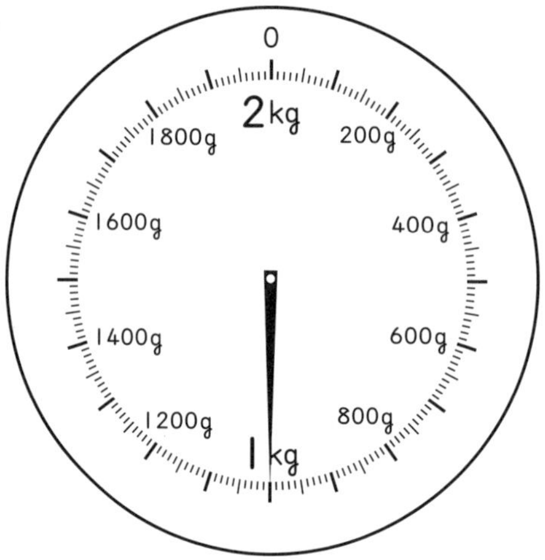

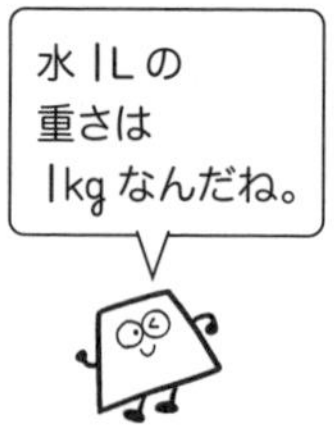

g

kg

kg			g

②

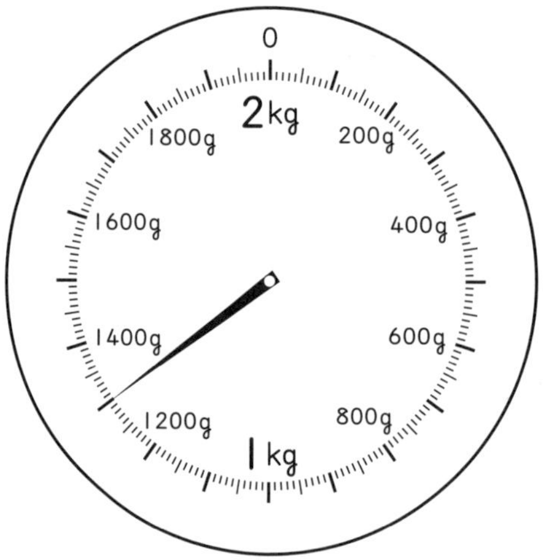

g

kg　g

kg			g

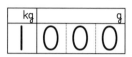

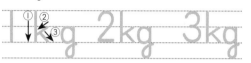

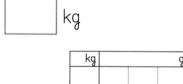

重さ (5)

名前

□1 □にあてはまる数を書きましょう

① 2000g = □ kg

② 5600g = □ kg □ g

③ 4070g = □ kg □ g

④ 8kg = □ g

⑤ 6kg 30g = □ g

kg			g
2	0	0	0

□2 □にあてはまる重さのたんい(g, kg)を書きましょう。

① 自転車 | 台の重さ …… 12 □

② だいこん | 本の重さ …… 1 □

③ 教科書 | さつの重さ …… 300 □

重い方をとおってゴールまでいきましょう。とおった方の重さに ◯ をしましょう。

スタート
① 3050g
① 3kg100g
② 5kg
② 4980g
ゴール

重さ (6)

名前

□1 200gのかごに
450gのぶどうを入れます。
重さは何gになりますか。

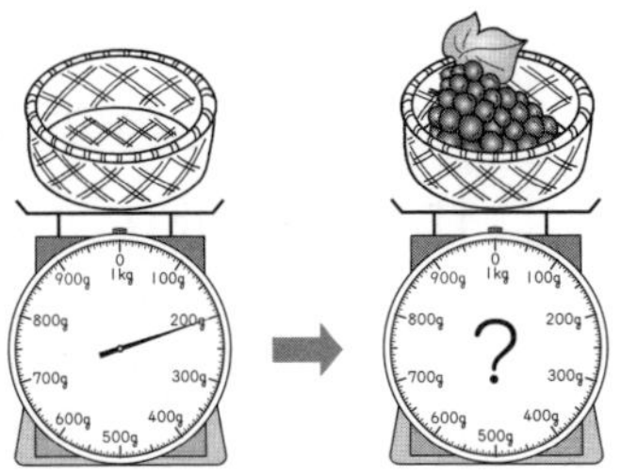

?

式

□ + □ = □

答え

□2 にもつを入れたランドセルの
重さは2kg 500gでした。
ランドセルの重さは1kgです。
にもつの重さは何kg何gですか。

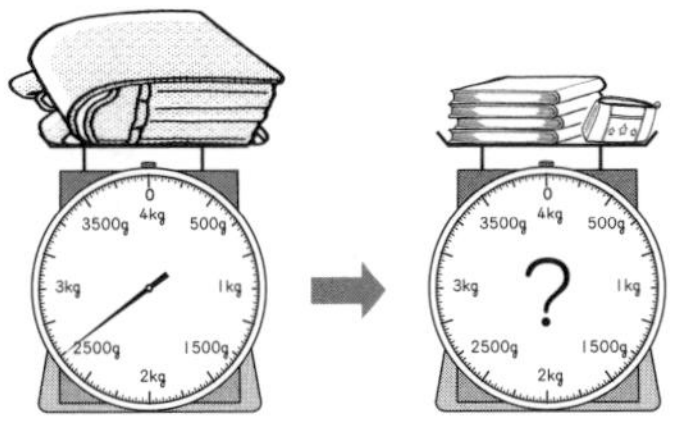

?

式

□ − □ = □

答え

□3 計算をしましょう。

① 800g + 700g

② 600g + 1kg 150g

③ 950g − 450g

④ 1kg − 300g

重さ（7）

名前

とても重《おも》いものの重さを表《あらわ》すたんいに，**t（トン）**があります。
1t＝1000kg です。

t			kg
1	0	0	0

①② 1t　2t　3t

1　次《つぎ》の重さを t と kg で表しましょう。

① ゾウ

5t＝5000kg

② サイ

3t＝3000kg

③ トラック

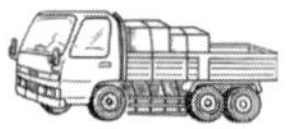

4t＝4000kg

2　□ にあてはまる重さのたんい（g，kg，t）を書きましょう。

① 乗用車《じょうようしゃ》1台の重さ　………　2 □

② ノート1さつの重さ　………　150 □

③ お兄さんの体重　………　57 □

④ スイカ1この重さ　………　3 □

重さ（8）

名前

● 重《おも》さ，長さ，かさのたんいについて表《ひょう》にまとめました。

	k《キロ》	・	・		d《デシ》	c《センチ》	m《ミリ》
重さ	1kg	・	・	1g			(1mg)
長さ	1km	・	・	1m		1cm	1mm
かさ	(1kL)	・	・	1L	1dL		1mL

1000倍　　1000倍

1　次《つぎ》の □ にあてはまる数を書きましょう。

① 1kg ＝ □ g　　② 1km ＝ □ m

③ 1m ＝ □ mm　　④ 1L ＝ □ mL

2　上の表を見ながら，重さ，長さ，かさが大きい方を通ってゴールまで行きましょう。通った方を下の □ に書きましょう。

スタート
① 4000g
① 3kg500g
② 500m
② 5km
③ 7000mL
③ 8L
ゴール

① □　② □　③ □

分数（1）

名前 ＿＿＿＿＿＿＿＿

lmを４等分《とうぶん》したｌこ分の長さを　「四分の一メートル」といい，
$\frac{1}{4}$m　と書きます。また，$\frac{1}{4}$mは，その４こ分でlmになる長さです。

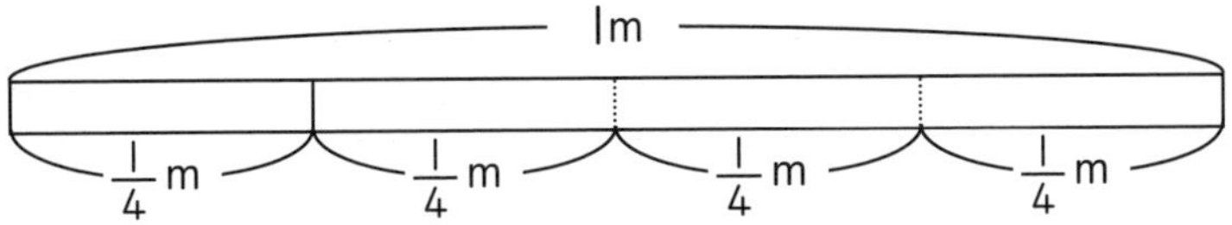

1　色をぬったところの長さはそれぞれ何mですか。

①

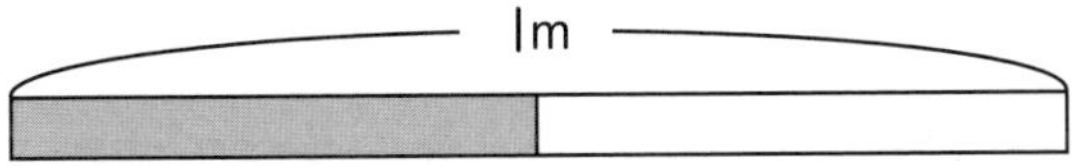

$\frac{\square}{\square}$ m

②

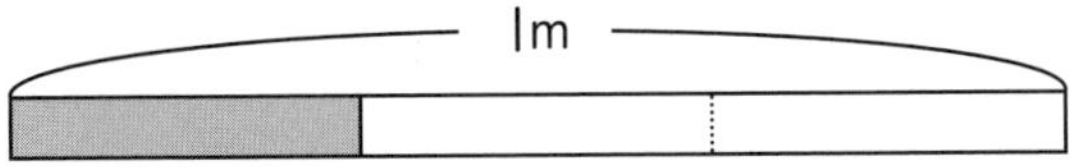

$\frac{\square}{\square}$ m

③

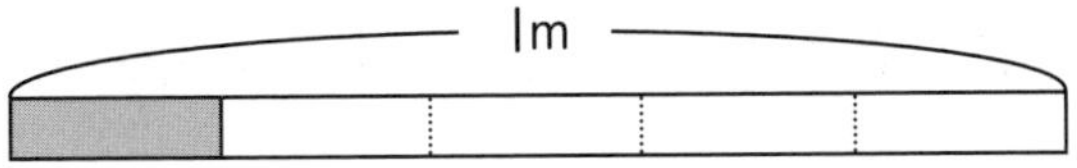

$\frac{\square}{\square}$ m

2　□にあてはまる数を書きましょう。

①　lmを６等分したｌこ分の長さ　$\frac{\square}{\square}$ m

②　３こ分でlmになるｌこ分の長さ　$\frac{\square}{\square}$ m

③　２こ分でlmになるｌこ分の長さ　$\frac{\square}{\square}$ m

分数（2）

名前 ＿＿＿＿＿＿＿＿

$\frac{1}{4}$mの２こ分の長さを　「四分の二メートル」といい，
$\frac{2}{4}$m　と書きます。

分子　$\frac{2}{4}$m　……２こ分の長さ
分母　　　　……lmを４等分した

1　色をぬったところの長さはそれぞれ何mですか。

①

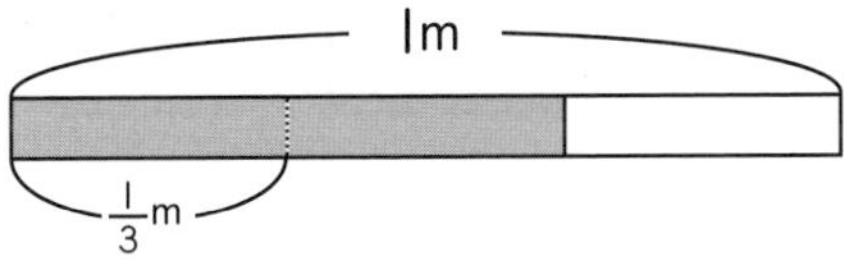

$\frac{1}{3}$mの□こ分で　$\frac{\square}{\square}$ m

②

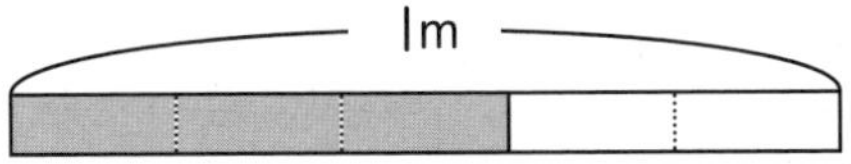

$\frac{1}{\square}$mの□こ分で　$\frac{\square}{\square}$ m

③

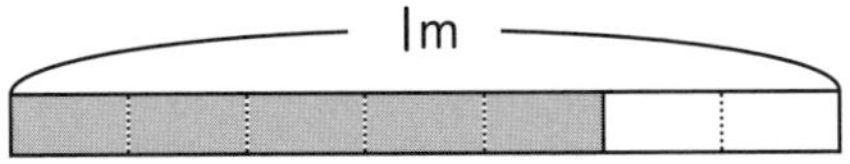

$\frac{1}{\square}$mの□こ分で　$\frac{\square}{\square}$ m

2　次の長さだけ色をぬりましょう。

①　$\frac{3}{4}$m

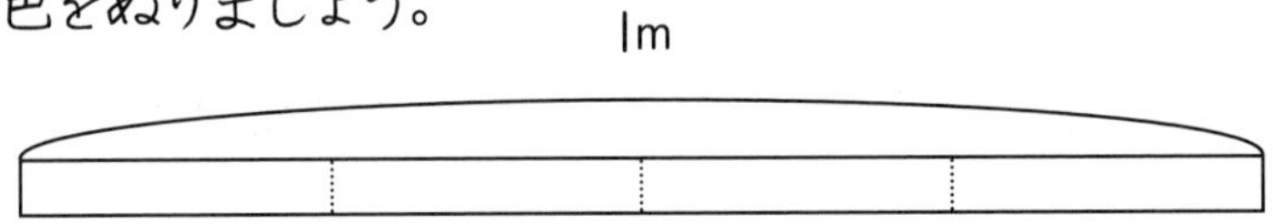

②　$\frac{2}{5}$m

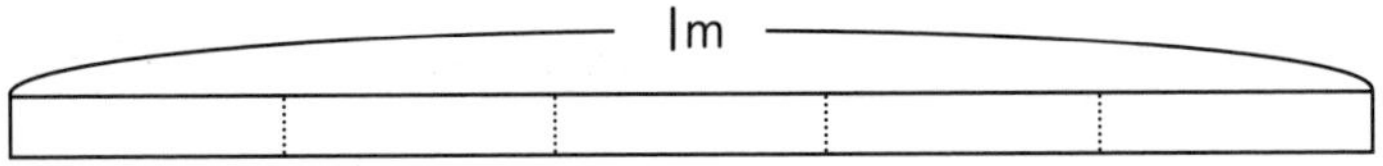

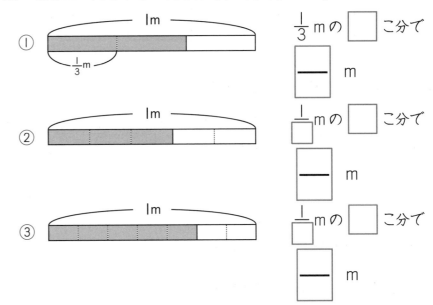

分数 (3)

名前

□1 次《つぎ》の水のかさはそれぞれ何Lですか。

① 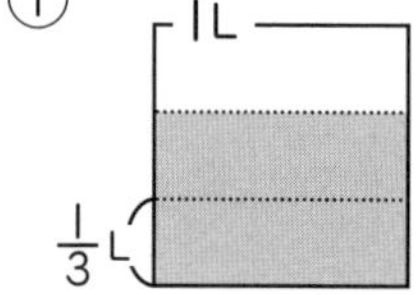

$\frac{1}{3}$Lの 2 こ分で $\frac{□}{□}$ L

② 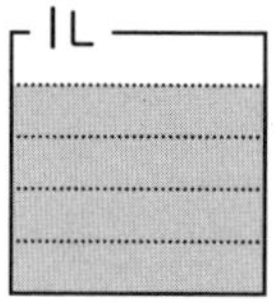

$\frac{□}{□}$ L

③ 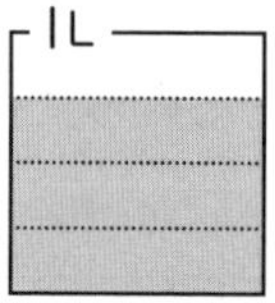

$\frac{□}{□}$ L

□2 次のかさの分だけ色をぬりましょう。

① $\frac{1}{5}$ L 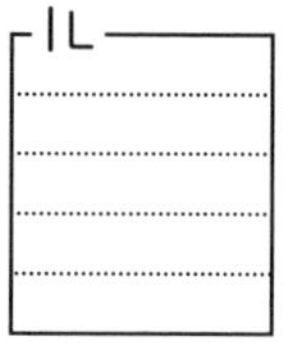

② $\frac{2}{4}$ L 

③ $\frac{4}{7}$ L 

□3 □にあてはまる数を書きましょう。

① 1Lを7等分《とうぶん》した3こ分のかさは $\frac{□}{□}$ Lです。

② 4こ分で1Lになる1こ分のかさは $\frac{□}{□}$ Lです。

③ $\frac{5}{6}$ は，1Lを□等分した□こ分のかさです。

分数 (4)

名前

□1 下の数直線の㋐〜㋖にあてはまる分数を書きましょう。

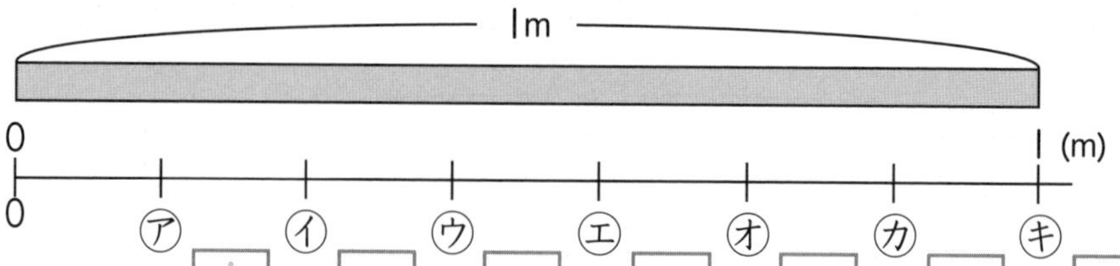

㋐ $\frac{1}{7}$ ㋑ $\frac{□}{□}$ ㋒ $\frac{□}{□}$ ㋓ $\frac{□}{□}$ ㋔ $\frac{□}{□}$ ㋕ $\frac{□}{□}$ ㋖ $\frac{□}{□}$

① ㋑，㋔，㋖ はそれぞれ $\frac{1}{7}$ m の何こ分の長さですか。

㋑ (　　)こ分　　㋔ (　　)こ分　　㋖ (　　)こ分

② 1mと同じ長さの分数を書きましょう。1m = $\frac{□}{7}$ m

③ $\frac{2}{7}$ m と $\frac{5}{7}$ m では，どちらがどれだけ長いですか。

(　　　)mが(　　　)m長い。

□2 次《つぎ》の数直線の㋐〜㋒にあてはまる分数を書きましょう。

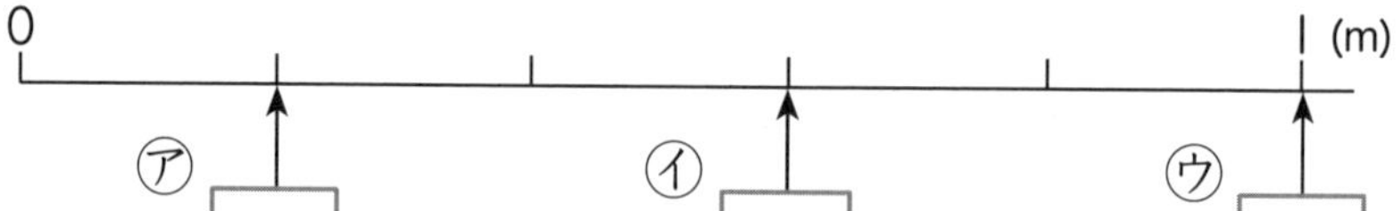

㋐ $\frac{□}{□}$ ㋑ $\frac{□}{□}$ ㋒ $\frac{□}{□}$

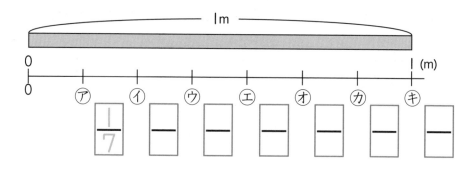

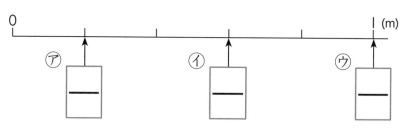

分数（5）

名前

1　次《つぎ》の数直線の □ にあてはまる分数を書きましょう。

①

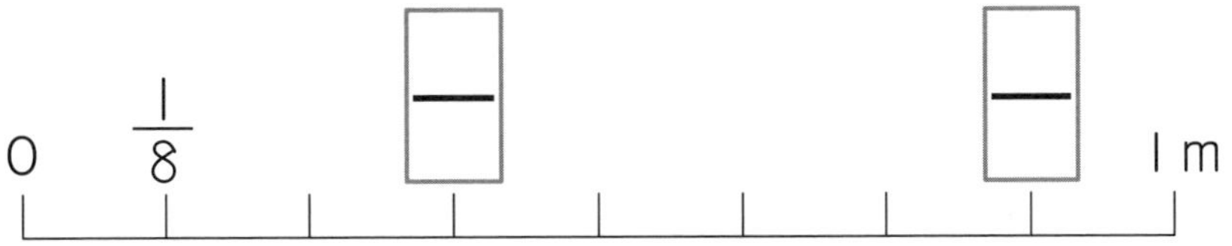

0
$\frac{1}{8}$
1 m

②

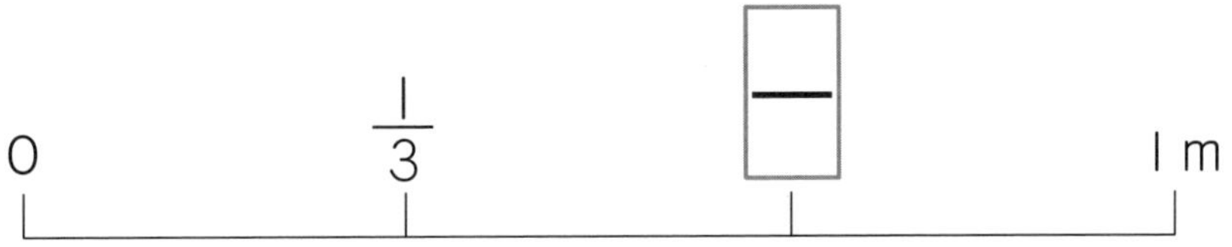

0
$\frac{1}{3}$
1 m

③

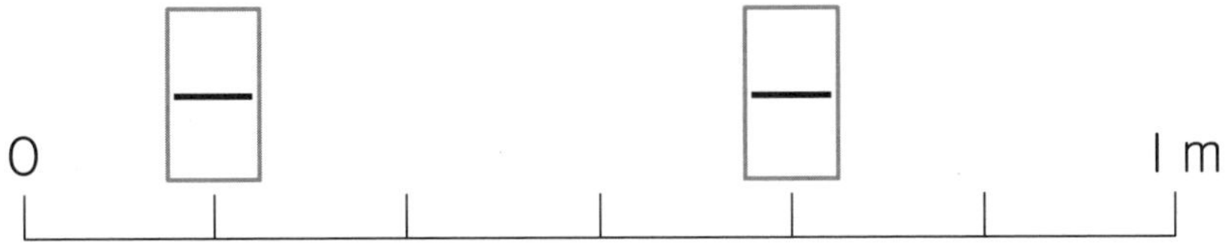

0
1 m

2　□ にあてはまる等号《とうごう》や不等号《ふとうごう》を書きましょう。

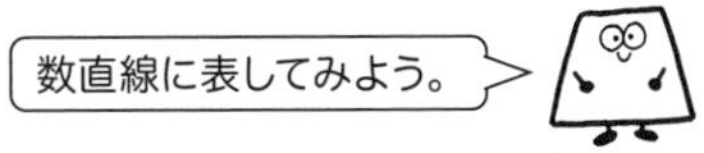

数直線に表してみよう。

① $\frac{4}{7}$ □ $\frac{6}{7}$

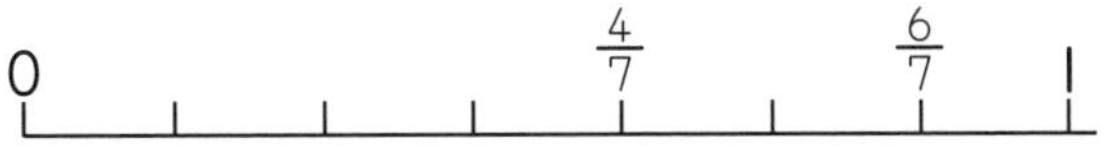

0
$\frac{4}{7}$
$\frac{6}{7}$
1

② $\frac{4}{4}$ □ 1

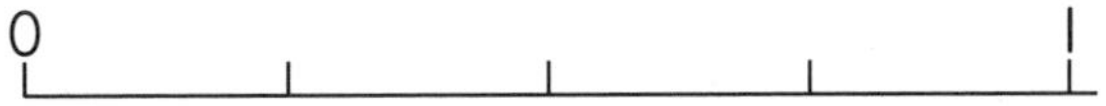

0
1

③ 1 □ $\frac{4}{5}$

0
1

分数（6）

名前

1　下の数直線の □ には分数で，⬚ には小数で，
それぞれあてはまる数を書きましょう。

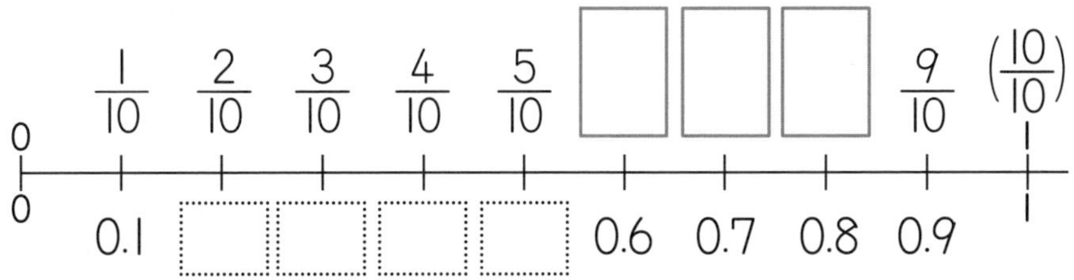

0
$\frac{1}{10}$
$\frac{2}{10}$
$\frac{3}{10}$
$\frac{4}{10}$
$\frac{5}{10}$
$\frac{9}{10}$
$\left(\frac{10}{10}\right)$
0
0.1
0.6
0.7
0.8
0.9
1

$\frac{1}{10}$ = 0.1

2　□ にあてはまる分数や小数を書きましょう。

① 0.4 ＝ □　　② 0.7 ＝ □

③ $\frac{2}{10}$ ＝ □　　④ $\frac{8}{10}$ ＝ □

3　□ にあてはまる等号《とうごう》や不等号《ふとうごう》を書きましょう。

上の数直線で
たしかめよう。

① 0.1 □ $\frac{3}{10}$　　② $\frac{5}{10}$ □ 0.3

③ $\frac{10}{10}$ □ 0.9　　④ 0.4 □ $\frac{4}{10}$

分数 (7)

名前 ＿＿＿＿＿＿＿＿＿＿

1 ジュースがかんに $\frac{2}{7}$ L，びんに $\frac{3}{7}$ L 入っています。
あわせて何Lありますか。

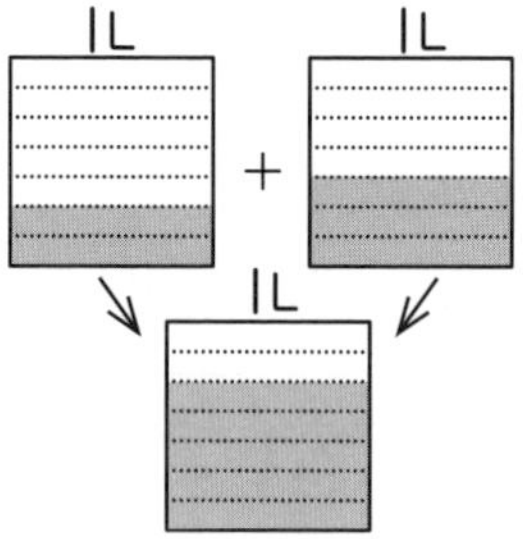

1L
1L
+
1L

式《しき》 $\frac{2}{7}+\frac{3}{7}=\frac{\square}{\square}$

答え ＿＿＿＿＿＿＿＿

2 $\frac{3}{5}+\frac{2}{5}$ を計算しましょう。

式 $\frac{3}{5}+\frac{2}{5}=\frac{\square}{\square}$

$=\square$

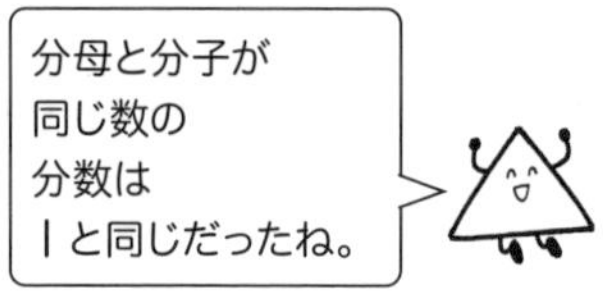

分母と分子が
同じ数の
分数は
1と同じだったね。

3 計算をしましょう。

① $\frac{1}{6}+\frac{2}{6}=$　② $\frac{3}{5}+\frac{1}{5}=$

③ $\frac{1}{3}+\frac{1}{3}=$　④ $\frac{4}{10}+\frac{5}{10}=$

⑤ $\frac{2}{7}+\frac{4}{7}=$　⑥ $\frac{1}{2}+\frac{1}{2}=$

⑦ $\frac{3}{7}+\frac{4}{7}=$　⑧ $\frac{7}{9}+\frac{2}{9}=$

分数 (8)

名前 ＿＿＿＿＿＿＿＿＿＿

1 牛にゅうが $\frac{6}{7}$ L あります。
$\frac{4}{7}$ L 飲《の》むと，のこりは何Lになりますか。

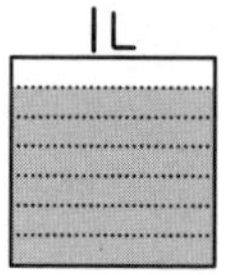

1L

式《しき》 $\frac{6}{7}-\frac{4}{7}=\frac{\square}{\square}$

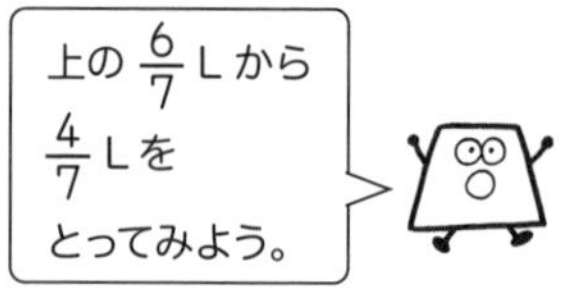

上の $\frac{6}{7}$ Lから
$\frac{4}{7}$ Lを
とってみよう。

答え ＿＿＿＿＿＿＿＿

2 $1-\frac{1}{5}$ を計算しましょう。

式 $1-\frac{1}{5}=\frac{\square}{\square}-\frac{\square}{\square}$

$=\frac{\square}{\square}$

$1=\frac{\square}{5}$
だったね。

3 計算をしましょう。

① $\frac{7}{8}-\frac{5}{8}=$　② $\frac{3}{6}-\frac{2}{6}=$

③ $\frac{5}{7}-\frac{3}{7}=$　④ $\frac{9}{10}-\frac{6}{10}=$

⑤ $\frac{4}{5}-\frac{1}{5}=$　⑥ $1-\frac{2}{4}=$

⑤ $1-\frac{2}{3}=$　⑥ $1-\frac{6}{9}=$

ふりかえりテスト　分数

名前

1　色をぬったところの長さを分数で表《あらわ》しましょう。(3×2)

①

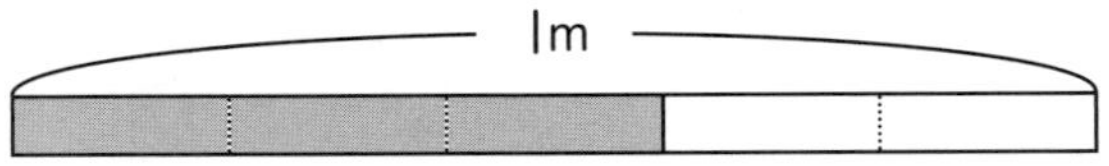

□ m

②

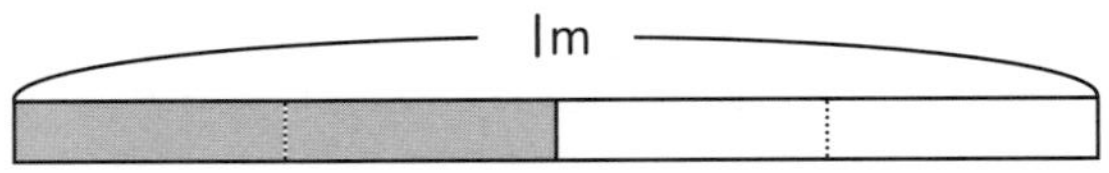

□ m

2　色をぬったところのかさを分数で表しましょう。(3×2)

①

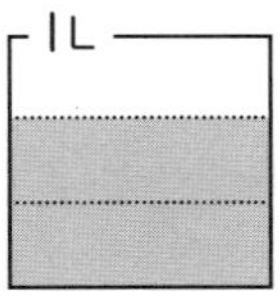

□ L

②

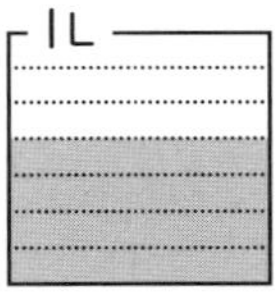

□ L

3　□ にあてはまる数を書きましょう。(5×3)

① 1m を 8 等分《とうぶん》した 5 こ分の長さは □ mです。

② $\frac{5}{6}$ mは, $\frac{1}{6}$ mの □ こ分の長さです。

③ $\frac{1}{5}$ mの □ こ分の長さは 1m です。

4　次《つぎ》の数直線の □ にあてはまる分数を書きましょう。(4×2)

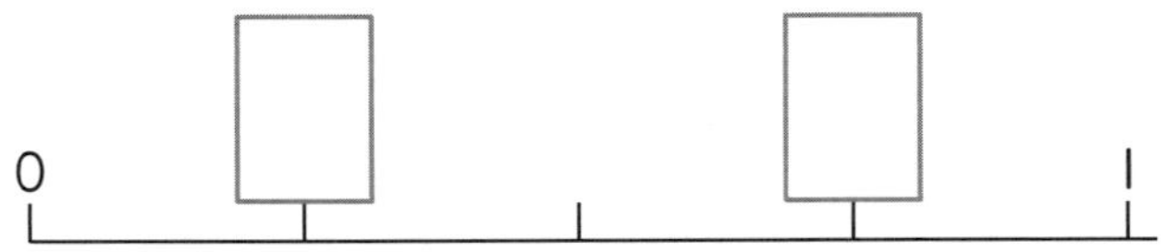

5　□ にあてはまる分数や小数を書きましょう。(5×4)

① $0.8 =$ □　　② $0.1 =$ □

③ $\frac{5}{10} =$ □　　④ $\frac{6}{10} =$ □

6　□ にあてはまる等号《とうごう》や不等号《ふとうごう》を書きましょう。(5×5)

① $\frac{6}{9}$ □ $\frac{8}{9}$　　② 1 □ $\frac{7}{7}$

③ 0.5 □ $\frac{3}{10}$　　④ 0.1 □ $\frac{1}{10}$

⑤ 1 □ $\frac{4}{6}$

7　計算をしましょう。(5×4)

① $\frac{3}{8} + \frac{2}{8} =$

② $\frac{8}{10} + \frac{2}{10} =$

③ $\frac{7}{9} - \frac{5}{9} =$

④ $1 - \frac{2}{6} =$

□を使った式（1）

名前

下のお話の場面《ばめん》で，わからない数を□としてたし算の式《しき》に表《あらわ》し，□にあてはまる数を計算でもとめましょう。

1　色紙を 23 まい持《も》っています。何まいかもらったので，全部《ぜんぶ》で 35 まいになりました。

式　23 ＋ □ ＝ 35

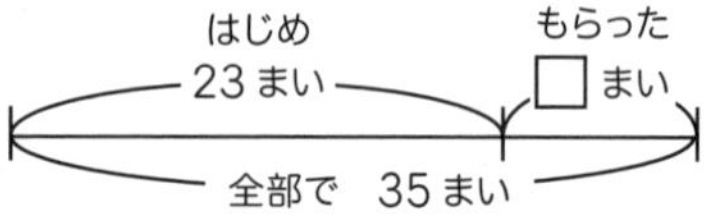

はじめ
23 まい
もらった
□ まい
全部で　35 まい

□の数は，ひき算でもとめられるね。

計算　35 － 23 ＝ □

答え □ まい

2　バスに 18 人乗《の》っています。次《つぎ》のバスていで何人か乗ってきたので 25 人になりました。

式　□ ＋ □ ＝ □

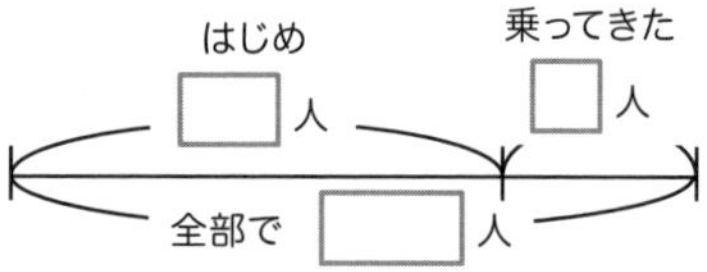

はじめ
□ 人
乗ってきた
□ 人
全部で □ 人

わからない数は，あとから乗ってきた人数だね。

計算　□ － □ ＝ □

答え □ 人

□を使った式（2）

名前

下のお話の場面《ばめん》で，わからない数を□としてひき算の式《しき》に表《あらわ》し，□にあてはまる数を計算でもとめましょう。

1　公園で子どもが何人か遊《あそ》んでいました。15 人帰ったので，のこりが 10 人になりました。

式　□ － 15 ＝ 10

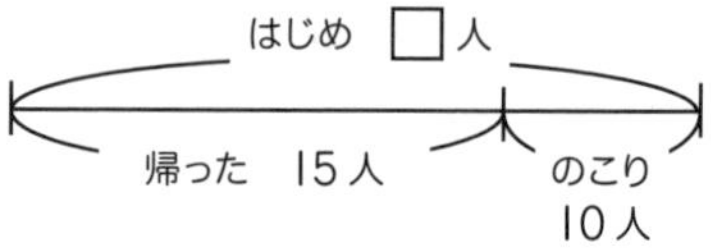

はじめ □ 人
帰った　15 人
のこり
10 人

□の数は，たし算でもとめられるね。

計算　15 ＋ 10 ＝ □

答え □ 人

2　クッキーが何まいかありました。みんなで 27 まい食べたので，のこりが 23 まいになりました。

式　□ － □ ＝ □

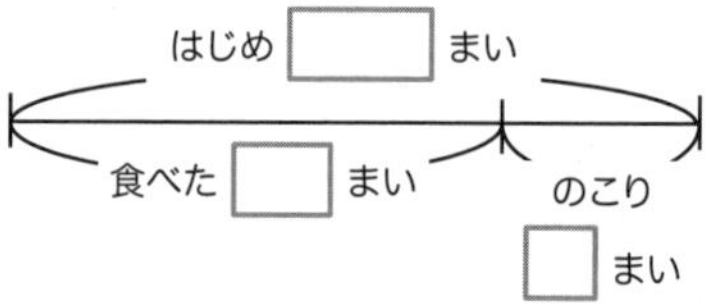

はじめ □ まい
食べた □ まい
のこり
□ まい

わからない数は，はじめにあったクッキーの数だね。

計算　□ ＋ □ ＝ □

答え □ まい

□ を使った式 (3)

名前

下のお話の場面《ばめん》で，わからない数を □ としてかけ算の式《しき》に表《あらわ》し，□ にあてはまる数を計算でもとめましょう。

1 みかんが同じ数ずつ入っているふくろが 6 ふくろあります。
みかんは全部《ぜんぶ》で 30 こです。

式 □ × 6 ＝ 30

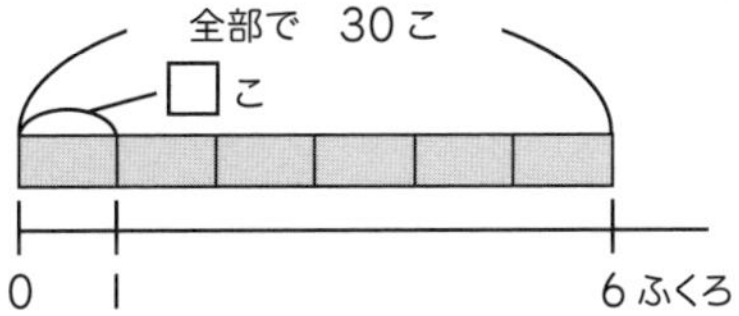
全部で　30 こ
□ こ
0
1
6 ふくろ

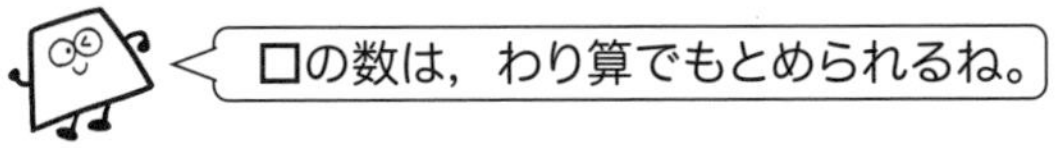
□の数は，わり算でもとめられるね。

計算 30 ÷ 6 ＝ □

答え □ こ

2 子どもが同じ人数ずつ 3 台のバスに乗《の》ります。
子どもは全部で 24 人です。

式 □ × □ ＝ □

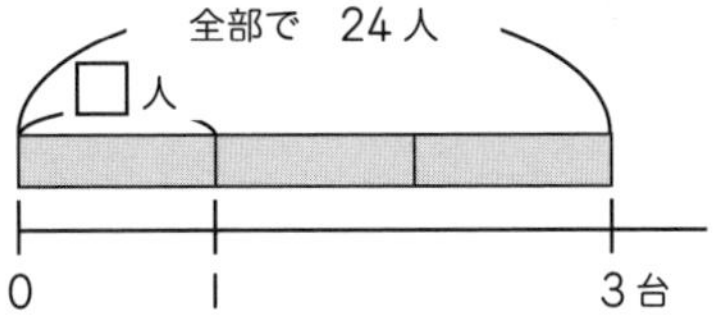
全部で　24 人
□ 人
0
1
3 台

わからない数は，1 台に乗る人数だね。

計算 □ ÷ □ ＝ □

答え □ 人

□ を使った式 (4)

名前

下のお話の場面《ばめん》で，わからない数を □ としてわり算の式《しき》に表《あらわ》し，□ にあてはまる数を計算でもとめましょう。

1 キャラメルが 15 こあります。同じ数ずつ分けると，
3 人に分けることができました。

式 15 ÷ □ ＝ 3

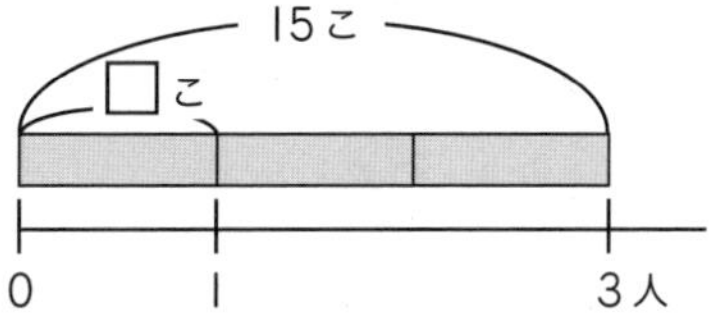
15 こ
□ こ
0
1
3 人

図を見ると，□はわり算でもとめられるね。

計算 15 ÷ 3 ＝ □

答え □ こ

2 子どもが 42 人います。同じ人数ずつグループに分けると，
6 つのグループに分けることができました。

式 □ ÷ □ ＝ □

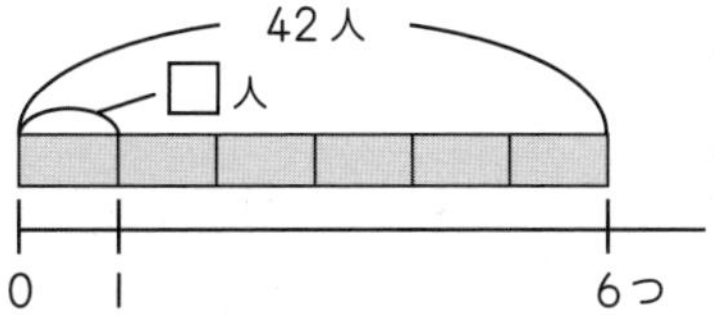
42 人
□ 人
0
1
6 つ

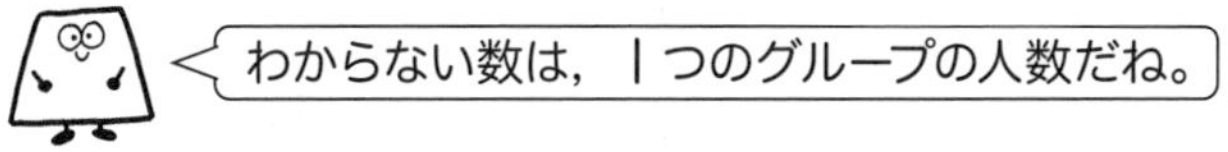
わからない数は，1 つのグループの人数だね。

計算 □ ÷ □ ＝ □

答え □ 人

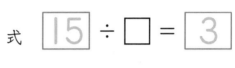

かけ算の筆算 ②（1）

名前

何十をかけるかけ算・2けた×2けた（くり上がりなし）

1 計算をしましょう。

① 2 × 40 =

② 3 × 20 =

③ 3 × 50 =

④ 4 × 70 =

⑤ 7 × 30 =

2 筆算《ひっさん》でしましょう。

① 12 × 24

❶ 一の位《くらい》をかける

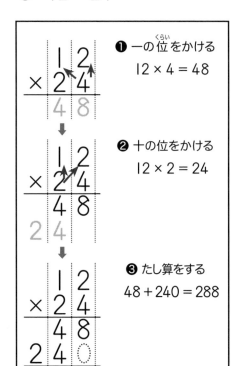

12 × 4 = 48

	1	2
×	2	4
	4	8

❷ 十の位をかける

12 × 2 = 24

	1	2
×	2	4
	4	8
2	4	

❸ たし算をする

48 + 240 = 288

	1	2
×	2	4
	4	8
2	4	0
2	8	8

②

	3	1
×	2	3

③

	1	2
×	4	2

④

	5	6
×	1	1

⑤

	3	0
×	1	3

かけ算の筆算 ②（2）

名前

2けた×2けた＝3けた（くり上がりあり）

1 ①

	2	4	
×	1	3	
	7	2	··24×3
2	4		··24×1

②

	2	3	
×	4	2	
	4	6	··23×2
9	2		··23×4

③

	2	6	
×	2	3	
	7	8	··26×3
5	2		··26×2

2 ① 28 × 32

② 12 × 37

③ 18 × 12

④ 13 × 63

⑤ 38 × 21

⑥ 15 × 48

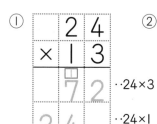

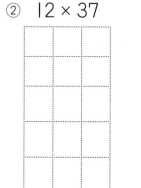

かけ算の筆算 ②（3）

2けた×2けた＝3けた（くり上がりあり）

名前

① 35 × 26

② 18 × 53

③ 26 × 21

④ 23 × 38

⑤ 17 × 56

⑥ 29 × 29

⑦ 42 × 16

⑧ 15 × 12

かけ算の筆算 ②（4）

2けた×2けた＝4けた

名前

1

①

		3	5	
	×	4	3	
		1		
	1	0	5	…35×3
	2			
1	4	0		…35×4

②

		4	8	
	×	2	6	
		4		
	2	8	8	…48×6
	1			
	9	6		…48×2

2

① 54 × 29

② 66 × 23

③ 47 × 53

④ 72 × 18

⑤ 32 × 37

⑥ 86 × 45

かけ算の筆算 ② (5)

2けた× 2けた＝ 4けた

名前

① 65 × 18

② 59 × 46

③ 48 × 62

④ 70 × 52

⑤ 36 × 63

⑥ 43 × 28

⑦ 94 × 22

⑧ 87 × 74

くり上がりに
気をつけて
ゆっくり計算しよう。

かけ算の筆算 ② (6)

2けた× 2けた

名前

① 36 × 22

② 52 × 17

③ 74 × 23

④ 80 × 63

⑤ 46 × 27

答えの大きい方をとおってゴールしましょう。とおった答えを下の □ に書きましょう。

① □　② □

かけ算の筆算 ② (7)

3けた× 2けた＝4けた

名前

1 ①

	3	4	5	
×		2	3	
	1	1		
1	0	3	5	…345×3
	1			
6	9	0		…345×2

②

	2	0	7	
×		3	4	
	8	2	8	…207×4
6	2	1		…207×3

2 ① 253 × 36　② 412 × 21　③ 186 × 52

④ 369 × 25　⑤ 402 × 19　⑥ 282 × 27

かけ算の筆算 ② (8)

3けた× 2けた＝5けた

名前

1 ①

		3	2	4	
	×		5	7	
		1	2		
	2	2	6	8	…324×7
	1	2			
1	6	2	0		…324×5

②

		4	5	3	
	×		2	8	
		4	2		
	3	6	2	4	…453×8
	1				
	9	0	6		…453×2

2 ① 508 × 35　② 716 × 49

③ 589 × 18　④ 623 × 53

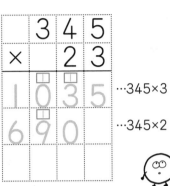

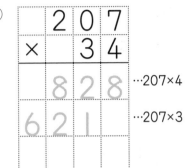

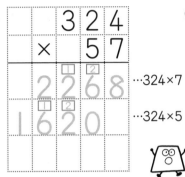

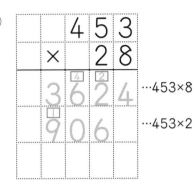

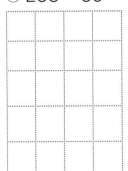

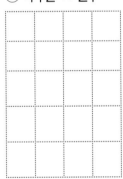

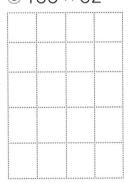

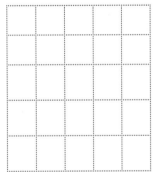

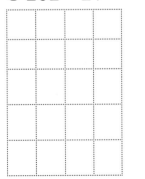

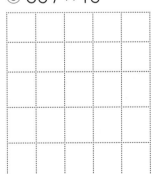

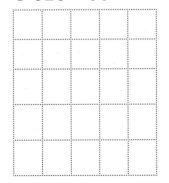

かけ算の筆算 ② (9)

3けた× 2けた

名前

① 198 × 46　　② 513 × 18　　③ 306 × 32

④ 427 × 35　　⑤ 645 × 62

答えの大きい方をとおってゴールしましょう。とおった答えを下の □ に書きましょう。

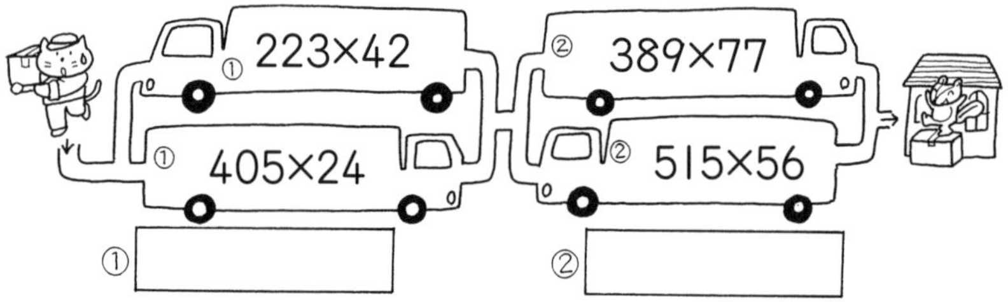
① 223×42
② 389×77
① 405×24
② 515×56
①
②

かけ算の筆算 ② (10)

名前

1　1箱《はこ》にクッキーが 37 まい入っています。
16 箱では，クッキーは全部で何まいありますか。

式

答え

2　1こ 82 円のドーナツを 35 こ買います。
代金《だいきん》はいくらですか。

式

答え

3　本を 1 日に 45 ページずつ読みます。
3 週間では，何ページ読めますか。

式

答え

かけ算の筆算 ②（11）

名前

1 ひこうき 1 台に 194 人乗《の》ることができます。
18 台では，全部《ぜんぶ》で何人乗ることができますか。

式

答え

2 公園を 1 しゅう走ると 236 mです。
24 しゅう走ると何mになりますか。

式

答え

3 3 年生は全部で 76 人です。遠足代金《だいきん》として 1 人 315 円ずつ集《あつ》めます。76 人分の代金はいくらですか。

式

答え

かけ算の筆算 ②（12）

どんな計算になるかな

名前

● 次《つぎ》の問題《もんだい》はどんな式《しき》でもとめられますか。

① キャラメルが 15 こあります。5 人で同じ数ずつ分けます。
1 人分は何こになりますか。

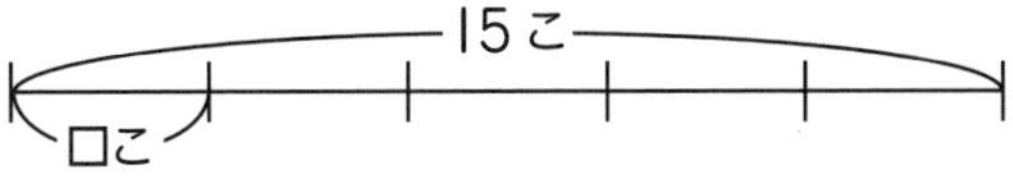
15こ
□こ

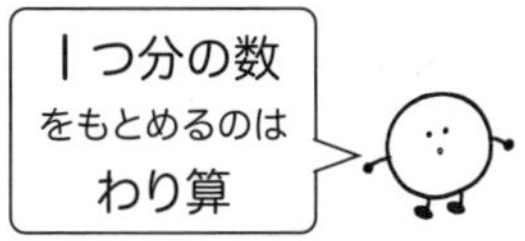
1つ分の数
をもとめるのは
わり算

式

答え

② 1 箱《はこ》 3 こ入りのドーナツが 5 箱あります。
ドーナツは全部《ぜんぶ》で何こありますか。

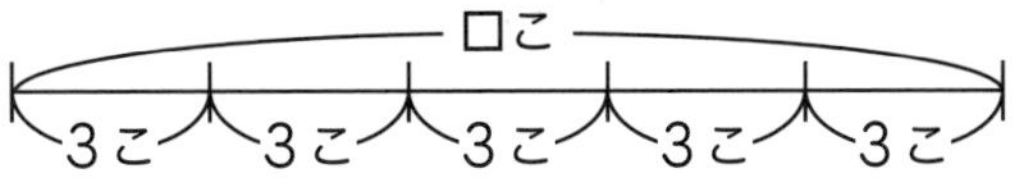
□こ
3こ
3こ
3こ
3こ
3こ

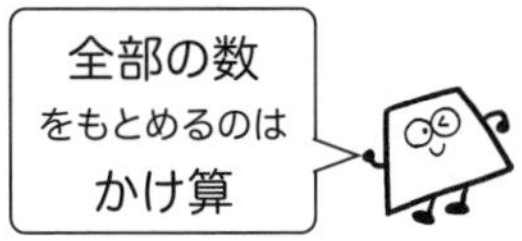
全部の数
をもとめるのは
かけ算

式

答え

③ みかんが 15 こあります。1 つのふくろに 3 こずつ入れます。
ふくろは何ふくろいりますか。

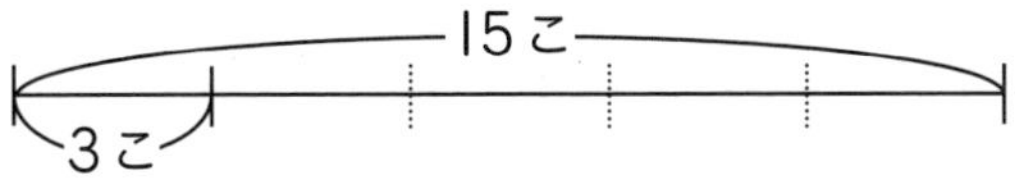
15こ
3こ

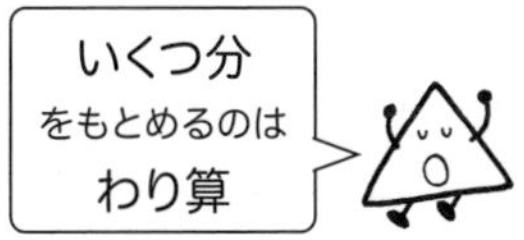
いくつ分
をもとめるのは
わり算

式

答え

かけ算の筆算 ②（13）

どんな計算になるかな

名前

● 次《つぎ》の問題《もんだい》はどんな式《しき》でもとめられますか。

□ に式を書きましょう。

㋐　クッキーが 12 まいあります。4 まいずつ分けると，何人に分けることができますか。

□

㋑　色紙を 1 人に 12 まいずつ配《くば》ります。4 人に配るには，色紙は何まいいりますか。

□

㋒　1 こ 25 円のあめを 5 こ買います。代金《だいきん》はいくらになりますか。

□

㋓　3 年 1 組は 25 人です。同じ人数ずつ 5 つのグループに分けます。1 つのグループは何人になりますか。

□

㋔　みかんが 25 こあります。5 人が 1 こずつ食べます。のこりは何こになりますか。

□

かけ算の筆算 ②（14）

どんな計算になるかな

名前

1　42cm のリボンを，同じ長さに 7 本に切り分けます。1 本は，何 cm になりますか。

式《しき》

答え ＿＿＿＿＿＿

2　みかんを，38 こずつ箱《はこ》に入れます。24 箱作るには，みかんは何こいりますか。

式

答え ＿＿＿＿＿＿

3　紙パック入りのジュースが 12 本あります。1 つの紙パックに 180mL 入っています。ジュースは，全部《ぜんぶ》で何 mL ありますか。

式

答え ＿＿＿＿＿＿

かけ算の筆算 ②（15）

どんな計算になるかな

名前

1 バスに子どもが 24 人乗《の》ります。
バス代は 1 人 130 円です。
バス代はみんなで何円になりますか。

式《しき》

答え

2 たまごが 53 こあります。
1 パックに 6 こずつ入れると，何パックできて何こあまりますか。

式

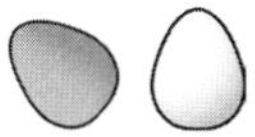

答え

3 花たばを 37 たば作ります。
1 つの花たばに花を 15 本ずつ入れます。
花は全部《ぜんぶ》で何本いるでしょうか。

式

答え

かけ算の筆算 ②（16）

どんな計算になるかな

名前

1 牛にゅうが 35dL あります。
1 日に 7dL ずつ飲《の》むと，何日分ありますか。

式《しき》

答え

2 バスが 18 台あります。1 台に 55 人ずつ乗《の》っています。
全部《ぜんぶ》で何人乗っていますか。

式

答え

3 計算問題《もんだい》が 67 問あります。
1 日 8 問ずつ計算すると，何日で全部終《お》わりますか。

式

答え

ふりかえりテスト かけ算の筆算 ②

名前

1 筆算《ひっさん》をしましょう。(8×10)

① 16 × 54

② 23 × 35

③ 57 × 33

④ 78 × 45

⑤ 63 × 86

⑥ 70 × 69

⑦ 277 × 25

⑧ 125 × 28

⑨ 346 × 68

⑩ 702 × 45

2 おり紙の入った箱《はこ》が 42 箱あります。
1 箱に 56 まいずつ入っています。
おり紙は全部で何まいありますか。(10)

式

答え

3 1 こ 286 円のプリンを 32 こ買います。
代金はいくらですか。(10)

式

答え

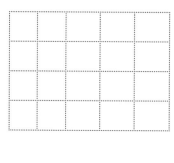

倍の計算（1）

名前

1　赤いリボンが 18m，青いリボンが 6m あります。
赤いリボンは，青いリボンの何倍《ばい》の長さですか。

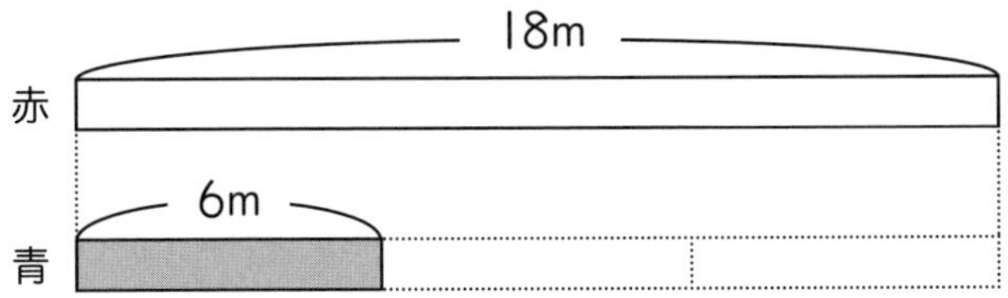

式《しき》　□ ÷ □ ＝ □

答え □ 倍

2　さきさんは，色紙を 40 まい持《も》っています。
けんたさんは，8 まい持っています。
さきさんは，けんたさんの何倍のまい数の色紙をもっていますか。

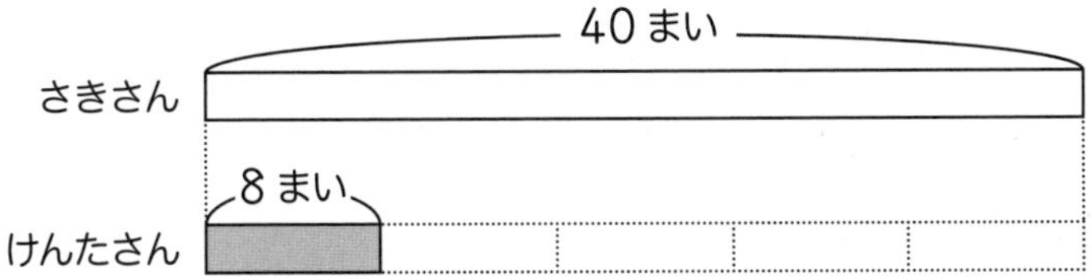

式　□ ÷ □ ＝ □

答え □ 倍

倍の計算（2）

名前

1　赤いリボンが 8m あります。青いリボンは，赤いリボンの 3 倍《ばい》の長さです。青いリボンは何 m ですか。

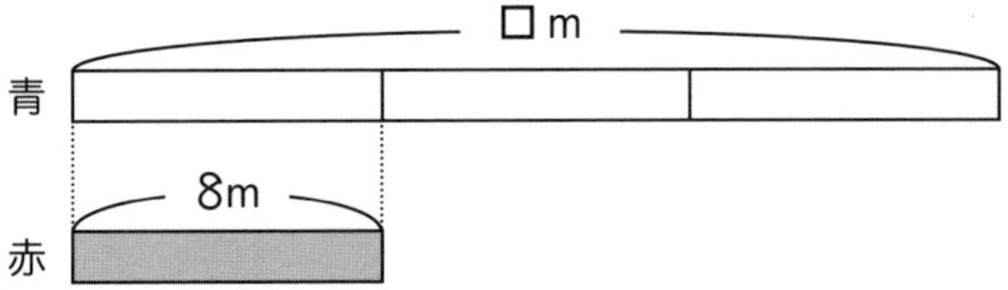

式《しき》　□ × □ ＝ □

答え

2　赤と青のリボンがあります。
赤のリボンは，青のリボンの 5 倍の長さで 20m です。
青のリボンは何 m ですか。

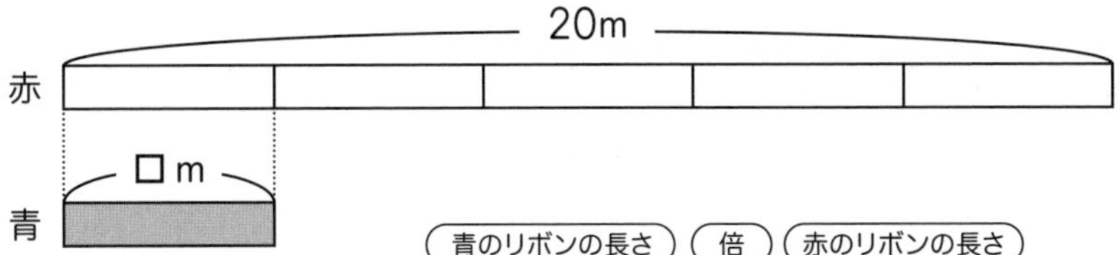

（青のリボンの長さ）（倍）（赤のリボンの長さ）

かけ算の式で表《あらわ》すと　□ × 5 ＝ 20

式　□ ÷ □ ＝ □

答え

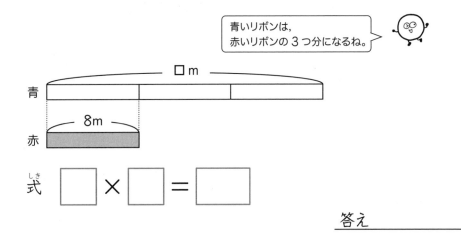

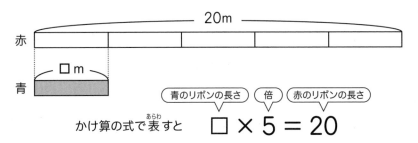

倍の計算（3）

名前

倍《ばい》をもとめる

1 28cm の赤いテープと 7cm の白いテープがあります。
赤いテープの長さは，白いテープの長さの何倍《なんばい》ですか。

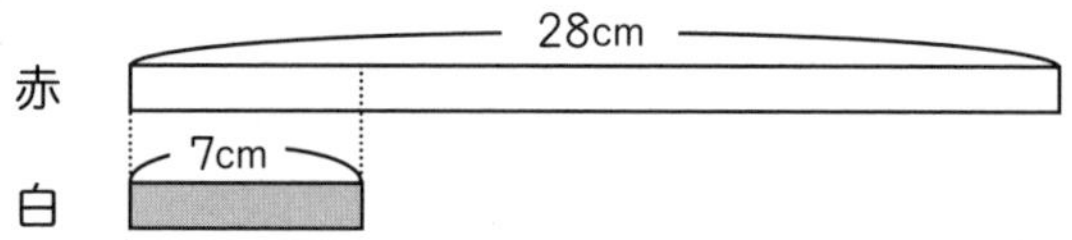

式《しき》

答え

□倍の大きさをもとめる

2 8cm の青いテープがあります。緑《みどり》のテープは青いテープの 6 倍の長さです。緑のテープの長さは何 cm ですか。

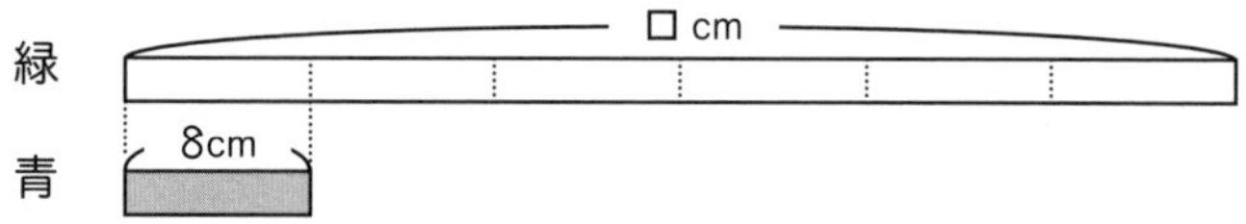

式

答え

もとにする大きさをもとめる

3 ピンクとオレンジのテープがあります。ピンクのテープの長さはオレンジのテープの長さの 5 倍で 30cm です。
オレンジのテープの長さは何 cm ですか。

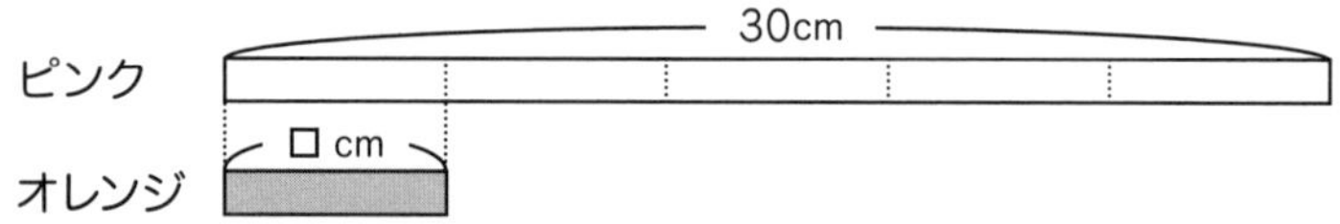

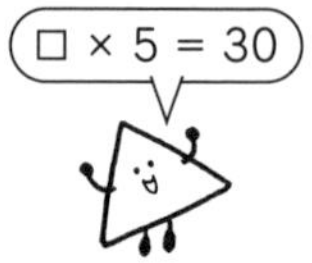

式

答え

倍の計算（4）

名前

1 くりひろいに行き，たくとさんは 42 こ，弟は 7 こひろいました。
たくとさんは，弟の何倍《なんばい》くりをひろいましたか。

式《しき》

答え

2 えみさんは，きのう本を 37 ページ読みました。
今日はきのうの 2 倍読みました。
えみさんは今日何ページ読みましたか。

式

答え

3 あめとチョコレートがあります。
あめの数はチョコレートの 4 倍で 32 こあります。
チョコレートは何こありますか。

式

答え

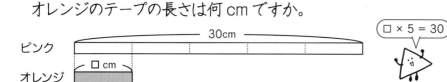

三角形（1）

名前

1　次《つぎ》の㋐〜㋔の図で，三角形はどれですか。
（　）に記号《きごう》を書きましょう。

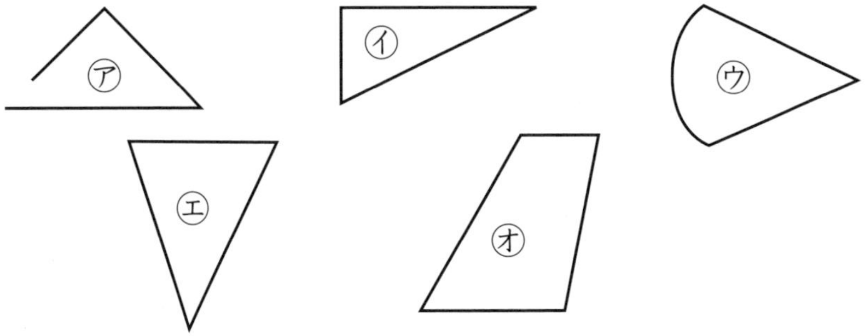

3本の直線でかこまれた形が三角形だったね。

（　　　　　　）

2　次の三角形の名前を書きましょう。

㋐　2つの辺《へん》の長さが等《ひと》しい三角形

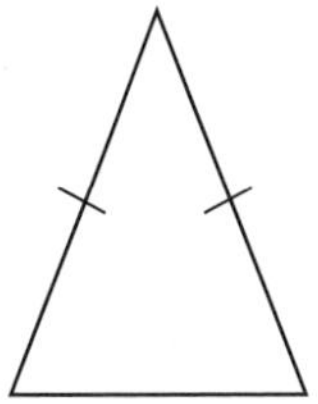

（　　　　　　）

㋑　3つの辺の長さが等しい三角形

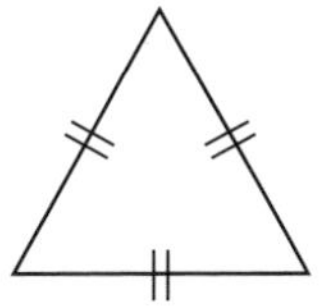

（　　　　　　）

2年生で直角三角形を学習したね。

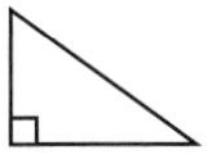

三角形（2）

名前

1　次《つぎ》の㋐〜㋔の図で，二等辺三角形《にとうへんさんかくけい》はどれですか。記号《きごう》に○をつけましょう。また，長さの等しい2つの辺に色をぬりましょう。

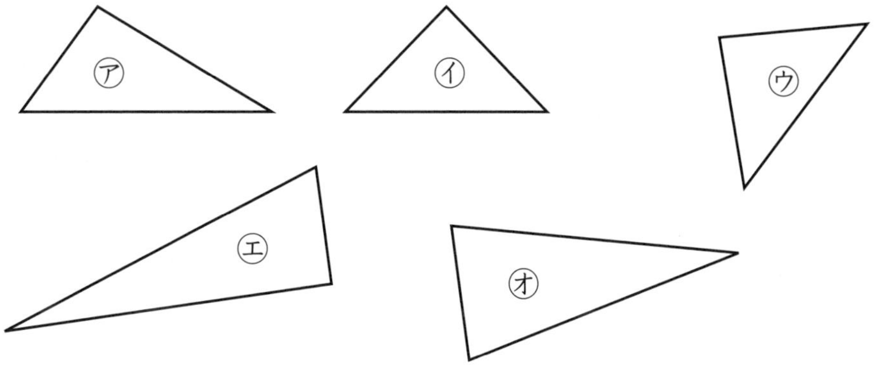

2　次の㋐〜㋕の図で，正三角形はどれですか。
記号に○をつけましょう。

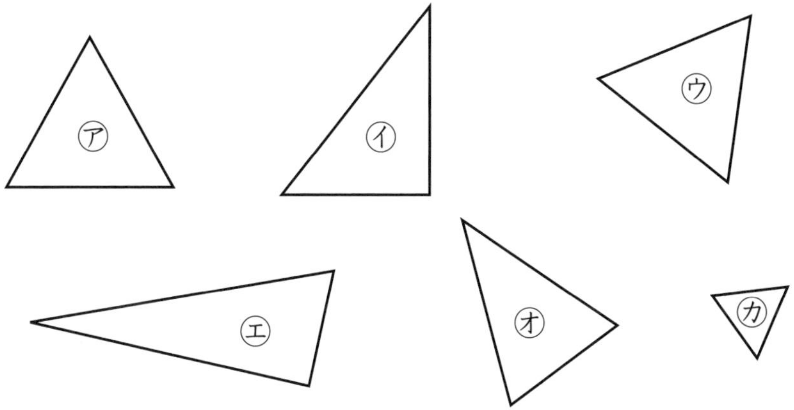

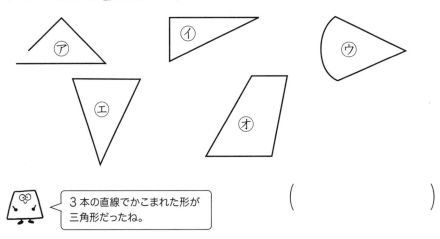

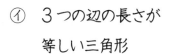

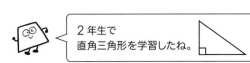

三角形 (3)

名前

● コンパスを使《つか》ってかきましょう。

① 辺《へん》の長さが 5cm, 6cm, 6cm の二等辺三角形《にとうへんさんかくけい》

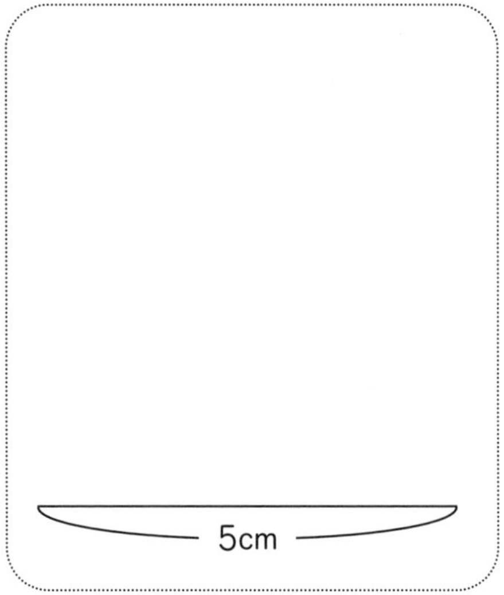
5cm

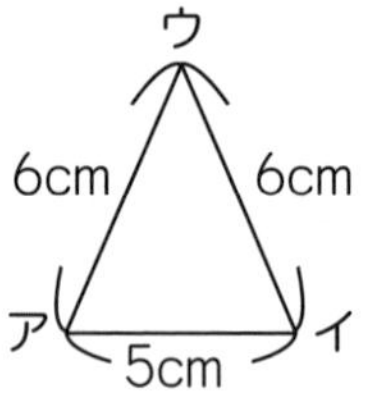
ウ
6cm
6cm
ア
イ
5cm

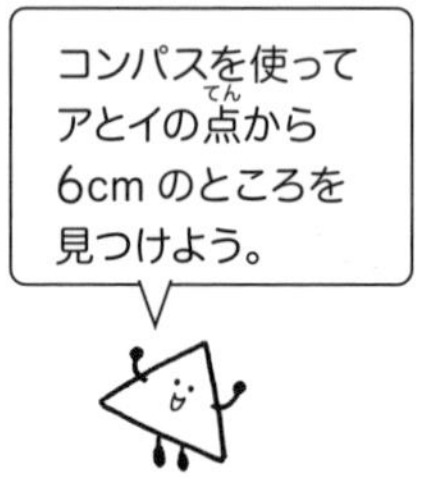
コンパスを使って
アとイの点《てん》から
6cm のところを
見つけよう。

② 辺の長さが 6cm, 4cm, 4cm の二等辺三角形

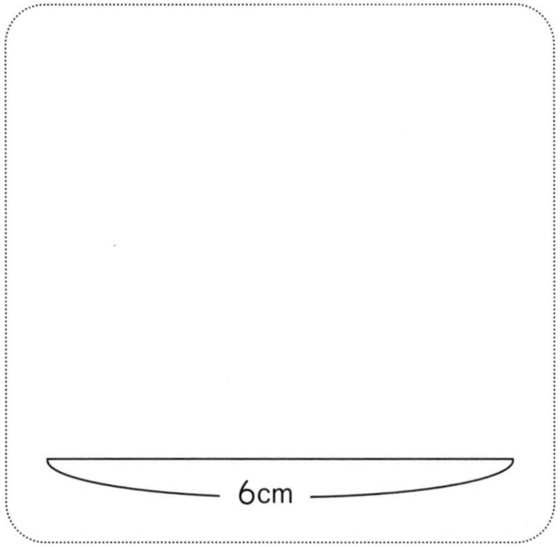
6cm

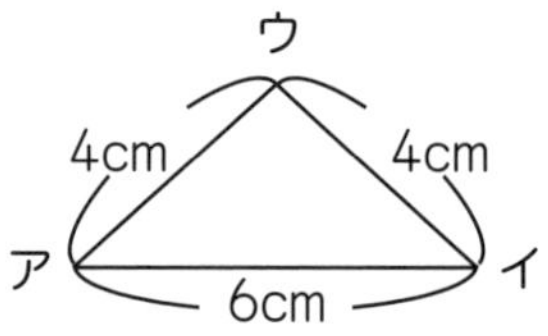
ウ
4cm
4cm
ア
イ
6cm

三角形 (4)

名前

● コンパスを使《つか》ってかきましょう。

① 1辺《べん》の長さが 5cm の正三角形《せいさんかくけい》

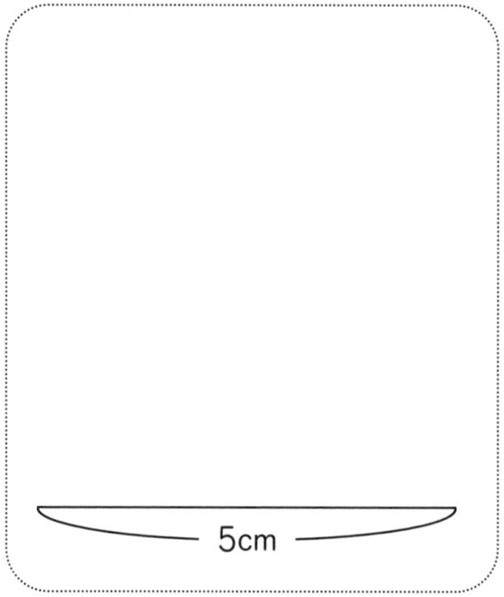
5cm

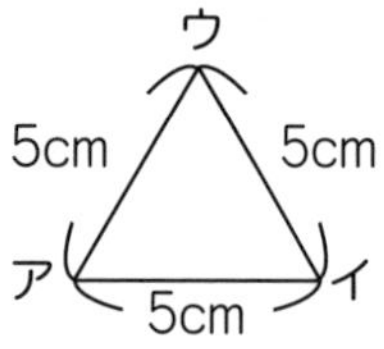
ウ
5cm
5cm
ア
イ
5cm

コンパスを使って
アとイの点《てん》から
5cm のところを
見つけよう。

② 1辺の長さが 6cm の正三角形

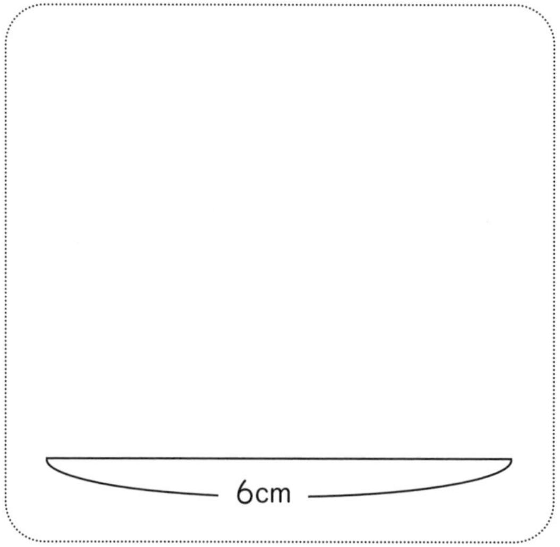
6cm

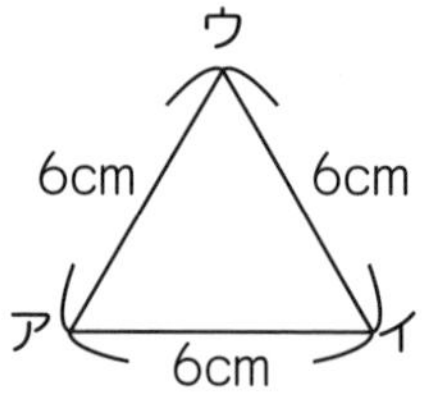
ウ
6cm
6cm
ア
イ
6cm

三角形（5）

名前

[1] 下の図の円とその中心を使《つか》って，二等辺三角形《にとうへんさんかくけい》をかきます。
つづきをかきましょう。

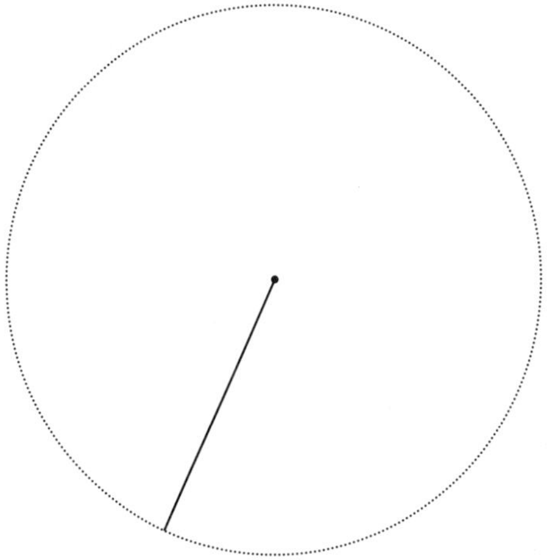

円の半径は
どこも同じ長さだね。
半径を使えば，
いろいろな
二等辺三角形が
かけるよ。

[2] 下の図の円とその中心を使って，１辺の長さが 3cm の
正三角形をかきましょう。

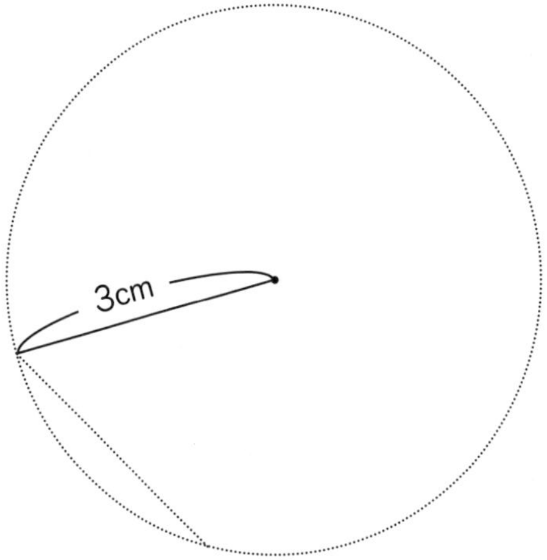

3cm

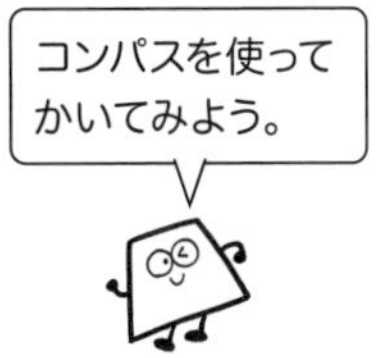

コンパスを使って
かいてみよう。

三角形（6）

名前

[1] 次《つぎ》の（　）にあてはまることばを下の □ からえらんで
書きましょう。

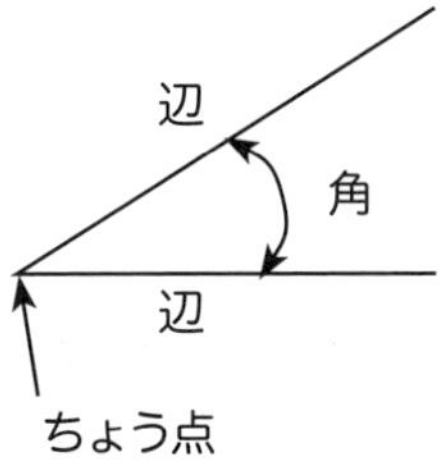

辺
角
辺
ちょう点

・１つの点から出ている２本の直線が作る形を
（　　　）といいます。

・この１つの点を（　　　　　　）といい，
２つの直線をそれぞれ（　　　）といいます。

・角を作っている辺《へん》の開《ひら》きぐあいを
（　　　　　　　　　）といいます。

角の大きさ　・　ちょう点　・　角　・　辺

[2] 下のⓐ～ⓔの角を見て答えましょう。

あ
い
う
え

（　　　）（　　　）（　　　）（　　　）

① 直角になっている角は，どれですか。　（　　　）

② 角の大きさをくらべて，大きいじゅんに（　）に番号《ばんごう》を
書きましょう。

三角形（7）

名前

1　次《つぎ》の □ にあてはまる数を書きましょう。

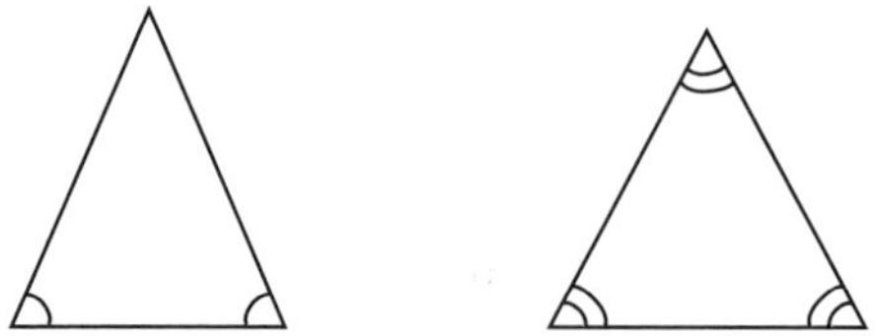

・二等辺三角形《にとうへんさんかくけい》の □ つの辺の長さは等しく，□ つの角《かく》の大きさは同じです。

・正三角形の □ つの辺の長さは等しく，□ つの角の大きさは同じです。

2　角の大きさをそれぞれくらべましょう。
角が大きい方の（　）に○をしましょう。

①

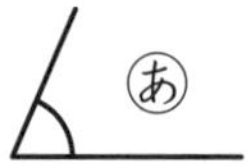

（　　　）

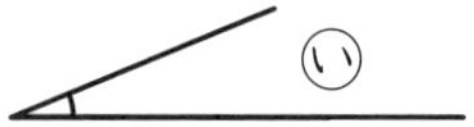

（　　　）

②

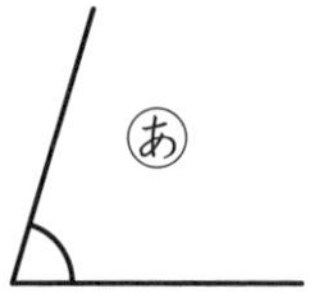

（　　　）

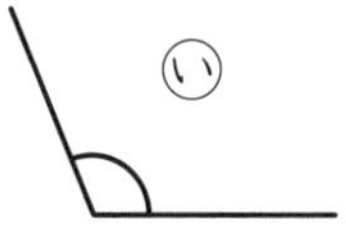

（　　　）

三角形（8）

名前

1　1《ひと》組《くみ》の三角《さんかく》じょうぎの角の大きさについて答えましょう。

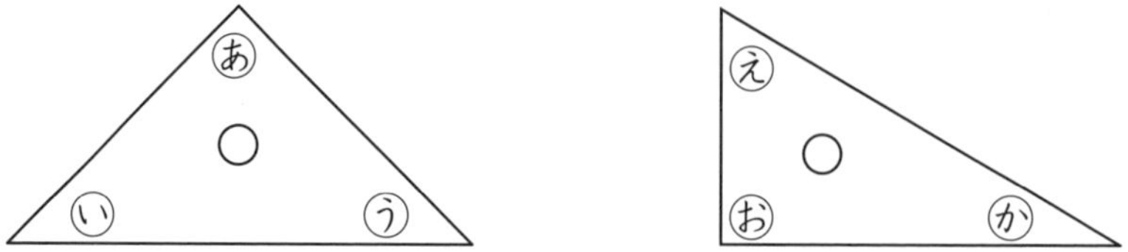

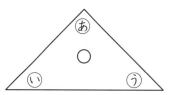

①　直角になっている角はどれですか。

（　　　）（　　　）

②　いと同じ角の大きさはどれですか。

（　　　）

③　いとえでは，どちらの角が大きいですか。

（　　　）

2　下のように，同じ三角じょうぎを２まいならべると何という三角形ができますか。

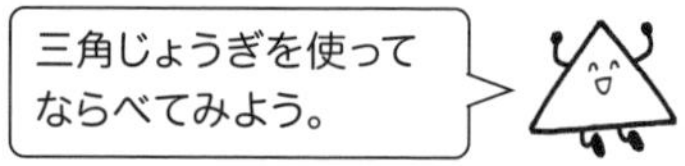

①

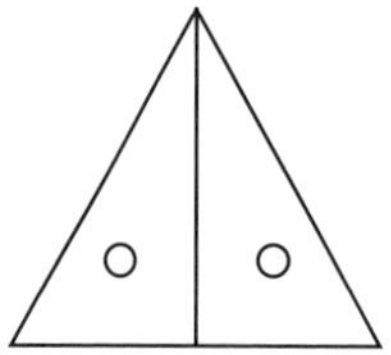

（　　　　　　）

②

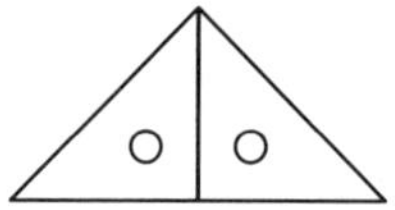

（　　　　　　）

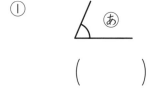

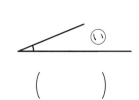

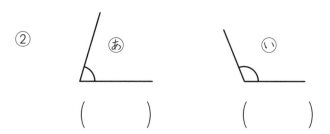

ぼうグラフと表（1）

名前

● 3年1組のみんなのすきな給食《きゅうしょく》について調《しら》べました。

すきな給食調べ

からあげ	カレーライス	ラーメン	からあげ	カレーライス
カレーライス	ラーメン	カレーライス	ラーメン	からあげ
ラーメン	カレーライス	からあげ	ナポリタン	カレーライス
やきそば	ラーメン	カレーライス	わかめごはん	ラーメン
ナポリタン	カレーライス	ラーメン	カレーライス	カレーライス
カレーライス	ハンバーグ	カレーライス		

① それぞれの人数を「正」の字を使《つか》って調べましょう。

すきな給食調べ

カレーライス	正 正 正
やきそば	正 正 正
ナポリタン	正 正 正
ラーメン	正 正 正
からあげ	正 正 正
ハンバーグ	正 正 正
わかめごはん	正 正 正

② ①で調べた人数を表《ひょう》に整理《せいり》しましょう。

すきな給食調べ

しゅるい	人数（人）
カレーライス	
ナポリタン	
ラーメン	
からあげ	
その他《た》	

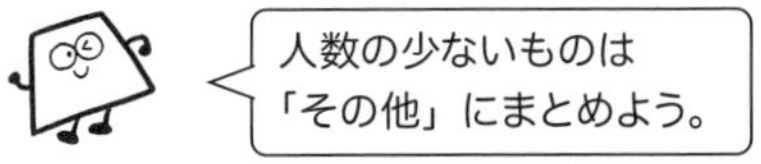
人数の少ないものは
「その他」にまとめよう。

ぼうグラフと表（2）

名前

● 下のぼうグラフは，3年2組のすきな給食《きゅうしょく》をグラフに表《あらわ》したものです。

すきな給食調べ

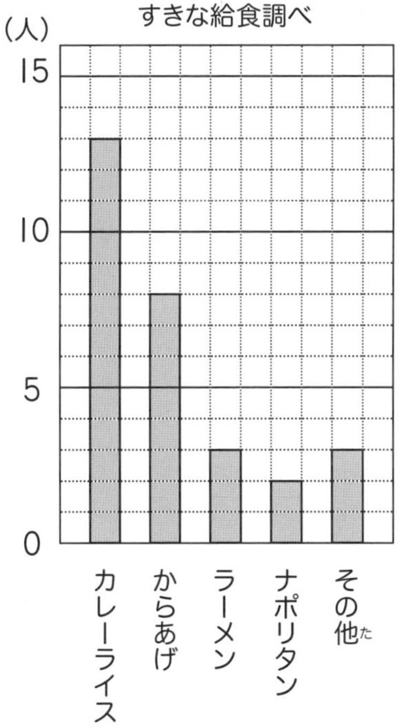
（人）
15
10
5
0
カレーライス
からあげ
ラーメン
ナポリタン
その他《た》

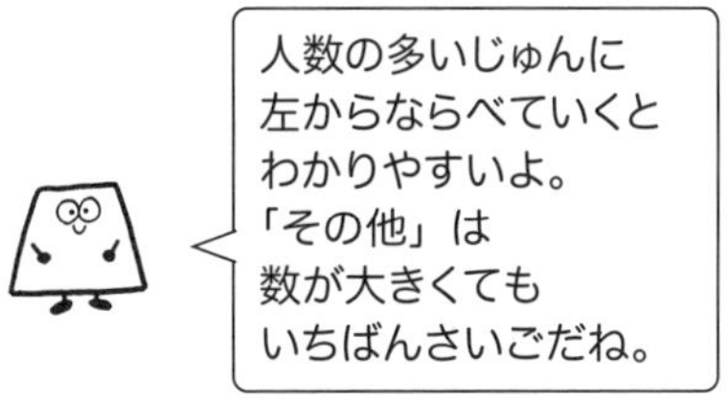
人数の多いじゅんに
左からならべていくと
わかりやすいよ。
「その他」は
数が大きくても
いちばんさいごだね。

① グラフの1めもりは，何人を表していますか。

（　　　）人

② いちばん人数が多《おお》いメニューは何ですか。

（　　　　　　）

③ それぞれのメニューの人数は何人ですか。

カレーライス （　　　）人

からあげ （　　　）人

ラーメン （　　　）人

ナポリタン （　　　）人

④ からあげの人数は，ナポリタンの人数より何人多いですか。

（　　　）人

ぼうグラフと表（3）

名前

1　下のぼうグラフは，10 月にほけん室に来た人数を学年ごとに表《あらわ》したものです。

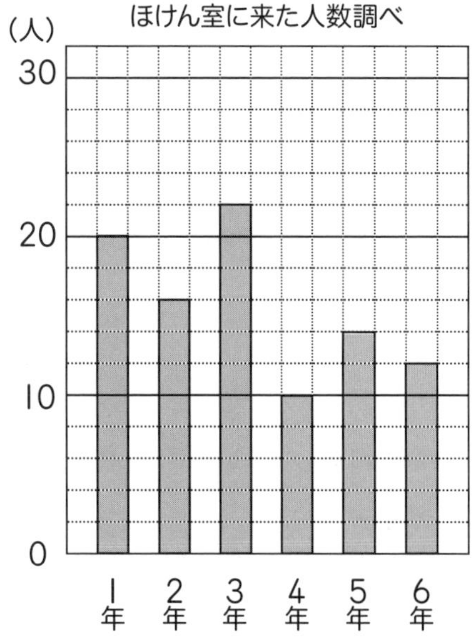

ほけん室に来た人数調べ
(人)
30
20
10
0
1年
2年
3年
4年
5年
6年

①　グラフの1めもりは，何人を表していますか。

（ 2 ）人

②　次《つぎ》の学年の人数はそれぞれ何人ですか。

2年　（　　　）人

3年　（　　　）人

5年　（　　　）人

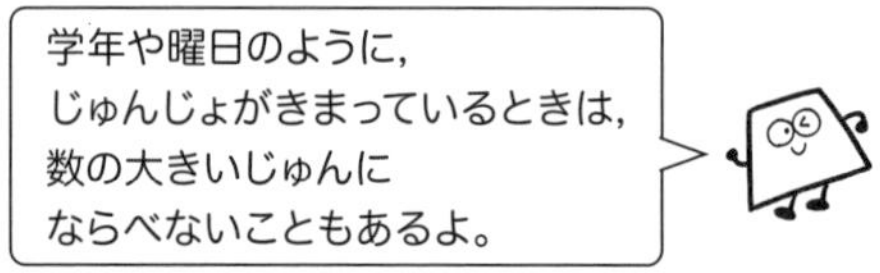

学年や曜日のように，
じゅんじょがきまっているときは，
数の大きいじゅんに
ならべないこともあるよ。

2　次のぼうグラフで，1めもりが表している大きさと，ぼうが表している大きさを答えましょう。

①
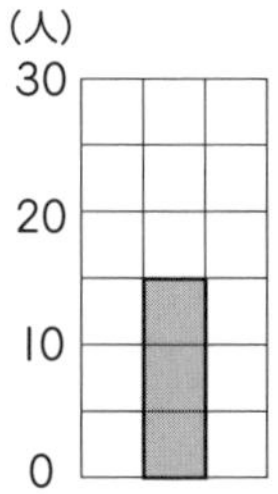

(人)
30
20
10
0

1めもり

（　　　）人

ぼうの大きさ

（　　　）人

②
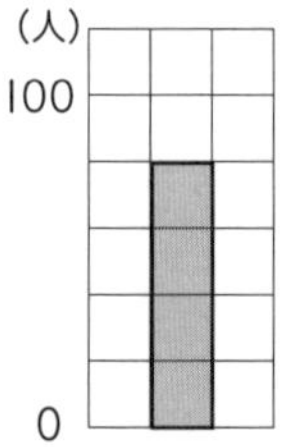

(人)
100
0

1めもり

（　　　）人

ぼうの大きさ

（　　　）人

ぼうグラフと表（4）

名前

●　下のぼうグラフは，3 年生が先週図書室で本をかりたさっ数を曜日ごとに表《あらわ》したものです。

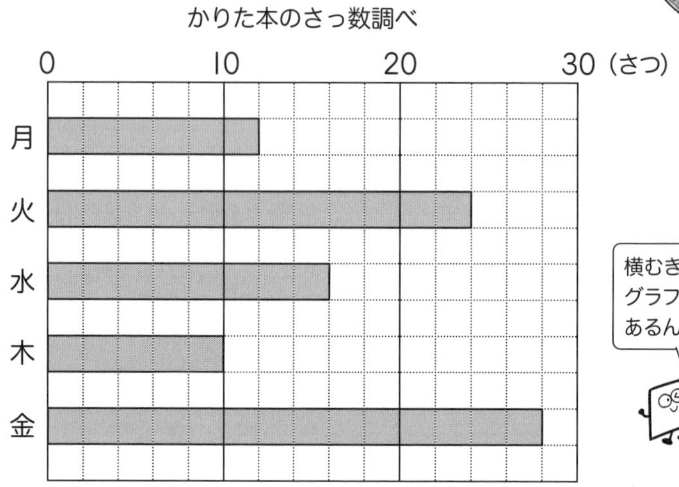

かりた本のさっ数調べ
0
10
20
30 (さつ)
月
火
水
木
金

横むきの
グラフも
あるんだね。

①　グラフの1めもりは，何さつを表《あらわ》していますか。

（　　　）さつ

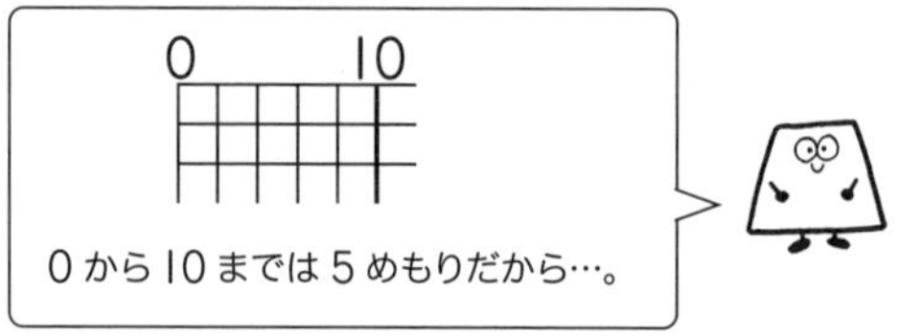

0
10
0 から 10 までは 5 めもりだから…。

②　さっ数がいちばん多いのは何曜日ですか。

（　　　）曜日

③　水曜日と金曜日のさっ数はそれぞれ何さつですか。

水曜日　（　　　）さつ　　金曜日　（　　　）さつ

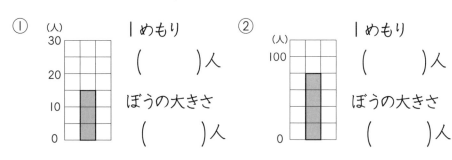

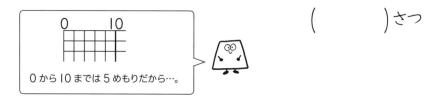

ぼうグラフと表（5）

名前

● 下の表《ひょう》は３年２組ですきなあそびを調《しら》べたものです。

この表をぼうグラフに表《あらわ》しましょう。

すきなあそび調べ

しゅるい	なわとび	ドッジボール	サッカー	おにごっこ	その他《た》
人数（人）	2	12	7	4	3

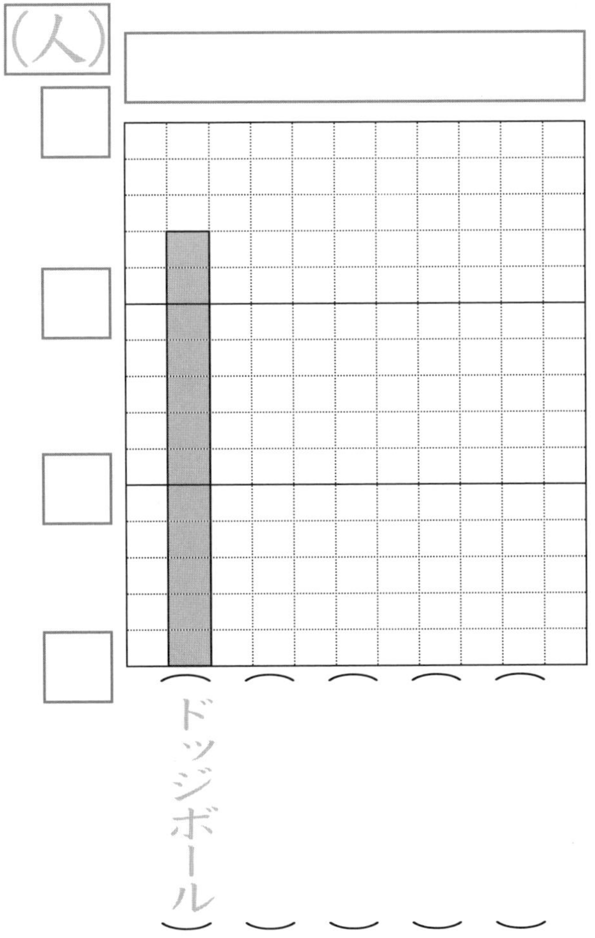

(人)
ドッジボール

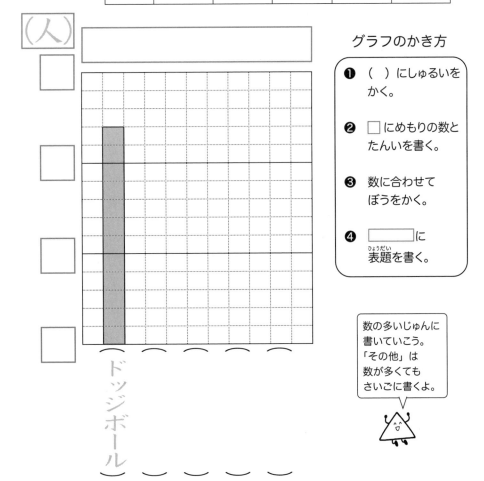

グラフのかき方

❶ （　）にしゅるいをかく。

❷ □にめもりの数とたんいを書く。

❸ 数に合わせてぼうをかく。

❹ □に表題《ひょうだい》を書く。

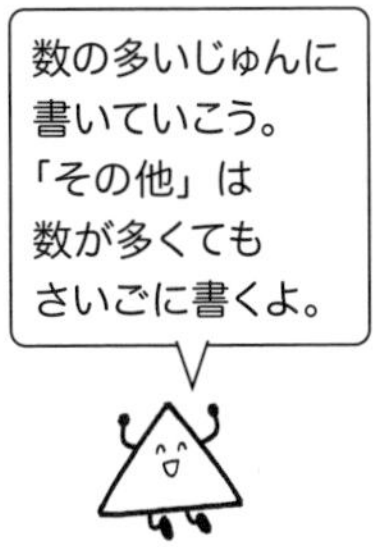

数の多いじゅんに
書いていこう。
「その他」は
数が多くても
さいごに書くよ。

ぼうグラフと表（6）

名前

● 下の表《ひょう》は，さきさんが先週月曜日から金曜日に読書をした時間を表《あらわ》したものです。

この表をぼうグラフに表しましょう。

読書時間調べ

曜日	時間（分）
月	20
火	45
水	30
木	15
金	70

1めもりは
何分になるかな。

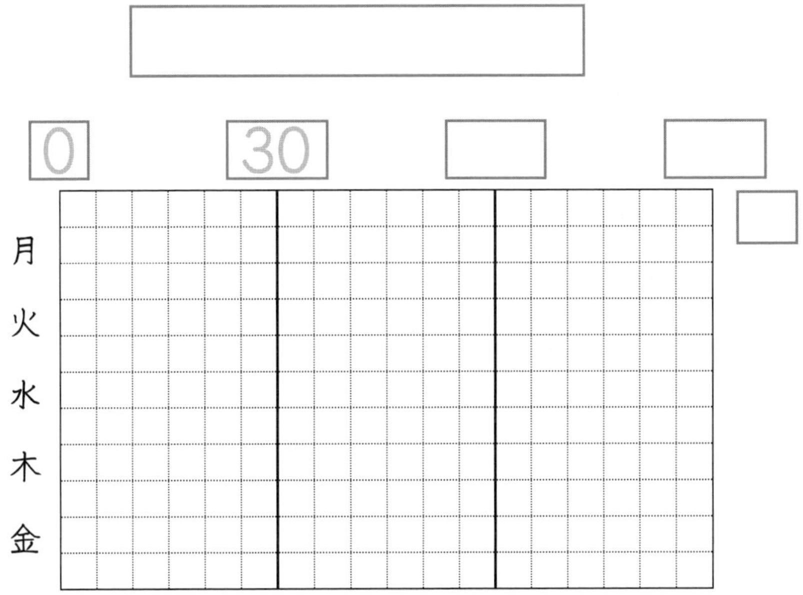

0
30
月
火
水
木
金

ぼうグラフと表（7）

名前

● 下の表《ひょう》は３年生の組ごとのすきなおにぎりのしゅるいを調《しら》べたものです。

すきなおにぎり（1組）

しゅるい	人数（人）
しゃけ	12
たらこ	7
ツナ	6
その他《た》	2
合　計	27

すきなおにぎり（2組）

しゅるい	人数（人）
しゃけ	8
たらこ	3
ツナ	13
その他	4
合　計	

すきなおにぎり（3組）

しゅるい	人数（人）
しゃけ	10
たらこ	6
ツナ	8
その他	3
合　計	

① 上の表の２組と３組の人数の合計を書きましょう。

② 上の３つの表を下の１つの表に整理《せいり》しましょう。

３年生のすきなおにぎり

組／しゅるい	1組	2組	3組	合計（人）
しゃけ	12			㋐
たらこ	7			
ツナ	6			
その他	2			
合　計	27			

③ 表の㋐に入る数は何を表《あらわ》していますか。

（　　　　　　　　　　　　　　　　）

④ 学年で２ばんめにすきな人が多いおにぎりは何ですか。

（　　　　　　　　）

ぼうグラフと表（8）

名前

● 下の㋐と㋑２つのぼうグラフは，朝と昼に学校の前を通った乗《の》り物《もの》の数を表《あらわ》したものです。

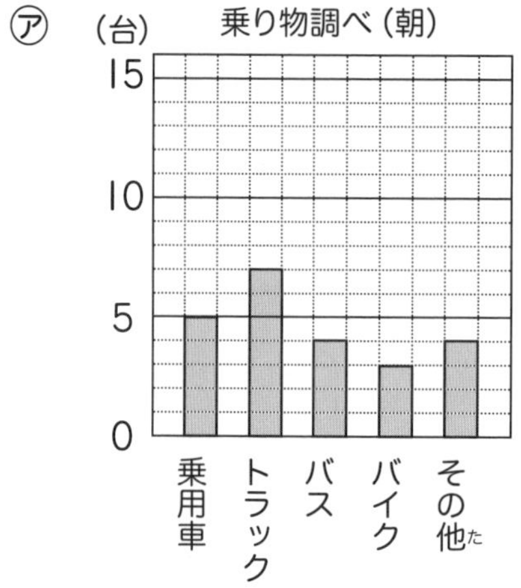

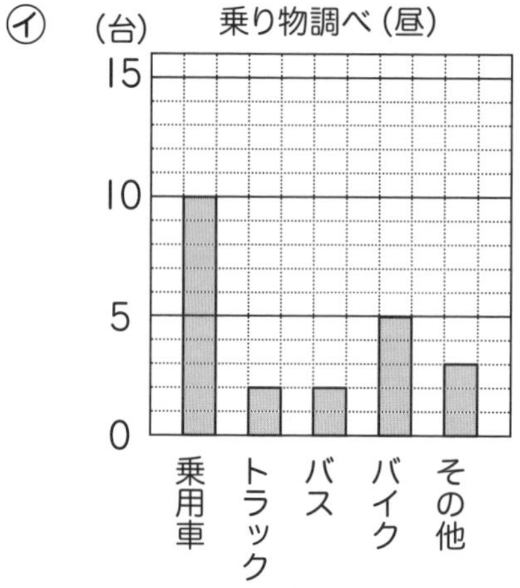

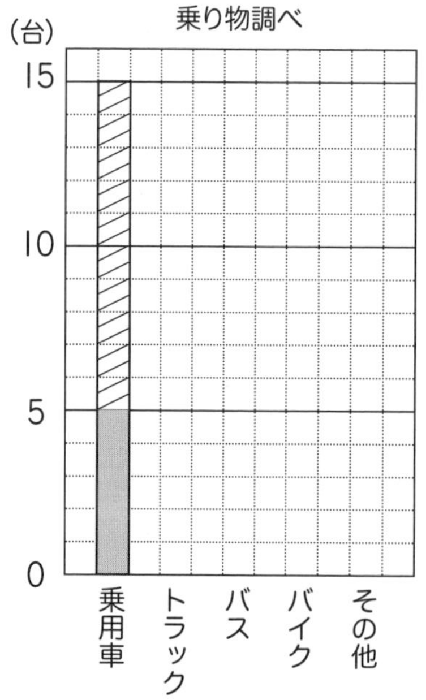

① 左のぼうグラフに，乗用車《じょうようしゃ》と同じようにして，乗り物の数を表しましょう。

② 左のグラフからよみとりやすいことは，次のアとイのどちらですか。

ア　それぞれの乗り物の朝と昼の台数のちがい

イ　朝と昼をあわせてどの乗り物が多いか

（　　　　）

児童に実施させる前に，必ず指導される方が問題を解いてください。本書の解答は，あくまでも１つの例です。指導される方の作られた解答をもとに，本書の解答例を参考に児童の多様な考えに寄り添って◯つけをお願いします。

P.2

九九表とかけ算（1）

名前

1 下の九九表《ひょう》の空いているところをうめましょう。

かける数（横）／かけられる数（縦）

	1	2	3	4	5	6	7	8	9
1	1	2	3	4	5	6	7	8	9
2	2	4	6	8	10	12	14	16	18
3	3	6	9	12	15	18	21	24	27
4	4	8	12	16	20	24	28	32	36
5	5	10	15	20	25	30	35	40	45
6	6	12	18	24	30	36	42	48	54
7	7	14	21	28	35	42	49	56	63
8	8	16	24	32	40	48	56	64	72
9	9	18	27	36	45	54	63	72	81

2 上の九九表を見て，□にあてはまる数を書きましょう。

① 5のだんでは，かける数が１つふえるごとに答えは 5 ずつ大きくなります。

② 8のだんでは，かける数が１つふえるごとに答えは 8 ずつ大きくなります。

③ 7×5の答えは，7×4の答えより 7 大きい。

④ 7×5の答えは，7×6の答えより 7 小さい。

⑤ 5×7＝5×6＋ 5　⑥ 9×8＝9×9－ 9

⑦ 4×8＝4×7＋ 4　⑧ 8×6＝8×7－ 8

3 □にあてはまる数を書きましょう。

① 5×3＝3× 5

② 6×8＝ 8 ×6

③ 4×5＝5× 4

④ 2×9＝ 9 ×2

⑤ 7×4＝4× 7

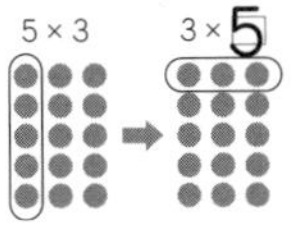

かけられる数とかける数を入れかえても答えは同じだね。

2

P.3

九九表とかけ算（2）

名前

● □にあてはまる数を書きましょう。

① 7×4
2 ×4＝ 8
5 ×4＝ 20
あわせて 28

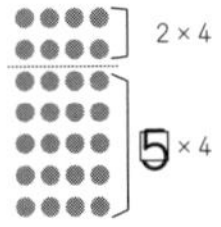

② 8×7
2 ×7＝ 14
6 ×7＝ 42
あわせて 56

③ 6×5
4 ×5＝ 20
2 ×5＝ 10
あわせて 30

④ 3×8
3×5 ＝ 15
3× 3 ＝ 9
あわせて 24

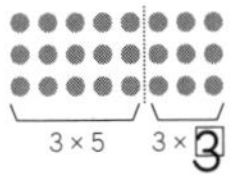

⑤ 4×9
4× 5 ＝ 20
4×4 ＝ 16
あわせて 36

⑥ 7×8
7×4 ＝ 28
7× 4 ＝ 28
あわせて 56

3

九九表とかけ算（3）

名前

1 計算をしましょう。

① 4×10＝ 40　② 9×10＝ 90

③ 10×6＝ 60　④ 10×2＝ 20

2 □にあてはまる数を書きましょう。

① 10×8＝8× 10　② 5×10＝ 10 ×5

③ 10×7
5 ×7＝ 35
5 ×7＝ 35
あわせて 70

④ 10×10
10×8 ＝ 80
10× 2 ＝ 20
あわせて 100

3 4こ入りのたいやきの箱《はこ》が10箱あります。たいやきは全部《ぜんぶ》で何こありますか。

式 4×10＝40

答え 40こ

P.4

九九表とかけ算（4）

名前

1 まおさんがおはじき入れをすると，右のようになりました。とく点を調《しら》べましょう。

点数	おはじきが入ったこ数	とく点
10	0	0
5	5	25
3	2	6
0	3	0

（点数）（入った数）（とく点）

10点　10× 0 ＝ 0

5点　5× 5 ＝ 25

3点　3× 2 ＝ 6

0点　0× 3 ＝ 0

あわせて 31 点

どんな数に0をかけても答えは0
0にどんな数をかけても答えは0だね。

2 計算をしましょう。

① 5×0＝ 0　② 10×0 ＝ 0

③ 7×0＝ 0　④ 0×10＝ 0

⑤ 0×8＝ 0　⑥ 0×0 ＝ 0

九九表とかけ算（5）

名前

● □にあてはまる数を書きましょう。

① 3×12
3×10 ＝ 30
3× 2 ＝ 6
あわせて 36

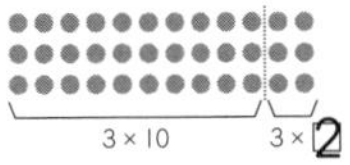

② 5×14
5×8 ＝ 40
5× 6 ＝ 30
あわせて 70

③ 4×16
4× 8 ＝ 32
4×8 ＝ 32
あわせて 64

④ 13×4
3 ×4＝ 12
10 ×4＝ 40
あわせて 52

⑤ 15×6
10 ×6＝ 60
5 ×6＝ 30
あわせて 90

⑥ 12×5
5 ×5＝ 25
7 ×5＝ 35
あわせて 60

4

P.5

時こくと時間（1）

名前

● 次《つぎ》の時こくをもとめましょう。

① 午前6時40分から30分後の時こく

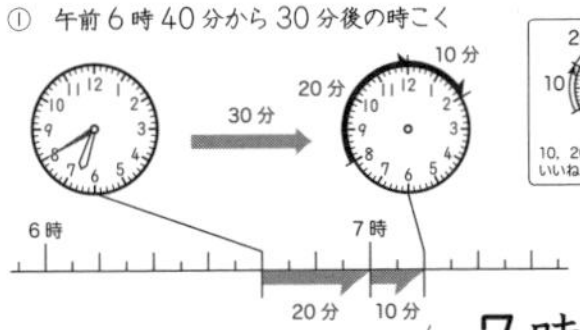

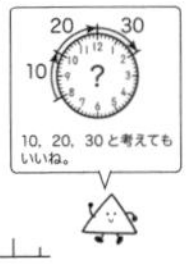

（午前 7 時 10 分）

② 午前9時50分から20分後の時こく

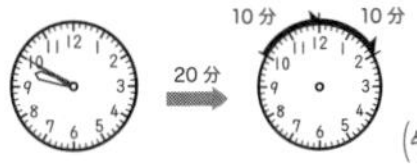

（午前 10 時 10 分）

③ 午後2時35分から40分後の時こく

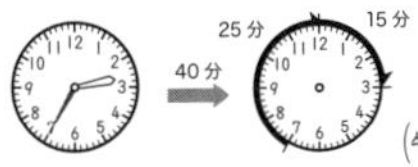

（午後 3 時 15）分

時こくと時間（2）

名前

● 次《つぎ》の時こくをもとめましょう。

① 午前8時10分の20分前の時こく

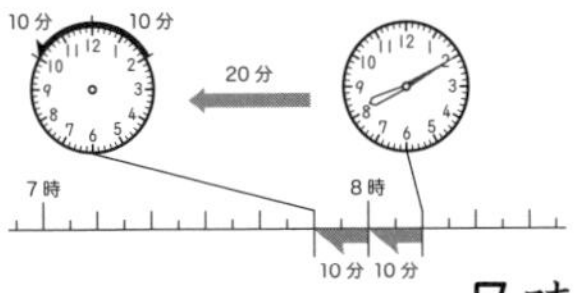

（午前 7 時 50 分）

② 午後5時15分の30分前の時こく

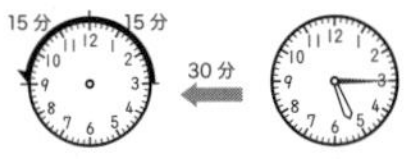

（午後 4 時 45 分）

③ 午後10時20分の45分前の時こく

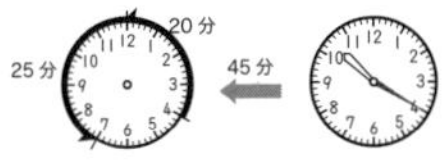

（午後 9 時 35 分）

5

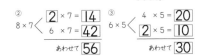

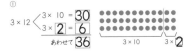

解答

児童に実施させる前に，必ず指導される方が問題を解いてください。本書の解答は，あくまでも１つの例です。指導される方の作られた解答をもとに，本書の解答例を参考に児童の多様な考えに寄り添って○つけをお願いします。

P.6

時こくと時間（3）

名前

● 次《つぎ》の時間をもとめましょう。

① 午前 7 時 40 分から午前 8 時 15 分までの時間

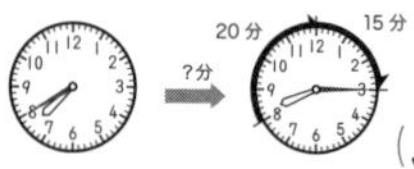

20 分
15 分
?分

（35 分(間)）

② 午後 3 時 25 分から午後 4 時 5 分までの時間

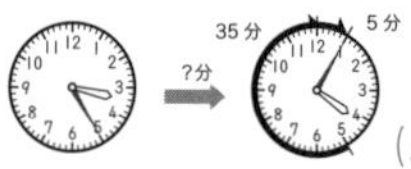

35 分
5 分
?分

（40 分(間)）

③ 午前 6 時から午後 2 時までの時間

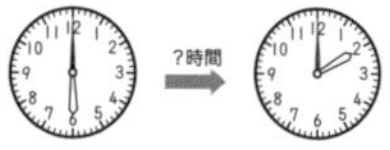

?時間

（8 時間）

④ 午前 10 時から午後 5 時 30 分までの時間

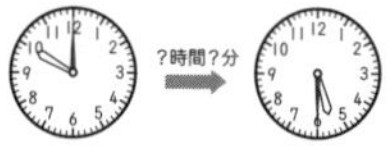

?時間?分

（7 時間 30）分

時こくと時間（4）

名前

● 次《つぎ》の時間は，それぞれ何時間何分ですか。

① 30 分と 50 分をあわせた時間

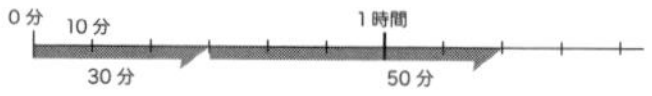

0 分
10 分
1 時間
30 分
50 分

（80）分 =（1）時間（20）分

② 1 時間 10 分と 15 分をあわせた時間

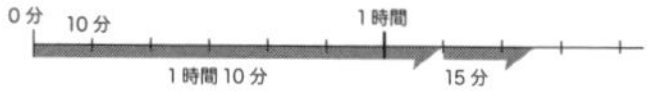

0 分
10 分
1 時間
1 時間 10 分
15 分

（1）時間（25）分

③ 45 分と 25 分をあわせた時間

0 分
10 分
1 時間
45 分
25 分

（70）分 =（1）時間（10）分

6

P.7

時こくと時間（5）

名前

1 さくらさんたちは，学校を午前 9 時 30 分に出発《しゅっぱつ》して，40 分後に動物園《どうぶつえん》に着《つ》きました。
動物園に着いた時こくは何時何分ですか。

答え 午前 10 時 10 分

2 まみさんは，駅《えき》で午後 2 時 15 分にみさとさんと会います。
家から駅までは歩いて 20 分かかります。
何時何分までに家を出ればよいですか。

答え 午後 1 時 55 分

3 はるとさんは，午後 5 時 45 分から午後 6 時 20 分まで読書を しました。読書をしていた時間は何分ですか。

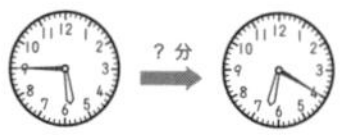

? 分

答え 35 分(間)

時こくと時間（6）

名前

1 分より短い時間のたんいに 秒《びょう》 があります。
1 分 = 60 秒

1 □にあてはまる数を書きましょう。

① 90 秒 = [1] 分 [30] 秒　② 180 秒 = [3] 分

③ 1 分 20 秒 = [80] 秒　④ 2 分 = [120] 秒

⑤ 1 分 40 秒 = [100] 秒

2 どちらの時間が長いですか。長い方に○をしましょう。

①（ 1 分　(65 秒) ）

②（ (125 秒)　2 分 ）

3 □にあてはまる時間のたんい（秒・分・時間）を書きましょう。

① 1 日のすいみん時間 …… 8 [時間]

② 50m を走るのにかかった時間 …… 10 [秒]

③ きゅう食の時間 …… 35 [分]

7

P.8

ふりかえりテスト　時こくと時間

名前

1 次《つぎ》の時こくや時間をもとめましょう。(10×4)

① 午前 10 時 50 分から 40 分後の時こく

（午前 11 時 30 分）

② 午後 7 時 20 分の 30 分前の時こく

（午後 6 時 50 分）

③ 午後 9 時 50 分から
午後 10 時 35 分までの時間

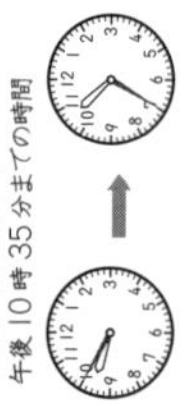

（45 分(間)）

④ 45 分と 30 分をあわせた時間

（1 時間 15 分）

2 □にあてはまる数を書きましょう。(7×3)

① 1 分 = [60] 秒

② 70 秒 = [1] 分 [10] 秒

③ 1 分 50 秒 = [110] 秒

3 □にあてはまる時間のたんい（秒・分・時間）を書きましょう。(6×3)

① 朝おきてから夜ねるまでの時間 …… 15 [時間]

② 25m をおよぐのにかかった時間 …… 30 [秒]

③ 学校の昼休みの時間 …… 20 [分]

4 りくさんは，午前 10 時 35 分に家を出て，午前 11 時 20 分に図書館《としょかん》へ着《つ》きました。
図書館まで何分かかりましたか。(10)

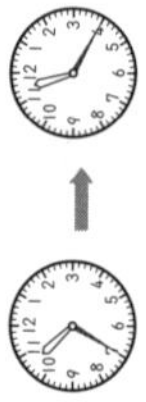

答え 45 分(間)

5 はるかさんは，午後 4 時 45 分から 35 分間，犬のさんぽに行きました。
何時何分まで犬のさんぽをしていましたか。(11)

答え 午後 5 時 20 分

8

P.9

わり算（1）

名前

● 絵を使《つか》って答えをもとめ，わり算の式《しき》に表《あらわ》しましょう。

あめが 12 こあります。
4 人で同じ数ずつ分けます。
1 人分は何こになりますか。

略

式 [12]（こ）÷ [4]（人）= [3]（こ）（全部の数）（人数）（1 人分の数）

答え [3] こ

わり算（2）

名前

● 絵を使《つか》って答えをもとめ，わり算の式《しき》に表《あらわ》しましょう。

① ビスケットが 8 まいあります。
4 人で同じ数ずつ分けます。
1 人分は何まいになりますか。

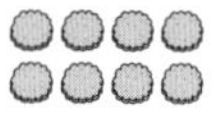

略

式《しき》 [8]（まい）÷ [4]（人）= [2]（まい）（全部の数）（人数）（1 人分の数）

答え [2] まい

② みかんが 15 こあります。
5 人で同じ数ずつ分けます。
1 人分は何こになりますか。

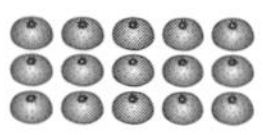

略

式 [15]（こ）÷ [5]（人）= [3]（こ）（全部の数）（人数）（1 人分の数）

答え [3] こ

9

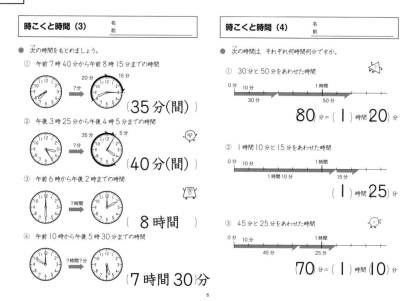

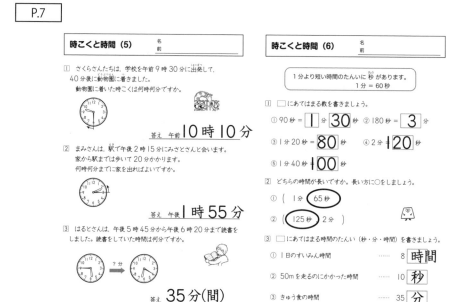

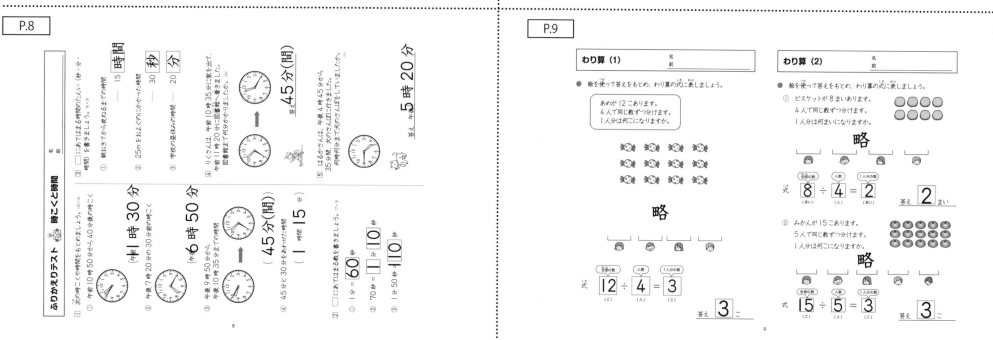

P.10

わり算（3） 名前

● ドーナツが 12 こあります。
3 人で同じ数ずつ分けます。
1 人分は何こになりますか。

略

3 × 1 = 3
3 × 2 = 6
3 × 3 = 9
3 × [4] = 12
3 × 5 = 15
3 × 6 = 18
3 × 7 = 21
3 × 8 = 24
3 × 9 = 27

式《しき》 [12]（こ）÷ [3]（人）= [4]（こ）
（全部《ぜんぶ》の数）（人数）（1 人分の数）
↑ 3 のだんの九九を使って答えを見つけよう。

答え [4] こ

略

わり算（4） 名前

1 いちごが 24 こあります。
4 皿《さら》に同じ数ずつ分けます。
1 皿分は何こになりますか。

式《しき》 [24]（こ）÷ [4]（皿）= [6]（こ）
（全部《ぜんぶ》の数）（皿の数）（1 皿分の数）
↑ わる数のだんの九九で答えを見つけよう。

4 × 1 =□
4 × 2 =□
4 × 3 =□
4 × 4 =□
4 × 5 =□
4 × 6 =□
4 × 7 =□
4 のだんで 24 になるのは……

答え [6] こ

2 あめが 28 こあります。
7 ふくろに同じ数ずつ分けます。
1 ふくろ分は何こになりますか。

式 [28]（こ）÷ [7]（ふくろ）= [4]（こ）
（全部の数）（ふくろの数）（1 ふくろ分の数）

7 × 1 =□
7 × 2 =□
7 × 3 =□
7 × 4 =□
7 × 5 =□
7 のだんで 28 になるのは……

答え [4] こ

10

P.11

わり算（5） 名前

● キャラメルが 9 こあります。
1 人に 3 こずつ分けます。
何人に分けられますか。

略

人数をもとめる計算もわり算だね。九九を使って答えをもとめよう。

式《しき》 [9]（こ）÷ [3]（こ）= [3]（人）
（全部《ぜんぶ》の数）（1 人分の数）（人数）
↑ 3 のだんの九九を使って答えを見つけよう。

3 × 1 = 3
3 × 2 = 6
3 × [3] = 9
3 × 4 = 12
3 × 5 = 15
3 × 6 = 18
3 × 7 = 21
3 × 8 = 24
3 × 9 = 27

答え [3] 人

わり算（6） 名前

1 りんごが 20 こあります。
1 人に 5 こずつ分けます。
何人に分けられますか。

式《しき》 [20]（こ）÷ [5]（こ）= [4]（人）
（全部《ぜんぶ》の数）（1 人分の数）（人数）
↑ わる数のだんの九九で答えを見つけよう。

5 × 1 =□
5 × 2 =□
5 × 3 =□
5 × 4 =□
5 × 5 =□

答え [4] 人

2 えんぴつが 18 本あります。
1 人に 6 本ずつ分けます。
何人に分けられますか。

式 [18]（本）÷ [6]（本）= [3]（人）
（全部の数）（1 人分の数）（人数）

6 × 1 =□
6 × 2 =□
6 × 3 =□
6 × 4 =□

答え [3] 人

11

P.12

わり算（7） 名前

1 ゼリーが 24 こあります。
1 箱《はこ》に 6 こずつ入れます。
箱は何箱いりますか。

式《しき》 [24]（こ）÷ [6]（こ）= [4]（箱）
（全部《ぜんぶ》の数）（1 箱分の数）（箱の数）
↑ わる数のだんの九九で答えを見つけよう。

6 × 1 =□
6 × 2 =□
6 × 3 =□
6 × 4 =□
6 × 5 =□

答え [4] 箱

2 18cm のテープがあります。
3cm ずつに切ります。
テープは何本できますか。

式 [18]（cm）÷ [3]（cm）= [6]（本）
（全体の長さ）（1 本分の長さ）（本数）

3 × 1 =□
3 × 2 =□
3 × 3 =□
3 × 4 =□
3 × 5 =□
3 × 6 =□
3 × 7 =□

答え [6] 本

わり算（8） 名前

● 次《つぎ》の㋐，㋑の 2 つの問題《もんだい》をくらべましょう。

㋐ クッキーが 10 こあります。
2 人で同じ数ずつ分けます。
1 人分は何こになりますか。

㋑ クッキーが 10 こあります。
1 人に 2 こずつ分けます。
何人に分けられますか。

① 図を使《つか》って，㋐と㋑の分け方をくらべてみましょう。

略

② 答えをもとめましょう。

式《しき》 [10]（こ）÷ [2]（人）= [5]（こ）
（全部《ぜんぶ》の数）（いくつ分）（1 つ分の数）

答え [5] こ

式 [10]（こ）÷ [2]（こ）= [5]（人）
（全部の数）（1 つ分の数）（いくつ分）

答え [5] 人

12

P.13

わり算（9） 名前

1 箱《はこ》に入っているドーナツを，3 人で同じ数ずつ分けます。
1 人分は何こになりますか。

① 6 こ [6] ÷ 3 = [2]
② 3 こ [3] ÷ 3 = [1]
③ 0 こ [0] ÷ 3 = [0]

2 計算をしましょう。

① 5 ÷ 5 = [1]　② 8 ÷ 8 = [1]
③ 0 ÷ 3 = [0]　④ 0 ÷ 7 = [0]
⑤ 0 ÷ 2 = [0]　⑥ 0 ÷ 6 = [0]
⑦ 9 ÷ 1 = [9]　⑧ 4 ÷ 1 = [4]

わり算（10） 名前

① 14 ÷ 2 = [7]　2 × [7] = 14
② 10 ÷ 2 = [5]　2 × [5] = 10
③ 2 ÷ 2 = [1]　2 × [1] = 2
④ 18 ÷ 2 = [9]　2 × [9] = 18
⑤ 8 ÷ 2 = [4]　2 × [4] = 8
⑥ 4 ÷ 2 = [2]　2 × [2] = 4
⑦ 6 ÷ 2 = [3]　2 × [3] = 6
⑧ 12 ÷ 2 = [6]　2 × [6] = 12
⑨ 14 ÷ 2 = [7]　2 × [7] = 14
⑩ 16 ÷ 2 = [8]　2 × [8] = 16

① 18 ÷ 3 = [6]　3 × [6] = 18
② 6 ÷ 3 = [2]　3 × [2] = 6
③ 21 ÷ 3 = [7]　3 × [7] = 21
④ 3 ÷ 3 = [1]　3 × [1] = 3
⑤ 9 ÷ 3 = [3]　3 × [3] = 9
⑥ 27 ÷ 3 = [9]　3 × [9] = 27
⑦ 18 ÷ 3 = [6]　3 × [6] = 18
⑧ 12 ÷ 3 = [4]　3 × [4] = 12
⑨ 15 ÷ 3 = [5]　3 × [5] = 15
⑩ 24 ÷ 3 = [8]　3 × [8] = 24

13

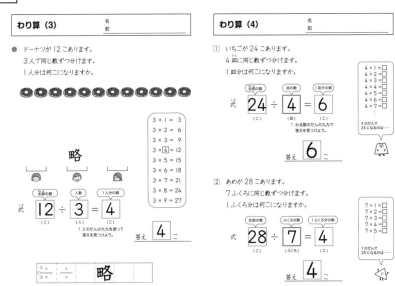

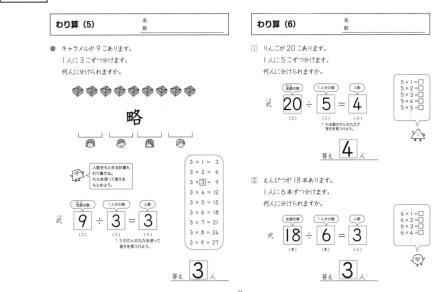

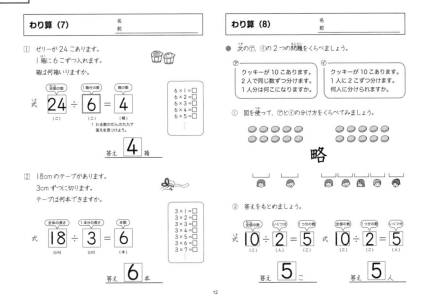

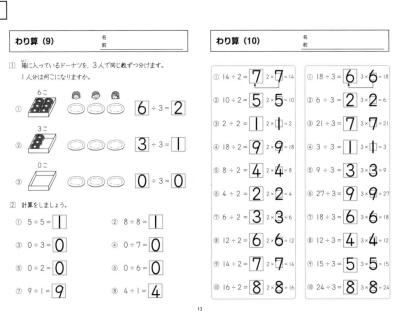

解答

児童に実施させる前に，必ず指導される方が問題を解いてください。本書の解答は，あくまでも１つの例です。指導される方の作られた解答をもとに，本書の解答例を参考に児童の多様な考えに寄り添って◯つけをお願いします。

P.14

わり算（11）

名前

① 8 ÷ 4 = 2
② 28 ÷ 4 = 7
③ 12 ÷ 4 = 3
④ 24 ÷ 4 = 6
⑤ 20 ÷ 4 = 5
⑥ 4 ÷ 4 = 1
⑦ 32 ÷ 4 = 8
⑧ 36 ÷ 4 = 9
⑨ 28 ÷ 4 = 7
⑩ 16 ÷ 4 = 4

4 × 1 = 4
4 × 2 = 8
4 × 3 = 12
4 × 4 = 16
4 × 5 = 20
4 × 6 = 24
4 × 7 = 28
4 × 8 = 32
4 × 9 = 36

① 15 ÷ 5 = 3
② 30 ÷ 5 = 6
③ 45 ÷ 5 = 9
④ 20 ÷ 5 = 4
⑤ 5 ÷ 5 = 1
⑥ 10 ÷ 5 = 2
⑦ 35 ÷ 5 = 7
⑧ 15 ÷ 5 = 3
⑨ 25 ÷ 5 = 5
⑩ 40 ÷ 5 = 8

5 × 1 = 5
5 × 2 = 10
5 × 3 = 15
5 × 4 = 20
5 × 5 = 25
5 × 6 = 30
5 × 7 = 35
5 × 8 = 40
5 × 9 = 45

わり算（12）

名前

① 48 ÷ 6 = 8
② 6 ÷ 6 = 1
③ 24 ÷ 6 = 4
④ 18 ÷ 6 = 3
⑤ 12 ÷ 6 = 2
⑥ 42 ÷ 6 = 7
⑦ 48 ÷ 6 = 8
⑧ 36 ÷ 6 = 6
⑨ 54 ÷ 6 = 9
⑩ 30 ÷ 6 = 5

6 × 1 = 6
6 × 2 = 12
6 × 3 = 18
6 × 4 = 24
6 × 5 = 30
6 × 6 = 36
6 × 7 = 42
6 × 8 = 48
6 × 9 = 54

① 35 ÷ 7 = 5
② 49 ÷ 7 = 7
③ 7 ÷ 7 = 1
④ 28 ÷ 7 = 4
⑤ 14 ÷ 7 = 2
⑥ 21 ÷ 7 = 3
⑦ 28 ÷ 7 = 4
⑧ 63 ÷ 7 = 9
⑨ 56 ÷ 7 = 8
⑩ 42 ÷ 7 = 6

7 × 1 = 7
7 × 2 = 14
7 × 3 = 21
7 × 4 = 28
7 × 5 = 35
7 × 6 = 42
7 × 7 = 49
7 × 8 = 56
7 × 9 = 63

14

P.15

わり算（13）

名前

① 64 ÷ 8 = 8
② 8 ÷ 8 = 1
③ 40 ÷ 8 = 5
④ 56 ÷ 8 = 7
⑤ 24 ÷ 8 = 3
⑥ 16 ÷ 8 = 2
⑦ 32 ÷ 8 = 4
⑧ 72 ÷ 8 = 9
⑨ 56 ÷ 8 = 7
⑩ 48 ÷ 8 = 6

8 × 1 = 8
8 × 2 = 16
8 × 3 = 24
8 × 4 = 32
8 × 5 = 40
8 × 6 = 48
8 × 7 = 56
8 × 8 = 64
8 × 9 = 72

① 63 ÷ 9 = 7
② 81 ÷ 9 = 9
③ 18 ÷ 9 = 2
④ 36 ÷ 9 = 4
⑤ 54 ÷ 9 = 6
⑥ 45 ÷ 9 = 5
⑦ 63 ÷ 9 = 7
⑧ 72 ÷ 9 = 8
⑨ 27 ÷ 9 = 3
⑩ 9 ÷ 9 = 1

9 × 1 = 9
9 × 2 = 18
9 × 3 = 27
9 × 4 = 36
9 × 5 = 45
9 × 6 = 54
9 × 7 = 63
9 × 8 = 72
9 × 9 = 81

わり算（14）

○÷2～○÷5

名前

① 40 ÷ 5 = 8　② 20 ÷ 4 = 5
③ 6 ÷ 3 = 2　④ 12 ÷ 3 = 4
⑤ 6 ÷ 2 = 3　⑥ 45 ÷ 5 = 9
⑦ 32 ÷ 4 = 8　⑧ 16 ÷ 2 = 8
⑨ 14 ÷ 2 = 7　⑩ 20 ÷ 5 = 4
⑪ 24 ÷ 4 = 6　⑫ 16 ÷ 4 = 4
⑬ 18 ÷ 2 = 9　⑭ 24 ÷ 3 = 8
⑮ 15 ÷ 5 = 3　⑯ 35 ÷ 5 = 7
⑰ 28 ÷ 4 = 7　⑱ 21 ÷ 3 = 7
⑲ 18 ÷ 3 = 6　⑳ 8 ÷ 2 = 4

答えの大きい方をとおってゴールしましょう。とおった答えを下の □ に書きましょう。

① 6　② 3　③ 9

15

P.16

わり算（15）

○÷6～○÷9

名前

① 63 ÷ 9 = 7　② 56 ÷ 7 = 8
③ 24 ÷ 6 = 4　④ 54 ÷ 9 = 6
⑤ 40 ÷ 8 = 5　⑥ 32 ÷ 8 = 4
⑦ 21 ÷ 7 = 3　⑧ 12 ÷ 6 = 2
⑨ 56 ÷ 8 = 7　⑩ 36 ÷ 9 = 4
⑪ 54 ÷ 6 = 9　⑫ 24 ÷ 8 = 3
⑬ 81 ÷ 9 = 9　⑭ 42 ÷ 7 = 6
⑮ 72 ÷ 8 = 9　⑯ 36 ÷ 6 = 6
⑰ 42 ÷ 6 = 7　⑱ 28 ÷ 7 = 4
⑲ 35 ÷ 7 = 5　⑳ 18 ÷ 9 = 2

答えの大きい方をとおってゴールしましょう。とおった答えを下の □ に書きましょう。

① 9　② 3　③ 7

わり算（16）

○÷6～○÷9

名前

① 64 ÷ 8 = 8　② 30 ÷ 6 = 5
③ 14 ÷ 7 = 2　④ 27 ÷ 9 = 3
⑤ 63 ÷ 9 = 7　⑥ 36 ÷ 6 = 6
⑦ 48 ÷ 8 = 6　⑧ 54 ÷ 6 = 9
⑨ 40 ÷ 8 = 5　⑩ 49 ÷ 7 = 7
⑪ 45 ÷ 9 = 5　⑫ 32 ÷ 8 = 4
⑬ 28 ÷ 7 = 4　⑭ 16 ÷ 8 = 2
⑮ 48 ÷ 6 = 8　⑯ 54 ÷ 9 = 6
⑰ 18 ÷ 6 = 3　⑱ 72 ÷ 9 = 8
⑲ 42 ÷ 7 = 6　⑳ 63 ÷ 7 = 9

答えの大きい方をとおってゴールしましょう。とおった答えを下の □ に書きましょう。

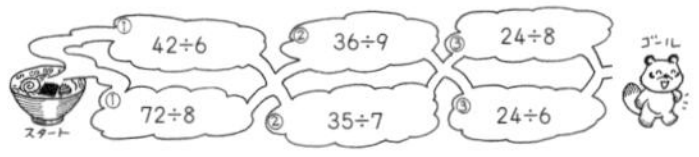

① 9　② 5　③ 4

16

P.17

わり算（17）

○÷2～○÷5

名前

① 20 ÷ 5 = 4　② 18 ÷ 2 = 9
③ 20 ÷ 4 = 5　④ 21 ÷ 3 = 7
⑤ 32 ÷ 4 = 8　⑥ 28 ÷ 4 = 7
⑦ 10 ÷ 2 = 5　⑧ 9 ÷ 3 = 3
⑨ 45 ÷ 5 = 9　⑩ 8 ÷ 4 = 2
⑪ 18 ÷ 3 = 6　⑫ 6 ÷ 2 = 3
⑬ 27 ÷ 3 = 9　⑭ 10 ÷ 5 = 2
⑮ 16 ÷ 4 = 4　⑯ 15 ÷ 3 = 5
⑰ 8 ÷ 2 = 4　⑱ 16 ÷ 2 = 8
⑲ 36 ÷ 4 = 9　⑳ 12 ÷ 2 = 6
㉑ 3 ÷ 3 = 1　㉒ 35 ÷ 5 = 7
㉓ 40 ÷ 5 = 8　㉔ 14 ÷ 2 = 7
㉕ 24 ÷ 3 = 8

□ 問 ／25 問

わり算（18）

○÷6～○÷9

名前

① 45 ÷ 9 = 5　② 64 ÷ 8 = 8
③ 24 ÷ 6 = 4　④ 30 ÷ 6 = 5
⑤ 72 ÷ 9 = 8　⑥ 27 ÷ 9 = 3
⑦ 7 ÷ 7 = 1　⑧ 14 ÷ 7 = 2
⑨ 54 ÷ 9 = 6　⑩ 36 ÷ 6 = 6
⑪ 42 ÷ 7 = 6　⑫ 28 ÷ 7 = 4
⑬ 63 ÷ 7 = 9　⑭ 18 ÷ 6 = 3
⑮ 21 ÷ 7 = 3　⑯ 48 ÷ 6 = 8
⑰ 81 ÷ 9 = 9　⑱ 16 ÷ 8 = 2
⑲ 18 ÷ 9 = 2　⑳ 32 ÷ 8 = 4
㉑ 42 ÷ 6 = 7　㉒ 49 ÷ 7 = 7
㉓ 56 ÷ 8 = 7　㉔ 48 ÷ 8 = 6
㉕ 40 ÷ 8 = 5

□ 問 ／25 問

17

P.18

わり算 (19)

○÷1～○÷5

名前

① 28 ÷ 4 = 7　② 9 ÷ 3 = 3　③ 6 ÷ 2 = 3
④ 16 ÷ 2 = 8　⑤ 40 ÷ 5 = 8　⑥ 30 ÷ 5 = 6
⑦ 4 ÷ 1 = 4　⑧ 6 ÷ 3 = 2　⑨ 1 ÷ 1 = 1
⑩ 12 ÷ 2 = 6　⑪ 15 ÷ 5 = 3　⑫ 24 ÷ 4 = 6
⑬ 20 ÷ 4 = 5　⑭ 36 ÷ 4 = 9　⑮ 8 ÷ 1 = 8
⑯ 21 ÷ 3 = 7　⑰ 10 ÷ 2 = 5　⑱ 24 ÷ 3 = 8
⑲ 14 ÷ 2 = 7　⑳ 12 ÷ 3 = 4　㉑ 18 ÷ 2 = 9
㉒ 16 ÷ 4 = 4　㉓ 20 ÷ 5 = 4　㉔ 8 ÷ 4 = 2
㉕ 10 ÷ 5 = 2　㉖ 8 ÷ 2 = 4　㉗ 12 ÷ 4 = 3
㉘ 4 ÷ 4 = 1　㉙ 35 ÷ 5 = 7　㉚ 27 ÷ 3 = 9
㉛ 45 ÷ 5 = 9　㉜ 15 ÷ 3 = 5　㉝ 25 ÷ 5 = 5
㉞ 32 ÷ 4 = 8　㉟ 3 ÷ 3 = 1　㊱ 18 ÷ 3 = 6

□問 ／36問

わり算 (20)

○÷6～○÷9

名前

① 54 ÷ 6 = 9　② 14 ÷ 7 = 2　③ 81 ÷ 9 = 9
④ 18 ÷ 9 = 2　⑤ 18 ÷ 6 = 3　⑥ 63 ÷ 7 = 9
⑦ 49 ÷ 7 = 7　⑧ 12 ÷ 6 = 2　⑨ 16 ÷ 8 = 2
⑩ 56 ÷ 8 = 7　⑪ 72 ÷ 9 = 8　⑫ 36 ÷ 6 = 6
⑬ 6 ÷ 6 = 1　⑭ 48 ÷ 8 = 6　⑮ 32 ÷ 8 = 4
⑯ 63 ÷ 9 = 7　⑰ 24 ÷ 6 = 4　⑱ 36 ÷ 9 = 4
⑲ 28 ÷ 7 = 4　⑳ 48 ÷ 6 = 8　㉑ 35 ÷ 7 = 5
㉒ 24 ÷ 8 = 3　㉓ 56 ÷ 7 = 8　㉔ 54 ÷ 9 = 6
㉕ 42 ÷ 7 = 6　㉖ 30 ÷ 6 = 5　㉗ 72 ÷ 8 = 9
㉘ 64 ÷ 8 = 8　㉙ 27 ÷ 9 = 3　㉚ 40 ÷ 8 = 5
㉛ 9 ÷ 9 = 1　㉜ 42 ÷ 6 = 7　㉝ 8 ÷ 8 = 1
㉞ 21 ÷ 7 = 3　㉟ 7 ÷ 7 = 1　㊱ 45 ÷ 9 = 5

□問 ／36問

18

P.19

わり算 (21)

名前

1 3こで60円のあめがあります。
あめ１こ分は何円ですか。

式《しき》 60 ÷ 3 = 20

答え 20円

2 3こで69円のあめがあります。
あめ１こ分は何円ですか。

式 69 ÷ 3 = 23

答え 23円

3 計算をしましょう。

① 80 ÷ 4 = 20
② 50 ÷ 5 = 10
③ 60 ÷ 2 = 30
④ 70 ÷ 1 = 70
⑤ 40 ÷ 2 = 20

① 24 ÷ 2 = 12
② 96 ÷ 3 = 32
③ 48 ÷ 4 = 12
④ 39 ÷ 3 = 13
⑤ 88 ÷ 4 = 22

わり算 (22)

名前

1 ひまわりの花が28本あります。
４人で同じ数ずつ分けます。
１人分は何本になりますか。

式《しき》 28÷4=7

答え 7本

2 子どもが42人います。
同じ人数ずつ７つのチームに分けます。
１チームは何人になりますか。

式 42÷7=6

答え 6人

3 かごが８こあります。
32このボールを同じ数ずつ分けて入れます。
かご１こ分のボールは何こになりますか。

式 32÷8=4

答え 4こ

19

P.20

わり算 (23)

名前

1 トマトが27こあります。
１つのふくろに３こずつ入れます。
ふくろはいくつできますか。

式《しき》 27÷3=9

答え 9こ (ふくろ)

2 花のたねが54こあります。
１つの植木《うえき》ばちに６こずつまきます。
植木ばちは何こいりますか。

式 54÷6=9

答え 9こ

3 56ページの本があります。
毎日《まいにち》８ページずつ読みます。
何日で全部《ぜんぶ》読み終わりますか。

式 56÷8=7

答え 7日

わり算 (24)

名前

1 マドレーヌを48こ作りました。
友だち８人に同じ数ずつプレゼントします。
１人分は何こになりますか。

式《しき》 48÷8=6

答え 6こ

2 ジュースが35dLあります。
１つのコップに7dLずつ入れます。
全部《ぜんぶ》のジュースを入れるにはコップは何こいりますか。

式 35÷7=5

答え 5こ

3 子どもが40人います。
５人ずつのチームに分かれてリレーをします。
チームは何チームできますか。

式 40÷5=8

答え 8チーム

20

P.21

ふりかえりテスト わり算

名前

1 計算をしましょう。(2×40)

① 12 ÷ 2 = 6　⑪ 24 ÷ 4 = 6　㉑ 36 ÷ 6 = 6　㉛ 72 ÷ 9 = 8
② 28 ÷ 4 = 7　⑫ 24 ÷ 8 = 3　㉒ 54 ÷ 6 = 9　㉜ 64 ÷ 8 = 8
③ 30 ÷ 6 = 5　⑬ 12 ÷ 6 = 2　㉓ 72 ÷ 8 = 9　㉝ 81 ÷ 9 = 9
④ 36 ÷ 4 = 9　⑭ 35 ÷ 7 = 5　㉔ 32 ÷ 4 = 8　㉞ 56 ÷ 8 = 7
⑤ 27 ÷ 3 = 9　⑮ 36 ÷ 9 = 4　㉕ 45 ÷ 5 = 9　㉟ 56 ÷ 7 = 8
⑥ 21 ÷ 3 = 7　⑯ 49 ÷ 7 = 7　㉖ 42 ÷ 7 = 6　㊱ 24 ÷ 6 = 4
⑦ 42 ÷ 6 = 7　⑰ 24 ÷ 3 = 8　㉗ 63 ÷ 7 = 9　㊲ 20 ÷ 4 = 5
⑧ 16 ÷ 2 = 8　⑱ 40 ÷ 5 = 8　㉘ 16 ÷ 4 = 4　㊳ 54 ÷ 9 = 6
⑨ 25 ÷ 5 = 5　⑲ 32 ÷ 8 = 4　㉙ 15 ÷ 3 = 5　㊴ 27 ÷ 9 = 3
⑩ 18 ÷ 9 = 2　⑳ 48 ÷ 8 = 6　㉚ 28 ÷ 7 = 4　㊵ 40 ÷ 8 = 5

2 27cmのリボンがあります。
同じ長さずつ３本に切ります。
１本の長さは何cmになりますか。(10)

式《しき》 27÷3=9

答え 9cm

3 花が30本あります。
５本ずつたばにして花たばを作ります。
花たばはいくつできますか。(10)

式 30÷5=6

答え 6つ

21

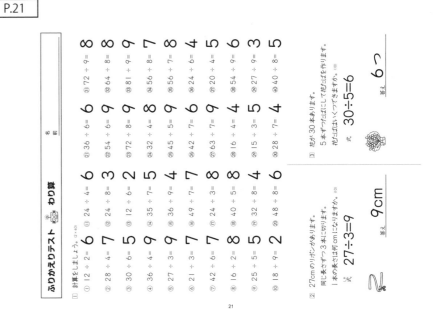

解答

児童に実施させる前に，必ず指導される方が問題を解いてください。本書の解答は，あくまでも１つの例です。指導される方の作られた解答をもとに，本書の解答例を参考に児童の多様な考えに寄り添って◯つけをお願いします。

P.22

たし算とひき算の筆算 (1)
くり上がりなし・くり上がり１回

名前

① 364 + 231 = 595　（3 + 2）（6 + 3）（4 + 1）

② （1）528 + 316 = 844　（5 + 3）（1 + 2 + 1）（8 + 6）

③ （1）274 + 453 = 727　（1 + 2 + 4）（7 + 5）（4 + 3）

④ 435 + 522 = 957

⑤ 167 + 424 = 591

⑥ 603 + 79 = 682

⑦ 272 + 386 = 658

⑧ 565 + 43 = 608

一の位《くらい》から
じゅんに
計算しよう。

たし算とひき算の筆算 (2)
くり上がりなし・くり上がり１回

名前

① 156 + 712　868

② 546 + 139　685

③ 82 + 808　890

④ 377 + 390　767

⑤ 614 + 95　709

①と②の計算を筆算でしましょう。答えの大きい方をとおってゴールしましょう。とおった答えを下の □ に書きましょう。

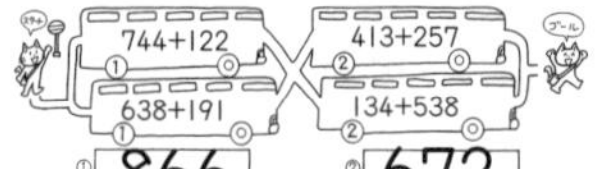

① 866　② 672

	744 + 122	638 + 191	413 + 257	134 + 538
答え	866	829	670	672

P.23

たし算とひき算の筆算 (3)
くり上がり２回

名前

① （1）（1）457 + 284 = 741　（1 + 4 + 2）（1 + 5 + 8）（7 + 4）

② （1）（1）386 + 75 = 461　（1 + 3）（1 + 8 + 7）（6 + 5）

③ 189 + 645 = 834

④ 408 + 97 = 505

⑤ 524 + 276 = 800

⑥ 246 + 69 = 315

⑦ 73 + 738 = 811

⑧ 369 + 154 = 523

たし算とひき算の筆算 (4)
くり上がり２回

名前

① 492 + 38　530

② 755 + 166　921

③ 371 + 239　610

④ 504 + 198　702

⑤ 95 + 805　900

①と②の計算を筆算でしましょう。答えの大きい方をとおってゴールしましょう。とおった答えを下の □ に書きましょう。

① 801　② 361

	358 + 442	176 + 625	288 + 55	193 + 168
答え	800	801	343	361

P.24

たし算とひき算の筆算 (5)
4けたになるたし算

名前

① 235 + 843 = 1078

② （1）592 + 464 = 1056

③ （1）（1）638 + 975 = 1613

千の位《くらい》に
くり上がる計算だね。

④ 515 + 703 = 1218

⑤ 984 + 94 = 1078

⑥ 147 + 859 = 1006

⑦ 422 + 635 = 1057

⑧ 350 + 769 = 1119

⑧ 88 + 916 = 1004

たし算とひき算の筆算 (6)
いろいろな計算

名前

① 325 + 397　722

② 528 + 76　604

③ 97 + 203　300

④ 184 + 70　254

⑤ 843 + 269　1112

⑥ 411 + 356　767

⑦ 705 + 136　841

⑧ 512 + 88　600

⑨ 73 + 678　751

⑩ 409 + 591　1000

くり上がった１を
わすれずに
計算しよう。

P.25

たし算とひき算の筆算 (7)
くり下がりなし・くり下がり１回

名前

① 576 − 325　576 − 325 = 251　（5 − 3）（7 − 2）（6 − 5）

② 645 − 428　（3）10　6~~4~~5 − 428 = 217　（6 − 4）（3 − 2）（15 − 8）

③ 439 − 264　（3）10　~~4~~39 − 264 = 175　（3 − 2）（13 − 6）（9 − 4）

④ 382 − 360 = 22

⑤ 251 − 137 = 114

⑥ 546 − 463 = 83

⑦ 723 − 504 = 219

⑧ 608 − 358 = 250

一の位《くらい》から
じゅんに
計算しよう。

たし算とひき算の筆算 (8)
くり下がりなし・くり下がり１回

名前

① 274 − 190　84

② 520 − 503　17

③ 618 − 313　305

④ 736 − 28　708

⑤ 405 − 242　163

①と②の計算を筆算でしましょう。答えの大きい方をとおってゴールしましょう。とおった答えを下の □ に書きましょう。

① 312　② 240

	415 − 105	808 − 496	263 − 45	627 − 387
答え	310	312	218	240

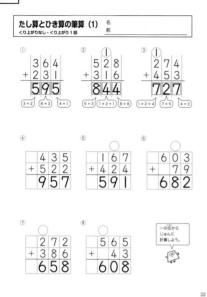

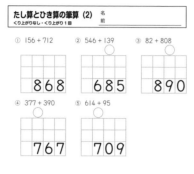

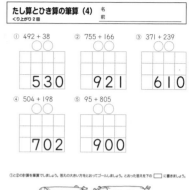

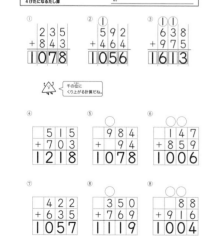

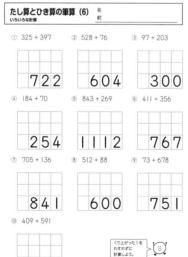

P.26

たし算とひき算の筆算 (9)
くり下がり２回
名前

① 435 − 258

	10	
3	2	10
4	3	5
− 2	5	8
1	7	7

3 − 2　12 − 5　15 − 8

② 223 − 57

	10	
1	1	10
2	2	3
−	5	7
1	6	6

1 − 0　11 − 5　13 − 7

③	④	⑤	⑥	⑦	⑧
516	380	715	152	467	620
− 328	− 185	− 669	− 74	− 389	− 28
188	195	46	78	78	592

たし算とひき算の筆算 (10)
くり下がり２回
名前

① 540 − 356	② 834 − 87	③ 311 − 255	④ 475 − 276	⑤ 180 − 93
184	747	56	199	87

①と②の計算を筆算でしましょう。答えの大きい方をとおってゴールしましょう。とおった答えを下の□に書きましょう。

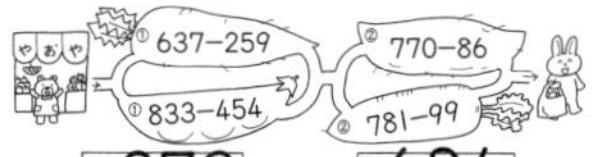

やおや
① 637−259
① 833−454
② 770−86
② 781−99

① 379　② 684

637	833	770	781
− 259	− 454	− 86	− 99
378	379	684	682

P.27

たし算とひき算の筆算 (11)
ひかれる数の十の位が０のひき算
名前

1 502 − 276 を筆算《ひっさん》でしましょう。

502 − 276 ➡ (4 10) 502 − 276 ➡ (9 / 4 10 10) 502 − 276 = 226

4 − 2　9 − 7　12 − 6

十の位《くらい》が０なので，百の位から十の位へ，十の位から一の位へくり下がっていくよ。

2

①	②	③	④	⑤	⑥
703	407	306	801	604	505
− 465	− 318	− 88	− 597	− 219	− 37
238	89	218	204	385	468

たし算とひき算の筆算 (12)
何百，千からのひき算
名前

① 400 − 238

	9	
3	10	10
4	0	0
− 2	3	8
1	6	2

3 − 2　9 − 3　10 − 8

上の位《くらい》からじゅんにくり下げていこう。

② 1000 − 572

	9	9	
	10	10	10
1	0	0	0
−	5	7	2
	4	2	8

9 − 5　9 − 7　10 − 2

③	④	⑤	⑥	⑦	⑧
600	500	300	1000	1000	1000
− 576	− 315	− 89	− 427	− 983	− 14
24	185	211	573	17	986

P.28

たし算とひき算の筆算 (13)
いろいろな計算
名前

① 713 − 318	② 483 − 282	③ 366 − 89	④ 592 − 467	⑤ 608 − 149
395	201	277	125	459

⑥ 834 − 56	⑦ 302 − 77	⑧ 800 − 756	⑨ 1000 − 811	⑩ 1000 − 96
778	225	44	189	904

たし算とひき算の筆算 (14)
名前

● 答えの大きい方へすすみましょう。とおったほうの答えを□に書きましょう。

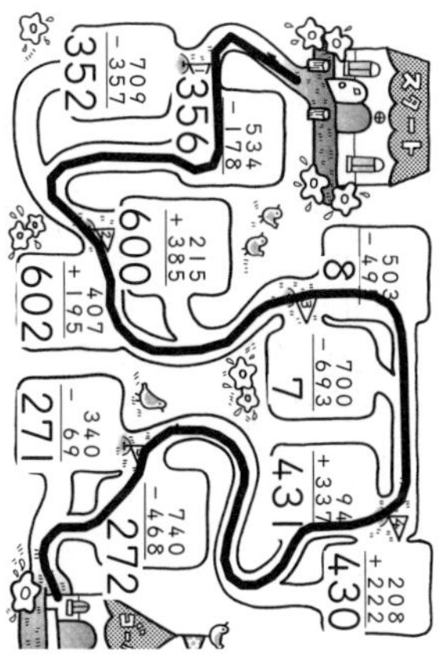

スタート
709 − 357
352
356
534 − 178
215 + 385
600
602
407 + 195
8
700 − 693
7
271
340 − 69
431
94 + 337
272
740 − 468
430
208 + 222

1 356　2 602　3 8　4 431　5 272

P.29

たし算とひき算の筆算 (15)
4けたのたし算
名前

①	②	③	④	⑤	⑥	⑦	⑧
2653	4058	1580	8200	2077	3194	736	6005
+ 1728	+ 942	+ 3737	+ 840	+ 46	+ 4888	+ 5195	+ 995
4381	5000	5317	9040	2123	8082	5931	7000

一の位《くらい》からじゅんに計算しよう。

たし算とひき算の筆算 (16)
4けたのひき算
名前

①	②	③	④	⑤	⑥	⑦	⑧
8367	3008	5100	4030	2200	7435	3122	5000
− 5025	− 1456	− 2778	− 1080	− 954	− 3811	− 84	− 4935
3342	1552	2322	2950	1246	3624	3038	65

ひけないときは上の位《くらい》から１くり下げてこよう。

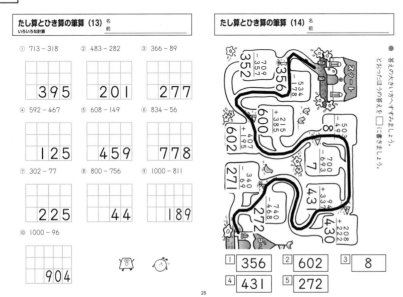

児童に実施させる前に，必ず指導される方が問題を解いてください。本書の解答は，あくまでも１つの例です。指導される方の作られた解答をもとに，本書の解答例を参考に児童の多様な考えに寄り添って○つけをお願いします。

P.30

たし算とひき算の筆算（17） 名前

1 花だんに赤い花が 245 本，白い花が 307 本さいています。あわせて何本さいていますか。

式 245+307=552

答え 552 本

2 けんたさんは，カードを 176 まい持っています。お兄さんから 24 まいもらいました。カードは何まいになりましたか。

式 176+24=200

答え 200 まい

3 土曜日の動物園《どうぶつえん》の入場者数《にゅうじょうしゃすう》は 583 人でした。日曜日の入場者数は，土曜日より 127 人多かったそうです。日曜日の入場者数は何人ですか。

式 583+127=710

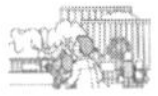

答え 710 人

たし算とひき算の筆算（18） 名前

1 さいふに 1000 円入っています。682 円のふでばこを買うと，のこりはいくらになりますか。

式 1000−682=318

答え 318 円

2 スーパーで，マンゴーとメロンを売っています。マンゴーは 752 円で，メロンは 940 円です。どちらが何円高いですか。

式 940−752=188

答え メロンが 188 円高い。

3 赤色と青色のおり紙があわせて 305 まいあります。そのうち，赤色のおり紙は 166 まいです。青色のおり紙は何まいですか。

式 305−166=139

答え 139 まい

30

P.31

ふりかえりテスト　たし算とひき算の筆算 名前

1 筆算《ひっさん》になおして計算しましょう。(6×10)

① 144 + 372　516
② 358 + 356　714
③ 508 + 192　700
④ 863 + 47　910
⑤ 739 + 496　1235
⑥ 617 − 358　259
⑦ 523 − 119　404
⑧ 704 − 695　9
⑨ 300 − 53　247
⑩ 1000 − 182　818

2 じゃがいもが 210 こあります。カレーを作るのに 126 こ使《つか》いました。のこりのじゃがいもは何こですか。(10)

式 210−126=84

答え 84 こ

3 536 円のクッキーと，297 円のチョコレートを買うと，代金《だいきん》はいくらになりますか。(10)

式 536+297=833

答え 833 円

4 りょうたさんは，くりを 195 こひろいました。お兄さんは，りょうたさんより 68 こ多くひろいました。お兄さんは何こひろいましたか。(10)

式 195+68=263

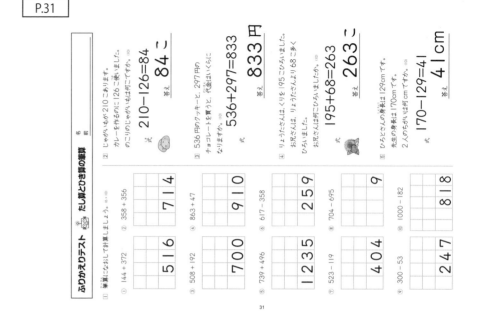

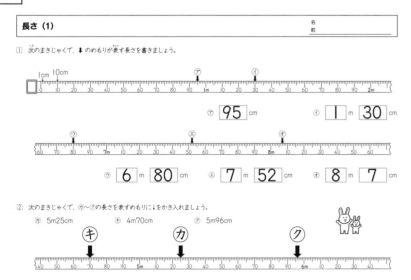

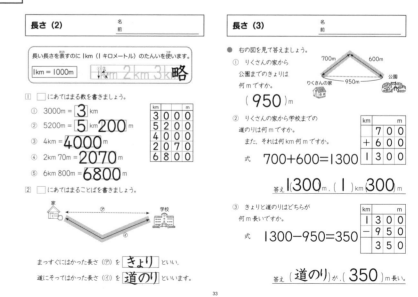

答え 263 こ

5 ひろとさんの身長《しんちょう》は 129cm です。先生の身長は 170cm です。2 人のちがいは何 cm ですか。(10)

式 170−129=41

答え 41cm

31

P.32

長さ（1） 名前

1 次《つぎ》のまきじゃくで，⬇のめもりが表《あらわ》す長さを書きましょう。

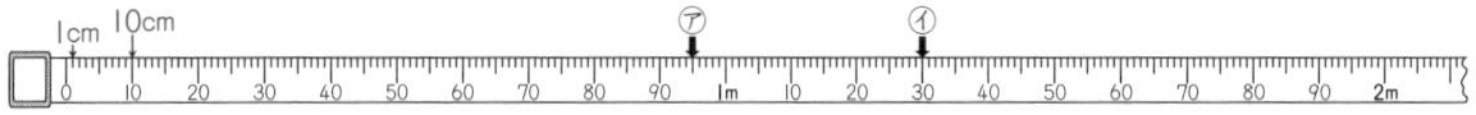

㋐ 95 cm　㋑ 1 m 30 cm

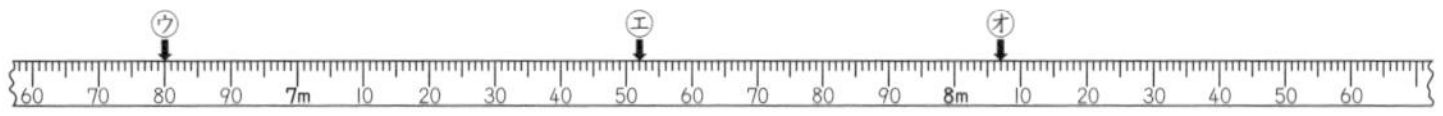

㋒ 6 m 80 cm　㋓ 7 m 52 cm　㋔ 8 m 7 cm

2 次のまきじゃくで，㋕～㋗の長さを表すめもりに↓をかき入れましょう。

㋕ 5m25cm　㋖ 4m70cm　㋗ 5m96cm

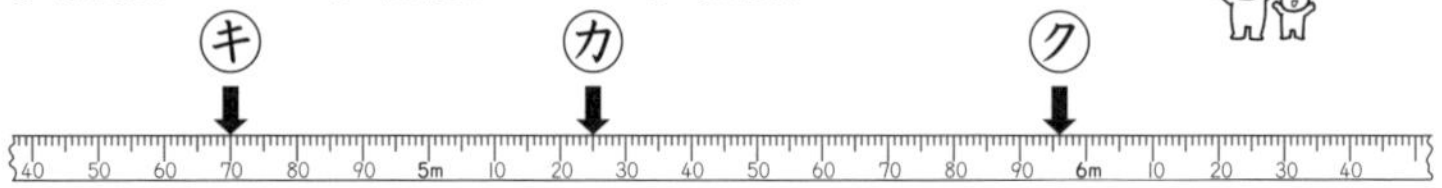

32

P.33

長さ（2） 名前

長い長さを表《あらわ》すのに 1km（1 キロメートル）のたんいを使《つか》います。

1km = 1000m　1km 2km 3km 略

1 □にあてはまる数を書きましょう。

① 3000m = 3 km
② 5200m = 5 km 200 m
③ 4km = 4000 m
④ 2km 70m = 2070 m
⑤ 6km 800m = 6800 m

km			m
3	0	0	0
5	2	0	0
4	0	0	0
2	0	7	0
6	8	0	0

2 □にあてはまることばを書きましょう。

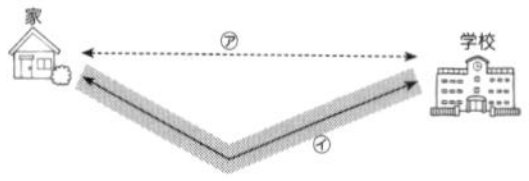

まっすぐにはかった長さ（㋐）を きょり といい，
道にそってはかった長さ（㋑）を 道のり といいます。

長さ（3） 名前

● 右の図を見て答えましょう。

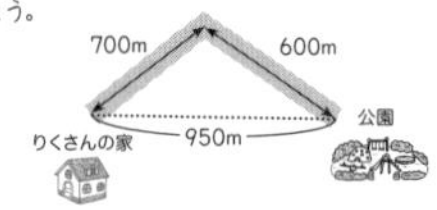

① りくさんの家から公園までのきょりは何 m ですか。

（ 950 ）m

② りくさんの家から学校までの道のりは何 m ですか。また，それは何 km 何 m ですか。

式 700+600=1300

km			m
	7	0	0
+	6	0	0
1	3	0	0

答え（1300）m，（ 1 ）km（300）m

③ きょりと道のりはどちらが何 m 長いですか。

式 1300−950=350

km			m
1	3	0	0
−	9	5	0
	3	5	0

答え（道のり）が，（ 350 ）m 長い。

33

P.34

長さ (4)

名前

1. 次《つぎ》の計算をしましょう。
   - ① 1km 600m + 300m = 1 km 900 m
   - ② 2km 500m + 500m = 3 km
   - ③ 2km 400m − 400m = 2 km
   - ④ 1km − 800m = 200 m

1km = 1000m だね。

2. □にあてはまる数を書きましょう。
   - ① 1cm = 10 mm
   - ② 1m = 100 cm
   - ③ 1km = 1000 m

これまでに学習した長さのたんいをふりかえろう。

3. □にあてはまる長さのたんい（km，m，cm，mm）を書きましょう。
   - ① プールのたての長さ …… 25 m
   - ② 東京から大阪までのきょり …… 400 km
   - ③ 教科書の横《よこ》の長さ …… 18 cm
   - ④ ノートのあつさ …… 3 mm
   - ⑤ 富士山《ふじさん》の高さ …… 3776 m

34

長さ (5)

名前

● ゆうさんは，家から公園まで，次《つぎ》の道じゅんで犬とさんぽに行きました。ゆうさんが歩いた道のりは何 km 何 m ですか。

家→ケーキやさんでケーキを買う
→おばあちゃんの家にとどける
→犬のおやつを買いにスーパーへ行く
→犬のともだちのシロがいる道を通る
→公園へむかう

いちばん近い道のりで考えよう。

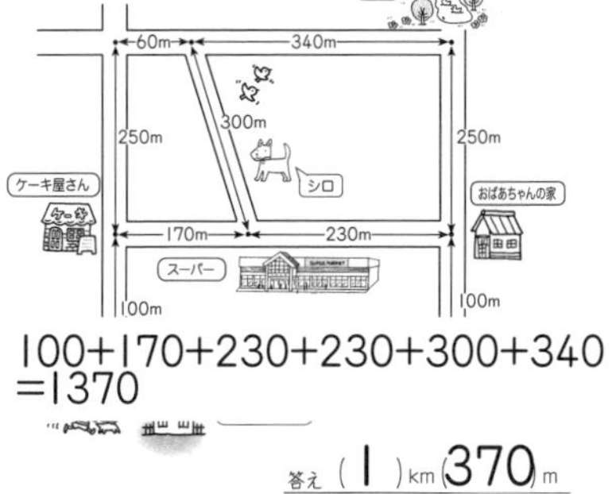

100+170+230+230+300+340
=1370

答え（1）km（370）m

P.35

ふりかえりテスト 長さ

名前

1. ㋐〜㋒のめもりが表《あらわ》す長さを書きましょう。(6×3)

㋐ 3m90cm　㋑ 4m8cm　㋒ 4m84cm

2. □にあてはまる数を書きましょう。(6×4)
   - ① 1km = 1000 m
   - ② 7000m = 7 km
   - ③ 5km 600m = 5600 m
   - ④ 3080m = 3 km 80 m

3. □にあてはまる長さのたんい（km，m，cm，mm）を書きましょう。(6×4)
   - ① えんぴつの長さ …… 17 cm
   - ② マラソンコースの道のり …… 5 km
   - ③ アリの体長 …… 6 mm
   - ④ 体育館《たいいくかん》のたての長さ …… 45 m

4. 計算をしましょう。(7×2)
   - ① 1km 150m + 2km 200m = 3km350m
   - ② 5km 400m − 3km = 2km400m

5. 下の図を見て答えましょう。

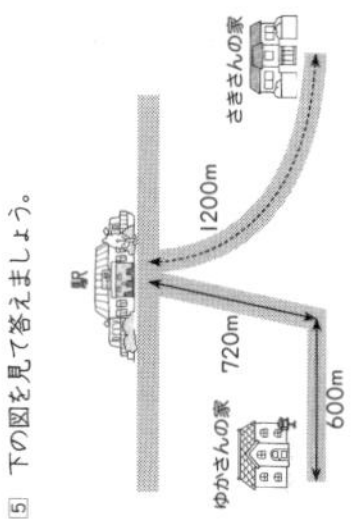

① ゆかさんの家から駅までの道のりは何mですか。また，何km何mですか。(10)

式 600+720=1320

答え 1320 m，（1）km（320）m

② ゆかさんの家から駅までの道のりと，さきさんの家から駅までの道のりは，どちらが何m遠いですか。(10)

式 1320−1200=120

答え ゆかさんの家からの道のりが120m遠い。

35

P.36

あまりのあるわり算 (1)

名前

● 絵を使《つか》って答えをもとめ，わり算の式《しき》に表《あらわ》しましょう。

クッキーが９まいあります。
１人に２まいずつ分けます。
何人に分けられて，何まいあまりますか。

略

あまり

式 9 ÷ 2 = 4 あまり 1
（全部の数）（１つ分の数）（いくつ分）

答え 4 人に分けられて，1 まいあまる。

あまりのあるわり算 (2)

名前

● 絵を使《つか》って答えをもとめ，わり算の式《しき》に表《あらわ》しましょう。

チョコレートが８こあります。
３人で同じ数ずつ分けます。
１人分は何こになって，何こあまりますか。

略

あまり

式 8 ÷ 3 = 2 あまり 2
（全部の数）（いくつ分）（１つ分の数）

答え １人分は 2 こになって，2 こあまる。

36

P.37

あまりのあるわり算 (3)

名前

● あめが 15 こあります。
１人に４こずつ分けます。
何人に分けられて，何こあまりますか。

式《しき》 15 ÷ 4 = 3 あまり 3
（全部《ぜんぶ》の数）（１つ分の数）（いくつ分）

4 のだんんの九九を使《つか》って考えよう。

あまりの数がわる数より小さくなっているかたしかめよう。

答えが 15 になる九九はないよ。
① 15 より小さい数
② 15 にいちばん近い数で
さがしてみよう。

4 × 1 = 4
4 × 2 = 8
4 × 3 = 12
4 × 4 = 16
4 × 5 = 20
4 × 6 = 24
4 × 7 = 28
4 × 8 = 32
4 × 9 = 36

答え 3 人に分けられて，3 こあまる。

あまりのあるわり算 (4)

名前

● あまりの大きさに気をつけて答えをもとめましょう。

① りんごが 22 こあります。
１ふくろに３こずつ入れます。
何ふくろできて，何こあまりますか。

式《しき》 22 ÷ 3 = 7 あまり 1
（全部《ぜんぶ》の数）（１つ分の数）（いくつ分）

3 × 1 = 3
3 × 2 = 6
3 × 3 = 9
3 × 4 = 12
3 × 5 = 15
3 × 6 = 18
3 × 7 = 21
3 × 8 = 24
⋮

答え 7 ふくろできて，1 こあまる。

② バラの花が 27 本あります。
５本ずつ花たばにします。
花たばはいくつできて，何本あまりますか。

式 27 ÷ 5 = 5 あまり 2
（全部の数）（１つ分の数）（いくつ分）

あまりの数がわる数より小さくなっているかな。

5 × 1 = 5
5 × 2 = 10
5 × 3 = 15
5 × 4 = 20
5 × 5 = 25
5 × 6 = 30
⋮

答え 5 たばできて，2 本あまる。

37

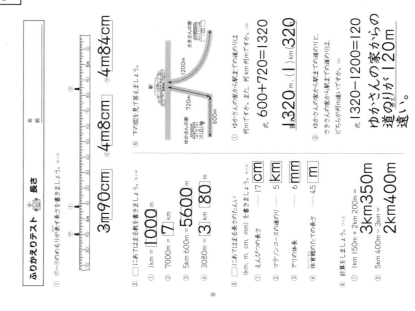

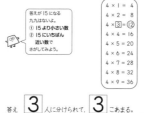

解答

児童に実施させる前に，必ず指導される方が問題を解いてください。本書の解答は，あくまでも１つの例です。指導される方の作られた解答をもとに，本書の解答例を参考に児童の多様な考えに寄り添って○つけをお願いします。

P.38

あまりのあるわり算 (5)

名前

● あまりの大きさに気をつけて答えをもとめましょう。

① ドーナツが 10 こあります。
4 人で同じ数ずつ分けます。
1 人分は何こになって，何こあまりますか。

全部《ぜんぶ》の数　いくつ分　1 つ分の数

式《しき》 10 ÷ 4 = 2 あまり 2

4 × 1 = 4
4 × 2 = 8
4 × 3 = 12
⋮

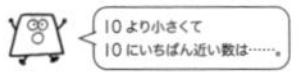
10 より小さくて
10 にいちばん近い数は……。

答え　1 人分は 2 こになって，2 こあまる。

② えんぴつが 23 本あります。
6 人で同じ数ずつ分けます。
1 人分は何本になって，何本あまりますか。

全部の数　いくつ分　1 つ分の数

式 23 ÷ 6 = 3 あまり 5

6 × 1 = 6
6 × 2 = 12
6 × 3 = 18
6 × 4 = 24
⋮

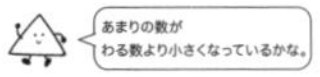
あまりの数が
わる数より小さくなっているかな。

答え　1 人分は 3 本になって，5 本あまる。

38

あまりのあるわり算 (6)

名前

● あまりの大きさに気をつけて答えをもとめましょう。

① ケーキが 15 こあります。
2 つの箱《はこ》に同じ数ずつ分けます。
1 箱分は何こになって，何こあまりますか。

全部《ぜんぶ》の数　いくつ分　1 つ分の数

式《しき》 15 ÷ 2 = 7 あまり 1

2 × 1 = 2
2 × 2 = 4
2 × 3 = 6
2 × 4 = 8
2 × 5 = 10
2 × 6 = 12
2 × 7 = 14
2 × 8 = 16
⋮

答え　1 箱分は 7 こになって，1 こあまる。

② 金魚が 32 ひきいます。
7 つの水そうに同じ数ずつ分けます。
1 つの水そうは何びきになって，何びきあまりますか。

全部の数　いくつ分　1 つ分の数

式 32 ÷ 7 = 4 あまり 4

7 × 1 = 7
7 × 2 = 14
7 × 3 = 21
7 × 4 = 28
7 × 5 = 35
⋮

答え　1 つの水そうは 4 ひきになって，4 ひきあまる。

P.39

あまりのあるわり算 (7)

名前

● □にあてはまる数を書きましょう。

① 11 ÷ 2 = 5 あまり 1
− 10 （2 × 5）
1

② 26 ÷ 3 = 8 あまり 2
− 24 （3 × 8）
2

③ 31 ÷ 4 = 7 あまり 3
− 28
3

④ 29 ÷ 5 = 5 あまり 4
− 25
4

⑤ 40 ÷ 6 = 6 あまり 4
− 36
4

⑥ 52 ÷ 7 = 7 あまり 3
− 49
3

⑦ 35 ÷ 8 = 4 あまり 3
− 32
3

⑧ 26 ÷ 9 = 2 あまり 8
− 18
8

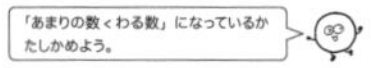
「あまりの数＜わる数」になっているか
たしかめよう。

39

あまりのあるわり算 (8)

○÷ 2，○÷ 3

名前

① 11 ÷ 2 = 5 あまり 1
② 9 ÷ 2 = 4 あまり 1
③ 17 ÷ 2 = 8 あまり 1
④ 7 ÷ 2 = 3 あまり 1
⑤ 13 ÷ 2 = 6 あまり 1
⑥ 15 ÷ 2 = 7 あまり 1
⑦ 7 ÷ 2 = 3 あまり 1
⑧ 11 ÷ 2 = 5 あまり 1
⑨ 3 ÷ 2 = 1 あまり 1
⑩ 5 ÷ 2 = 2 あまり 1

① 8 ÷ 3 = 2 あまり 2
② 20 ÷ 3 = 6 あまり 2
③ 7 ÷ 3 = 2 あまり 1
④ 13 ÷ 3 = 4 あまり 1
⑤ 19 ÷ 3 = 6 あまり 1
⑥ 16 ÷ 3 = 5 あまり 1
⑦ 17 ÷ 3 = 5 あまり 2
⑧ 22 ÷ 3 = 7 あまり 1
⑨ 11 ÷ 3 = 3 あまり 2
⑩ 5 ÷ 3 = 1 あまり 2

39

P.40

あまりのあるわり算 (9)

○÷ 4，○÷ 5

名前

① 11 ÷ 4 = 2 あまり 3
② 18 ÷ 4 = 4 あまり 2
③ 30 ÷ 4 = 7 あまり 2
④ 13 ÷ 4 = 3 あまり 1
⑤ 22 ÷ 4 = 5 あまり 2
⑥ 25 ÷ 4 = 6 あまり 1
⑦ 6 ÷ 4 = 1 あまり 2
⑧ 35 ÷ 4 = 8 あまり 3
⑨ 23 ÷ 4 = 5 あまり 3
⑩ 31 ÷ 4 = 7 あまり 3

① 23 ÷ 5 = 4 あまり 3
② 11 ÷ 5 = 2 あまり 1
③ 33 ÷ 5 = 6 あまり 3
④ 17 ÷ 5 = 3 あまり 2
⑤ 26 ÷ 5 = 5 あまり 1
⑥ 9 ÷ 5 = 1 あまり 4
⑦ 41 ÷ 5 = 8 あまり 1
⑧ 37 ÷ 5 = 7 あまり 2
⑨ 29 ÷ 5 = 5 あまり 4
⑩ 13 ÷ 5 = 2 あまり 3

あまりのあるわり算 (10)

○÷ 6，○÷ 7

名前

① 34 ÷ 6 = 5 あまり 4
② 21 ÷ 6 = 3 あまり 3
③ 49 ÷ 6 = 8 あまり 1
④ 31 ÷ 6 = 5 あまり 1
⑤ 45 ÷ 6 = 7 あまり 3
⑥ 14 ÷ 6 = 2 あまり 2
⑦ 38 ÷ 6 = 6 あまり 2
⑧ 52 ÷ 6 = 8 あまり 4
⑨ 28 ÷ 6 = 4 あまり 4
⑩ 41 ÷ 6 = 6 あまり 5

① 46 ÷ 7 = 6 あまり 4
② 33 ÷ 7 = 4 あまり 5
③ 61 ÷ 7 = 8 あまり 5
④ 39 ÷ 7 = 5 あまり 4
⑤ 17 ÷ 7 = 2 あまり 3
⑥ 57 ÷ 7 = 8 あまり 1
⑦ 27 ÷ 7 = 3 あまり 6
⑧ 44 ÷ 7 = 6 あまり 2
⑨ 52 ÷ 7 = 7 あまり 3
⑩ 36 ÷ 7 = 5 あまり 1

40

P.41

あまりのあるわり算 (11)

○÷ 8，○÷ 9

名前

① 46 ÷ 8 = 5 あまり 6
② 58 ÷ 8 = 7 あまり 2
③ 20 ÷ 8 = 2 あまり 4
④ 67 ÷ 8 = 8 あまり 3
⑤ 41 ÷ 8 = 5 あまり 1
⑥ 52 ÷ 8 = 6 あまり 4
⑦ 71 ÷ 8 = 8 あまり 7
⑧ 37 ÷ 8 = 4 あまり 5
⑨ 60 ÷ 8 = 7 あまり 4
⑩ 14 ÷ 8 = 1 あまり 6

① 78 ÷ 9 = 8 あまり 6
② 24 ÷ 9 = 2 あまり 6
③ 66 ÷ 9 = 7 あまり 3
④ 52 ÷ 9 = 5 あまり 7
⑤ 38 ÷ 9 = 4 あまり 2
⑥ 74 ÷ 9 = 8 あまり 2
⑦ 31 ÷ 9 = 3 あまり 4
⑧ 17 ÷ 9 = 1 あまり 8
⑨ 59 ÷ 9 = 6 あまり 5
⑩ 44 ÷ 9 = 4 あまり 8

あまりのあるわり算 (12)

○÷ 2 ～ ○÷ 5

名前

① 24 ÷ 5 = 4 あまり 4
② 20 ÷ 3 = 6 あまり 2
③ 7 ÷ 4 = 1 あまり 3
④ 5 ÷ 2 = 2 あまり 1
⑤ 26 ÷ 3 = 8 あまり 2
⑥ 8 ÷ 5 = 1 あまり 3
⑦ 13 ÷ 3 = 4 あまり 1
⑧ 33 ÷ 4 = 8 あまり 1
⑨ 27 ÷ 4 = 6 あまり 3
⑩ 19 ÷ 5 = 3 あまり 4
⑪ 25 ÷ 3 = 8 あまり 1
⑫ 15 ÷ 4 = 3 あまり 3
⑬ 23 ÷ 3 = 7 あまり 2
⑭ 17 ÷ 2 = 8 あまり 1
⑮ 36 ÷ 5 = 7 あまり 1
⑯ 10 ÷ 4 = 2 あまり 2
⑰ 26 ÷ 4 = 6 あまり 2
⑱ 32 ÷ 5 = 6 あまり 2
⑲ 43 ÷ 5 = 8 あまり 3
⑳ 9 ÷ 2 = 4 あまり 1

あまりの数が大きい方をとおってゴールしましょう。とおった方の答えを下の□に書きましょう。

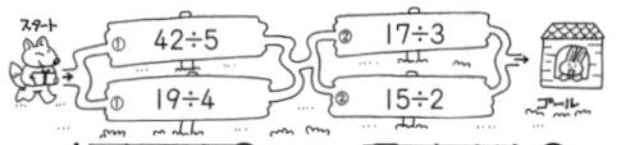
スタート
① 42÷5
① 19÷4
② 17÷3
② 15÷2
ゴール

① 4 あまり 3　② 5 あまり 2

41

P.42

あまりのあるわり算 (13)
○÷6～○÷9

名前

① 30 ÷ 8 = 3 あまり 6　② 62 ÷ 7 = 8 あまり 6
③ 25 ÷ 8 = 3 あまり 1　④ 65 ÷ 9 = 7 あまり 2
⑤ 41 ÷ 9 = 4 あまり 5　⑥ 47 ÷ 7 = 6 あまり 5
⑦ 43 ÷ 8 = 5 あまり 3　⑧ 25 ÷ 7 = 3 あまり 4
⑨ 55 ÷ 8 = 6 あまり 7　⑩ 30 ÷ 7 = 4 あまり 2
⑪ 39 ÷ 6 = 6 あまり 3　⑫ 26 ÷ 6 = 4 あまり 2
⑬ 43 ÷ 6 = 7 あまり 1　⑭ 15 ÷ 6 = 2 あまり 3
⑮ 38 ÷ 7 = 5 あまり 3　⑯ 47 ÷ 6 = 7 あまり 5
⑰ 69 ÷ 9 = 7 あまり 6　⑱ 66 ÷ 8 = 8 あまり 2
⑲ 34 ÷ 9 = 3 あまり 7　⑳ 76 ÷ 9 = 8 あまり 4

あまりの数が大きい方をとおってゴールしましょう。とおった方の答えを下の □ に書きましょう。

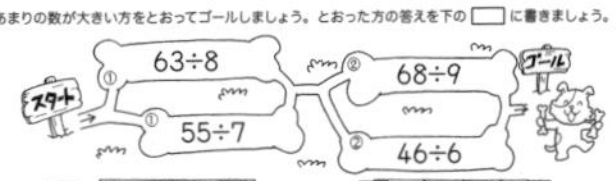
スタート
① 63÷8
① 55÷7
② 68÷9
② 46÷6
ゴール

7 ① あまり 7　② 7 あまり 5

42

あまりのあるわり算 (14)

名前

① 37 ÷ 6 = 6 あまり 1　② 20 ÷ 7 = 2 あまり 6
③ 29 ÷ 4 = 7 あまり 1　④ 28 ÷ 5 = 5 あまり 3
⑤ 12 ÷ 5 = 2 あまり 2　⑥ 17 ÷ 6 = 2 あまり 5
⑦ 39 ÷ 8 = 4 あまり 7　⑧ 42 ÷ 9 = 4 あまり 6
⑨ 40 ÷ 6 = 6 あまり 4　⑩ 29 ÷ 7 = 4 あまり 1
⑪ 54 ÷ 7 = 7 あまり 5　⑫ 39 ÷ 5 = 7 あまり 4
⑬ 53 ÷ 9 = 5 あまり 8　⑭ 44 ÷ 8 = 5 あまり 4
⑮ 77 ÷ 9 = 8 あまり 5　⑯ 23 ÷ 6 = 3 あまり 5
⑰ 34 ÷ 4 = 8 あまり 2　⑱ 32 ÷ 7 = 4 あまり 4
⑲ 22 ÷ 9 = 2 あまり 4　⑳ 54 ÷ 8 = 6 あまり 6
㉑ 45 ÷ 7 = 6 あまり 3　㉒ 59 ÷ 8 = 7 あまり 3
㉓ 31 ÷ 5 = 6 あまり 1　㉔ 53 ÷ 6 = 8 あまり 5
㉕ 61 ÷ 9 = 6 あまり 7　㉖ 22 ÷ 8 = 2 あまり 6
㉗ 51 ÷ 6 = 8 あまり 3　㉘ 19 ÷ 3 = 6 あまり 1
㉙ 20 ÷ 6 = 3 あまり 2　㉚ 26 ÷ 8 = 3 あまり 2
㉛ 69 ÷ 8 = 8 あまり 5　㉜ 48 ÷ 9 = 5 あまり 3
㉝ 58 ÷ 7 = 8 あまり 2　㉞ 15 ÷ 2 = 7 あまり 1
㉟ 23 ÷ 3 = 7 あまり 2

□ 問 ／35 問

P.43

あまりのあるわり算 (15)

名前

● 次《つぎ》の計算の答えをたしかめましょう。

① 35 ÷ 4 = 8 あまり 3
4 × 8 + 3 = 35

② 51 ÷ 8 = 6 あまり 3
8 × 6 + 3 = 51

③ 62 ÷ 9 = 6 あまり 8
9 × 6 + 8 = 62

④ 35 ÷ 6 = 5 あまり 5
6 × 5 + 5 = 35

⑤ 60 ÷ 7 = 8 あまり 4
7 × 8 + 4 = 60

あまりの数が大きい方をとおってゴールしましょう。とおった方の答えを下の □ に書きましょう。

スタート
① 29÷8
① 22÷6
② 40÷7
② 51÷9
③ 18÷5
③ 50÷6
ゴール

① 3 あまり 5　② 5 あまり 6　③ 3 あまり 3

43

あまりのあるわり算 (16)

名前

1 くりが 45 こあります。
1 人に 7 こずつ配《くば》ります。
何人に配れて，何こあまりますか。

式《しき》 45÷7=6 あまり 3

答え 6 人に配れて，3 こあまる。

2 たまごが 38 こあります。
6 つの箱《はこ》に同じ数ずつつめていきます。
1 箱何こずつになって，何こあまりますか。

式 38÷6=6 あまり 2

答え 1 箱 6 こずつで，2 こあまる。

3 リボンが 67cm あります。
8cm ずつ切ると，8cm のリボンは何本できて，何 cm あまりますか。

式 67÷8=8 あまり 3

答え 8 本できて，3cm あまる。

P.44

あまりのあるわり算 (17)

名前

1 クッキーが 15 まいあります。
1 ふくろに 6 まいずつ入れます。
全部《ぜんぶ》のクッキーを入れるには，ふくろが何まいいりますか。

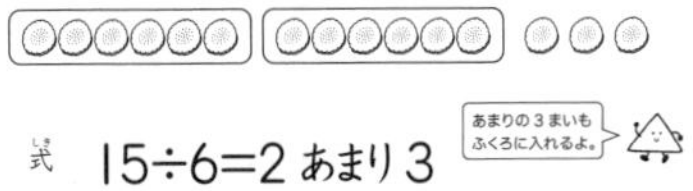
あまりの 3 まいも
ふくろに入れるよ。

式《しき》 15÷6=2 あまり 3
2+1=3

答え 3 まい

2 子どもが 74 人います。車に 9 人ずつ乗《の》っていきます。
みんなが乗るには，車は何台いりますか。

式 74÷9=8 あまり 2
8+1=9

答え 9 台

3 43 問の計算問題《もんだい》を，1 日に 5 問ずつやります。
全部の問題を終《お》わるのに何日かかりますか。

式 43÷5=8 あまり 3
8+1=9

答え 9 日

44

あまりのあるわり算 (18)

名前

1 クッキーが 22 まいあります。1 ふくろに 6 まいずつ入れます。
6 まい入りのクッキーが何ふくろできますか。

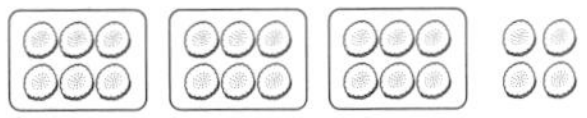

式《しき》 22÷6=3 あまり 4

答え 3 ふくろ

2 1 本のびんにジュースを 8dL ずつ入れます。
58dL のジュースでは，8dL 入りのジュースが何本できますか。

式 58÷8=7 あまり 2

答え 7 本

3 1 このケーキにいちごを 7 こずつかざります。
いちごは 52 こあります。ケーキは何こ作れますか。

式 52÷7=7 あまり 3

答え 7 こ

P.45

あまりのあるわり算 (19)
筆算で計算

名前

● 筆算《ひっさん》で計算してみましょう。

① 15 ÷ 4

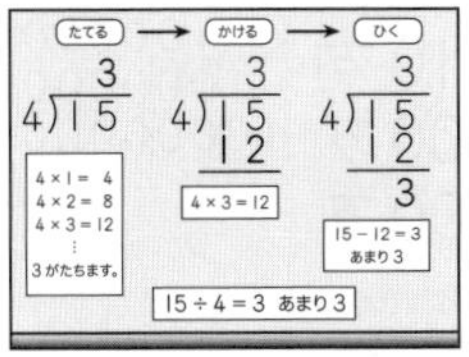
たてる → かける → ひく
4)15 3
4×1= 4
4×2= 8
4×3=12
⋮
3 がたちます。
4)15 3 12
4×3=12
4)15 3 12 3
15－12=3
あまり 3
15÷4=3 あまり 3

　　3
4)15
　12
　　3

やってみよう！

② 19 ÷ 7

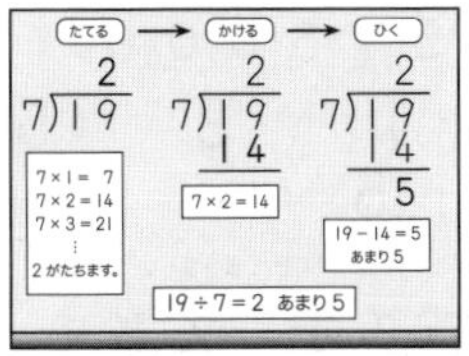
たてる → かける → ひく
7)19 2
7×1= 7
7×2=14
7×3=21
⋮
2 がたちます。
7)19 2 14
7×2=14
7)19 2 14 5
19－14=5
あまり 5
19÷7=2 あまり 5

　　2
7)19
　14
　　5

45

あまりのあるわり算 (20)
筆算で計算

名前

① 26 ÷ 3
　　8
3)26
　24
　　2

② 38 ÷ 5
　　7
5)38
　35
　　3

③ 49 ÷ 6
　　8
6)49
　48
　　1

④ 32 ÷ 7
　　4
7)32
　28
　　4

⑤ 51 ÷ 8
　　6
8)51
　48
　　3

⑥ 70 ÷ 9
　　7
9)70
　63
　　7

⑦ 35 ÷ 4
　　8
4)35
　32
　　3

⑧ 22 ÷ 6
　　3
6)22
　18
　　4

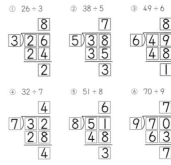

解答

児童に実施させる前に，必ず指導される方が問題を解いてください。本書の解答は，あくまでも１つの例です。指導される方の作られた解答をもとに，本書の解答例を参考に児童の多様な考えに寄り添って○つけをお願いします。

P.46

ふりかえりテスト　あまりのあるわり算　名前

1 計算をしましょう（3×20）

① 16 ÷ 6 = 2 あまり 4　② 10 ÷ 6 = 1 あまり 4　③ 68 ÷ 8 = 8 あまり 4
④ 28 ÷ 8 = 3 あまり 4　⑤ 31 ÷ 7 = 4 あまり 3　⑥ 23 ÷ 4 = 5 あまり 3
⑦ 41 ÷ 7 = 5 あまり 6　⑧ 62 ÷ 9 = 6 あまり 8　⑨ 43 ÷ 9 = 4 あまり 7
⑩ 70 ÷ 9 = 7 あまり 7　⑪ 17 ÷ 4 = 4 あまり 1　⑫ 27 ÷ 5 = 5 あまり 2
⑬ 26 ÷ 3 = 8 あまり 2　⑭ 35 ÷ 8 = 4 あまり 3　⑮ 34 ÷ 7 = 4 あまり 6
⑯ 27 ÷ 6 = 4 あまり 3　⑰ 11 ÷ 2 = 5 あまり 1　⑱ 53 ÷ 8 = 6 あまり 5
⑲ 62 ÷ 8 = 7 あまり 6　⑳ 22 ÷ 3 = 7 あまり 1

2 あめが 27 こあります。

① 4 人で同じ数ずつ分けると，1 人分は何こになって，何こあまりますか。(10)

式　27÷4=6 あまり 3

答え　1 人分は 6 こで，3 こあまる。

② 1 つのふくろに 6 こずつ入れると，何ふくろできて，何こあまりますか。(10)

式　27÷6=4 あまり 3

答え　4 ふくろできて，3 こあまる。

3 おもちゃの車 1 台を作るのにタイヤを 4 こ使います。タイヤは 26 こあります。車は何台作れますか。(10)

式　26÷4=6 あまり 2

答え　6 台

4 75 ページの本を，1 日に 8 ページずつ読みます。全部読み終《お》わるのに何日かかりますか。(10)

式　75÷8=9 あまり 3
9+1=10

答え　10 日

46

P.47

10000 より大きい数 (1)　名前

1 □の中に数字を入れましょう。

① 1 が 10 集《あつ》まると　10
② 10 が 10 集まると　100
③ 100 が 10 集まると　1000
④ 1000 が 10 集まると　10000

2 紙は全部《ぜんぶ》で何まいですか。

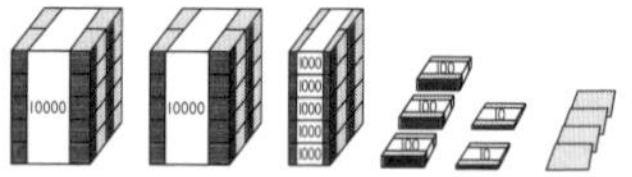

① 1 万のたばはいくつありますか。　2 たば

② 右の表《ひょう》に紙のまい数を表《あらわ》しましょう。

一万の位《くらい》	千の位	百の位	十の位	一の位
2	5	3	2	4

まい

③ 紙のまい数の読み方を，かん字で書きましょう。

二万五千三百二十四

10000 より大きい数 (2)　名前

● 次《つぎ》の数を□に書きましょう。

①

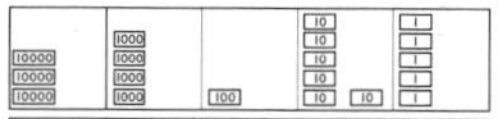

一万の位《くらい》	千の位	百の位	十の位	一の位
3	4	1	6	5

10000，1000，100，10，1 が それぞれ いくつあるかな。

②

一万の位	千の位	百の位	十の位	一の位
6	0	0	2	3

③

一万の位	千の位	百の位	十の位	一の位
2	9	0	5	0

④

一万の位	千の位	百の位	十の位	一の位
5	8	0	0	0

47

P.48

10000 より大きい数 (3)　名前

1 次《つぎ》の数を右の表《ひょう》に数字で書きましょう。

① 七万九千六百十八
② 八万四千二十六
③ 四万五十
④ 一万を 6 こ，千を 2 こ，百を 7 こ，一を 7 こあわせた数
⑤ 一万を 8 こと十を 3 こあわせた数

	一万の位《くらい》	千の位	百の位	十の位	一の位
①	7	9	6	1	8
②	8	4	0	2	6
③	4	0	0	5	0
④	6	2	7	0	7
⑤	8	0	0	3	0

2 次の□にあてはまる数を書きましょう。

① 54038 は，一万を 5 こ，千を 4 こ，十を 3 こ，一を 8 こあわせた数です。

一万	千	百	十	一
5	4	0	3	8

表に数を入れて考えよう。

② 60907 は，一万を 6 こ，百を 9 こ，一を 7 こあわせた数です。

一万	千	百	十	一
6	0	9	0	7

10000 より大きい数 (4)　名前

1 次《つぎ》の□にあてはまる数を書きましょう。

1000 が　10 こで　1 万
1 万が　10 こで　10 万
10 万が　10 こで　100 万
100 万が　10 こで　1000 万

			1	0	0	0	0
		1	0	0	0	0	0
	1	0	0	0	0	0	0
1	0	0	0	0	0	0	0

10 集まる
10 集まる
10 集まる

2 東京都の人口は，13515000 人です。
この数について調《しら》べましょう。

① 位《くらい》に気をつけて，東京都の人口を下の表に入れましょう。

千	百	十	一	千	百	十	一
			万				
1	3	5	1	5	0	0	0

② この数は，千万を 1 こ，百万を 3 こ，十万を 5 こ，一万を 1 こ，千を 5 こあわせた数です。

③ 13515000 の読み方を，かん字で書きましょう。

千三百五十一万五千 人

48

P.49

10000 より大きい数 (5)　名前

1 次《つぎ》の数を右の表《ひょう》に数字で書きましょう。

① 800 万
② 三千百二十万六百
③ 千万を 6 こ，百万を 3 こ，十万を 4 こ，一万を 7 こあわせた数
④ 千万を 9 こ，一万を 5 こあわせた数
⑤ 百万を 7 こ，一万を 4 こ，百を 2 こあわせた数

	千万	百万	十万	一万	千	百	十	一
①		8	0	0	0	0	0	0
②	3	1	2	0	0	6	0	0
③	6	3	4	7	0	0	0	0
④	9	0	0	5	0	0	0	0
⑤		7	0	4	0	2	0	0

2 次の□にあてはまる数を書きましょう。

① 58360000 は，千万を 5 こ，百万を 8 こ，十万を 3 こ，一万を 6 こあわせた数です。

千万	百万	十万	一万	千	百	十	一
5	8	3	6	0	0	0	0

② 40507000 は，千万を 4 こ，十万を 5 こ，千を 7 こあわせた数です。

千万	百万	十万	一万	千	百	十	一
4	0	5	0	7	0	0	0

10000 より大きい数 (6)　名前

1 1000 を 23 こ集《あつ》めた数はいくつですか。

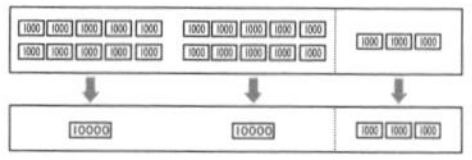

一万	千	百	十	一
	1	0	0	0
2	3	0	0	0

23000

2 □にあてはまる数を書きましょう。

① 1000 を 37 こ集めた数　37000

② 1000 を 45 こ集めた数　45000

一万	千	百	十	一
	1	0	0	0
3	7	0	0	0
4	5	0	0	0

3 32000 は，1000 を何こ集めた数ですか。

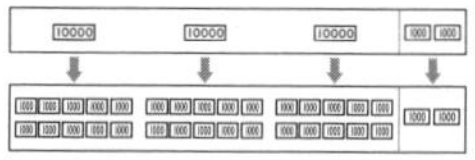

一万	千	百	十	一
3	2	0	0	0
	1	0	0	0

32 こ

4 □にあてはまる数を書きましょう。

① 63000 は，1000 を 63 こ集めた数です。

② 180000 は，1000 を 180 こ集めた数です。

十万	一万	千	百	十	一
	6	3	0	0	0
1	8	0	0	0	0
		1	0	0	0

49

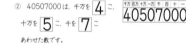

P.50

10000 より大きい数 (7)　名前

1 □にあてはまる数を書きましょう。

① 570 万 — 580 万 — 590万 — 600万 — 610 万

② 600万 — 700 万 — 800 万 — 900万 — 1000万

2 下の数直線で１めもりの数と，㋐～㋘にあてはまる数を書きましょう。

① １めもり 1万　（260 万　270 万　280 万　290 万　310 万）
㋐ 273万　㋑ 288万　㋒ 300万

② １めもり 10万　（500 万　600 万　700 万　800 万　900 万）
㋓ 550万　㋔ 820万　㋕ 1000万

③ １めもり 100万　（0　1000 万　2000 万　3000 万　5000 万）
㋖ 600万　㋗ 2500万　㋘ 4000万

10000 より大きい数 (8)　名前

1 下の数直線について答えましょう。

① □にあてはまる数を書きましょう。
（0　1000 万）
3000万　5000万　8000万　1億

② 1000 万を 10 こ集《あつ》めた数を数字で書きましょう。

	1	0	0	0	0	0	0	0
1	0	0	0	0	0	0	0	0

（10こ集めた数）

2 □にあてはまる不等号《ふとうごう》（>，<）を書きましょう。

① 54200 ＞ 53800
② 267300 ＜ 267400
③ 1240000 ＞ 199000
④ 7059100 ＞ 7050800
⑤ 1 億 ＞ 9999 万

千万	百万	十万	一万	千	百	十	一
			5	4	2	0	0
			5	3	8	0	0
		2	6	7	3	0	0
		2	6	7	4	0	0
	1	2	4	0	0	0	0
		1	9	9	0	0	0
7	0	5	9	1	0	0	
7	0	5	0	8	0	0	

50

P.51

10000 より大きい数 (9)　名前

1 27 を 10 倍《ばい》した数はいくつですか。

27 × 10 = 270

百	十	一
	2	7
2	7	0

（10 倍）

2 27 を 100 倍，1000 倍した数はいくつですか。

① 27 × 100
= 2700

② 27 × 1000
= 27000

	一万	千	百	十	一
				2	7
10 倍			2	7	0
100 倍		2	7	0	0
1000 倍	2	7	0	0	0

（10 倍　10 倍　10 倍）

3 270 を 10 でわった数はいくつですか。

270 ÷ 10 = 27

百	十	一
2	7	0
	2	7

（10 でわる）

4 580 を 10 倍，100 倍，1000 倍した数はいくつですか。
また，10 でわった数はいくつですか。

10 倍 5800　100 倍 58000
1000 倍 580000　10 でわる 58

10 倍すると位が 1 つ上がり，
10 でわると位が 1 つ下がるね。

10000 より大きい数 (10)　名前

1 右の表《ひょう》は，せんたくきと電子レンジのねだんです。
次《つぎ》の問《と》いに答えましょう。

せんたくき	87000 円
電子レンジ	25000 円

① 2 つのねだんをあわせると，いくらになりますか。
式《しき》 87000+25000=112000
112000 円

$+25000$
112000
と考えて計算してもいいね。

② ねだんのちがいはいくらですか。
式 87000−25000=62000
62000 円

2 次の計算をしましょう。

① 56000 + 9000 = 65000
② 80000 − 30000 = 50000
③ 7 万 + 6 万 = 13 万
④ 52 万 + 18 万 = 70 万
⑤ 10 万 − 5 万 = 5 万
⑥ 34 万 − 27 万 = 7 万

51

P.52

ふりかえりテスト　10000 より大きい数　名前

1 次《つぎ》の数を□に書きましょう。(5)

一万の位《くらい》	千の位	百の位	十の位	一の位
10000 10000 10000 10000	1000 1000		10 10 10	
4	2	0	3	0

2 □にあてはまる数を書きましょう。(5×5)

① 千万を 8 こ，百万を 4 こ，
一万を 7 こあわせた数は
8407000 0 です。

② 30506000 は，千万を 3 こ，
十万を 5 こ，千を 6 こあわせた数です。

③ 1000 万を 10 こ集《あつ》めた数は，
1 億 です。

④ 1000 を 74 こ集めた数は，
74000 です。

⑤ 42000 は，1000 を 42 こ
集めた数です。

3 下の数直線で㋐～㋒にあてはまる数を書きましょう。(5×3)

（7000 万　8000 万　9000 万）
㋐ 7100 万　㋑ 8500 万　㋒ 1 億

4 □にあてはまる不等号《ふとうごう》を書きましょう。(5×3)

① 83020 ＞ 83008
② 134050 ＜ 134100
③ 230000 ＜ 2290000

5 410 を 10 倍，100 倍，1000 倍した数を書きましょう。
また，10 でわった数を書きましょう。(5×4)

10 倍 4100　100 倍 41000
1000 倍 410000　10 でわる 41

6 計算をしましょう。(5×4)

① 17000 + 5000 = 22000
② 62 万 + 38 万 = 100 万
③ 45000 − 5000 = 40000
④ 100 万 − 55 万 = 45 万

52

P.53

かけ算の筆算 ① (1)　名前
何十，何百のかけ算・2けた×1けた

1 計算をしましょう。

① 20 × 3 = 60　② 40 × 2 = 80
③ 60 × 4 = 240　④ 80 × 9 = 720
⑤ 300 × 3 = 900　⑥ 100 × 8 = 800
⑦ 500 × 7 = 3500　⑧ 700 × 6 = 4200

2 23 × 2 をじゅんに筆算《ひっさん》でしましょう。

$$\begin{array}{r} 23 \\ \times\ \ 2 \\ \hline \end{array} \Rightarrow \begin{array}{r} 23 \\ \times\ \ 2 \\ \hline 6 \end{array} \Rightarrow \begin{array}{r} 23 \\ \times\ \ 2 \\ \hline 46 \end{array}$$

❶ 位《くらい》をたてにそろえて書く。　❷ 一の位は「二三が 6」　❸ 十の位は「二二が 4」

同じようにやってみよう！

$$\begin{array}{r} 23 \\ \times\ \ 2 \\ \hline 46 \end{array}$$

かけ算の筆算 ① (2)　名前
2けた×1けた（くり上がりなし）

1

① $\begin{array}{r} 32 \\ \times\ \ 3 \\ \hline 96 \end{array}$　② $\begin{array}{r} 23 \\ \times\ \ 3 \\ \hline 69 \end{array}$　③ $\begin{array}{r} 22 \\ \times\ \ 4 \\ \hline 88 \end{array}$

④ $\begin{array}{r} 30 \\ \times\ \ 2 \\ \hline 60 \end{array}$　⑤ $\begin{array}{r} 13 \\ \times\ \ 2 \\ \hline 26 \end{array}$

2

① 33 × 3　99
② 42 × 2　84
③ 20 × 4　80
④ 24 × 2　48
⑤ 11 × 7　77

53

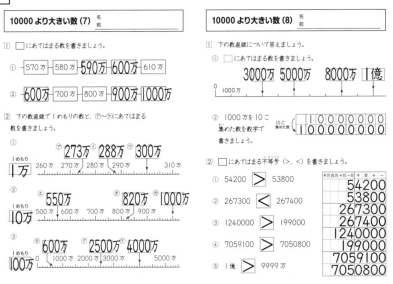

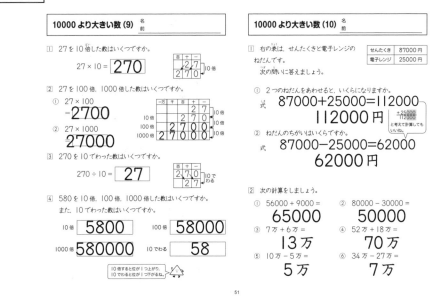

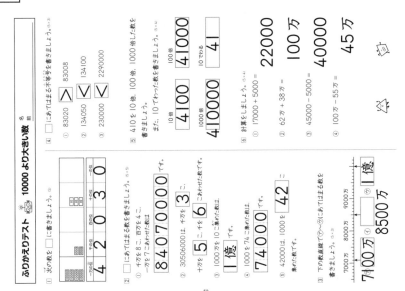

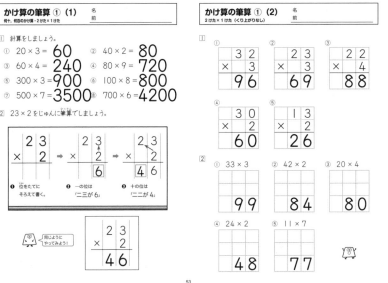

解答

児童に実施させる前に，必ず指導される方が問題を解いてください。本書の解答は，あくまでも１つの例です。指導される方の作られた解答をもとに，本書の解答例を参考に児童の多様な考えに寄り添って○つけをお願いします。

P.54

かけ算の筆算 ① (3)
2けた×1けた（くり上がり1回／十の位へ）　名前

1
① 24 × 3　72（❶ 一の位《くらい》は「三四 12」十の位に 1 くり上げる。　❷ 十の位は「三二が 6」6 に くり上げた 1 をたす。）
② 19 × 3　57
③ 37 × 2　74
④ 46 × 2　92
⑤ 24 × 4　96

2
① 39 × 2　78
② 16 × 6　96
③ 12 × 8　96
④ 45 × 2　90
⑤ 28 × 3　84

かけ算の筆算 ① (4)
2けた×1けた（くり上がり1回／百の位へ）　名前

1
① 62 × 3　186（❶ 一の位《くらい》は「三二が 6」　❷ 十の位は「三六 18」百の位に 1 くり上げる。）
② 32 × 4　128
③ 51 × 7　357
④ 60 × 8　480
⑤ 73 × 2　146

2
① 43 × 3　129
② 84 × 2　168
③ 52 × 2　104
④ 80 × 7　560
⑤ 71 × 6　426

P.55

かけ算の筆算 ① (5)
2けた×1けた（くり上がり2回）　名前

1
① 45 × 3　135（❶ 一の位《くらい》は「三五 15」十の位に 1 くり上げる。　❷ 十の位は「三四 12」2 に くり上げた 1 をたす。百の位に 1 くり上げる。）
② 23 × 7　161
③ 46 × 5　230
④ 37 × 4　148
⑤ 62 × 6　372

2
① 28 × 6　168
② 58 × 3　174
③ 74 × 5　370
④ 49 × 4　196
⑤ 65 × 7　455

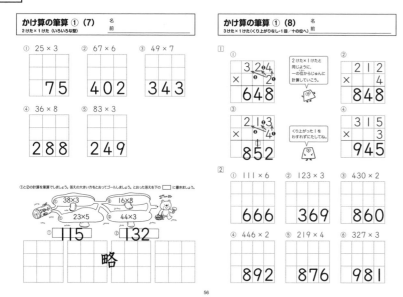

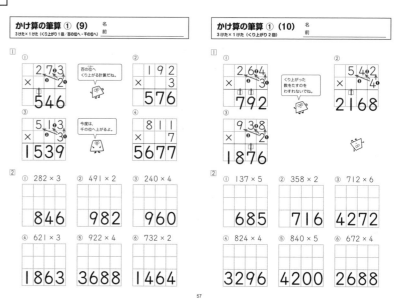

かけ算の筆算 ① (6)
2けた×1けた（たし算でもくり上がる）　名前

1
① 24 × 9　216（❶ 一の位《くらい》は「九四 36」十の位に 3 くり上げる。　❷ 十の位は「九二 18」8 に くり上げた 3 をたす。18 + 3 = 21　百の位に 2 くり上げる。）
② 17 × 6　102
③ 45 × 7　315
④ 79 × 4　316
⑤ 29 × 8　232

2
① 28 × 4　112
② 35 × 3　105
③ 56 × 9　504
④ 65 × 8　520
⑤ 37 × 6　222

P.56

かけ算の筆算 ① (7)
2けた×1けた（いろいろな型）　名前

① 25 × 3　75
② 67 × 6　402
③ 49 × 7　343
④ 36 × 8　288
⑤ 83 × 3　249

①と②の計算を筆算でしましょう。答えの大きい方をとおってゴールしましょう。とおった答えを下の □ に書きましょう。

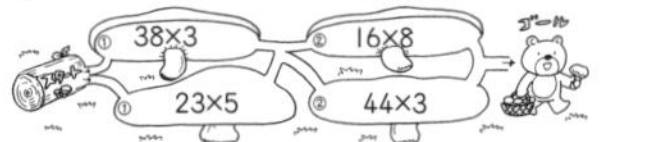

① 115　② 132

略

かけ算の筆算 ① (8)
3けた×1けた（くり上がりなし・1回／十の位へ）　名前

1
① 324 × 2　648（2けた×1けたと同じように，一の位《くらい》からじゅんに計算していこう。）
② 212 × 4　848
③ 213 × 4　852（くり上がった 1 をわすれずにたしてね。）
④ 315 × 3　945

2
① 111 × 6　666
② 123 × 3　369
③ 430 × 2　860
④ 446 × 2　892
⑤ 219 × 4　876
⑥ 327 × 3　981

P.57

かけ算の筆算 ① (9)
3けた×1けた（くり上がり1回／百の位へ・千の位へ）　名前

1
① 273 × 2　546（百の位《くらい》へくり上がる計算だね。）
② 192 × 3　576
③ 513 × 3　1539（今度は，千の位へ上がるよ。）
④ 811 × 7　5677

2
① 282 × 3　846
② 491 × 2　982
③ 240 × 4　960
④ 621 × 3　1863
⑤ 922 × 4　3688
⑥ 732 × 2　1464

かけ算の筆算 ① (10)
3けた×1けた（くり上がり2回）　名前

1
① 264 × 3　792（くり上がった数をたすのをわすれないでね。）
② 542 × 4　2168
③ 938 × 2　1876

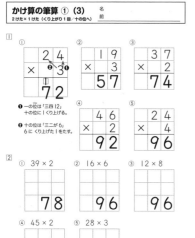

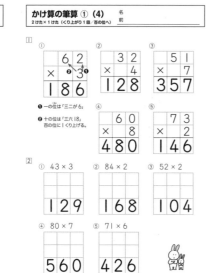

2
① 137 × 5　685
② 358 × 2　716
③ 712 × 6　4272
④ 824 × 4　3296
⑤ 840 × 5　4200
⑥ 672 × 4　2688

P.58

かけ算の筆算 ①（11）
3けた×１けた（十の位が０・くり上がり３回）　名前

1
① 304 × 8 = 2432
（十の位《くらい》が0なので，一の位からのくり上がりに気をつけて。）
② 507 × 6 = 3042
③ 875 × 3 = 2625
（十の位，百の位，千の位すべてくり上がるね。）
④ 744 × 7 = 5208

2
① 405 × 7　2835
② 204 × 5　1020
③ 602 × 4　2408
④ 534 × 6　3204
⑤ 383 × 5　1915
⑥ 662 × 8　5296

かけ算の筆算 ①（12）
3けた×１けた（くり上がり３回）　名前

① 645 × 7　4515
② 736 × 4　2944
③ 859 × 2　1718
④ 692 × 5　3460
⑤ 264 × 8　2112

①と②の計算を筆算でしましょう。答えの大きい方をとおってゴールしましょう。とおった答えを下の □ に書きましょう。

① 2070　② 2492

略

P.59

かけ算の筆算 ①（13）
3けた×１けた（いろいろな型）　名前

① 703 × 8　5624
② 162 × 4　648
③ 288 × 9　2592
④ 474 × 7　3318
⑤ 312 × 3　936
⑥ 411 × 6　2466
⑦ 556 × 8　4448
⑧ 143 × 7　1001
⑨ 976 × 5　4880
⑩ 618 × 4　2472

かけ算の筆算 ①（14）
3けた×１けた（いろいろな型）　名前

① 238 × 2　476
② 691 × 6　4146
③ 758 × 3　2274
④ 806 × 4　3224
⑤ 469 × 8　3752

①と②の計算を筆算でしましょう。答えの大きい方をとおってゴールしましょう。とおった答えを下の □ に書きましょう。

① 4160　② 980

略

P.60

かけ算の筆算 ①（15）　名前

1 １箱《はこ》に27まいのクッキーが入っています。
８箱では，クッキーは全部《ぜんぶ》で何まいありますか。

式《しき》 27×8=216

答え 216まい

2 350mLのジュースが５本あります。
全部で何mLありますか。

式 350×5=1750

答え 1750mL

3 １台のバスに53人乗《の》ることができます。
４台では，あわせて何人乗ることができますか。

式 53×4=212

答え 212人

かけ算の筆算 ①（16）　名前

1 ペンを７本買います。
ペンは１本88円です。
代金《だいきん》は，全部《ぜんぶ》でいくらになりますか。

式《しき》 88×7=616

答え 616円

2 １ふくろに256このクリップが入っています。
４ふくろでは，クリップは全部で何こありますか。

式 256×4=1024

答え 1024こ

3 植物園《しょくぶつえん》の入園料《にゅうえんりょう》は１人375円です。
６人分ではいくらになりますか。

式 375×6=2250

答え 2250円

P.61

ふりかえりテスト　かけ算の筆算 ①　名前

1 次《つぎ》の計算をしましょう。(7×10)
① 34 × 2　68
② 27 × 3　81
③ 43 × 5　215
④ 77 × 8　616
⑤ 58 × 7　406
⑥ 324 × 4　1296
⑦ 165 × 3　495
⑧ 815 × 4　3260
⑨ 704 × 9　6336
⑩ 486 × 6　2916

2 おり紙が５箱《はこ》あります。
１箱におり紙が57まいずつ入っています。
おり紙は全部《ぜんぶ》で何まいありますか。(10)

式《しき》 57×5=285

答え 285まい

3 池のまわりを１しゅう走ると182mです。
６しゅう走ると何mになりますか。(10)

式 182×6=1092

答え 1092m

4 １こ580円のショートケーキを７こ買いました。
代金《だいきん》は全部でいくらになりますか。(10)

式 580×7=4060

答え 4060円

解答

児童に実施させる前に，必ず指導される方が問題を解いてください。本書の解答は，あくまでも１つの例です。指導される方の作られた解答をもとに，本書の解答例を参考に児童の多様な考えに寄り添って○つけをお願いします。

P.62

円と球 (1)　名前

1 図を見て，( )にあてはまることばを □ からえらんで書きましょう。

直径
半径
中心
半径

① １つの点から長さが同じになるようにかいたまるい形を(円)といいます。

② 円の真《ま》ん中の点を円の(中心)といいます。

③ 円の真ん中から円のまわりまでひいた直線を(半径)といいます。

④ １つの円では，半径はみんな(同じ)長さです。

⑤ 真ん中の点を通って円のまわりからまわりまでひいた直線を(直径)といいます。

中心 ・ 円 ・ 同じ ・ 半径《はんけい》・ 直径

2 次《つぎ》の円の直径と半径の長さを書きましょう。

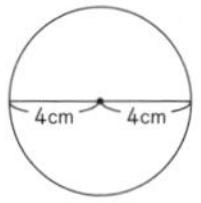

4cm
4cm

直径 (8) cm

半径 (4) cm

円と球 (2)　名前

1 下の図で，直径《ちょっけい》を表《あらわ》す線はア〜ウのどれですか。

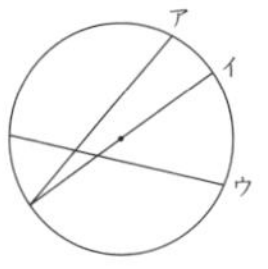

ア
イ
ウ

円の中心を通っている線はどれかな。

(イ)

2 次《つぎ》の円の直径と半径《はんけい》の長さをものさしを使《つか》って調べましょう。

①

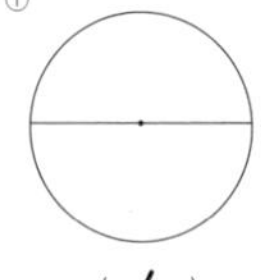

直径 (4) cm

半径 (2) cm

直径の長さは，半径の (2) ばいです。

②

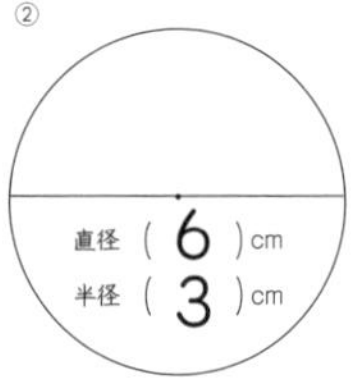

直径 (6) cm

半径 (3) cm

P.63

円と球 (3)　名前

● コンパスを使《つか》って円をかきましょう。

① 直径《ちょっけい》 8cm の円

略

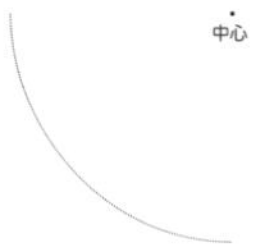

中心

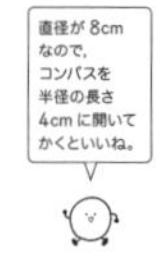

直径が 8cm なので，コンパスを半径の長さ 4cm に開いてかくといいね。

② 半径《はんけい》 3cm の円

略

円と球 (4)　名前

1 コンパスを使《つか》って，下の直線を 3cm ずつに区切《くぎ》りましょう。

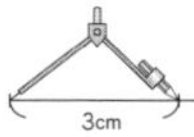

3cm

略

2 下の直線で，いちばん長いのはどれですか。
コンパスを使って調《しら》べましょう。

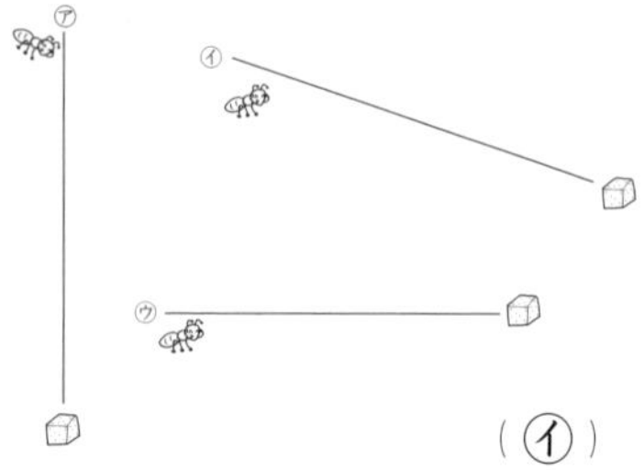

ア
イ
ウ

(イ)

P.64

円と球 (5)　名前

● コンパスを使《つか》って，左の図と同じもようをかきましょう。

①

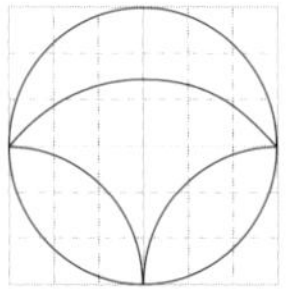

略

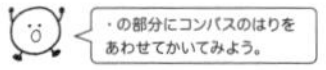

・の部分にコンパスのはりをあわせてかいてみよう。

②

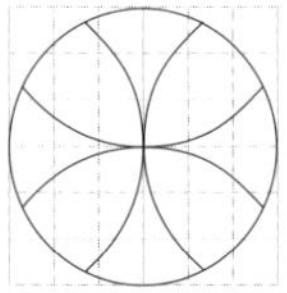

略

円と球 (6)　名前

1 下の図は，球《きゅう》を真《ま》ん中で半分に切ったところです。
ア〜ウにあてはまることばを □ からえらんで書きましょう。

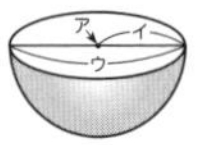

ア
イ
ウ

ア (中心)

イ (半径)

ウ (直径)

半径《はんけい》
直径《ちょっけい》
中心《ちゅうしん》

2 球を切って切り口を調《しら》べます。
あてはまることばに○をしましょう。

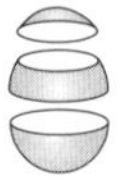

① 球のどこを切っても切り口の形は (正方形　円) になります。（円に○）

② 球を (半分　ななめ) に切ったとき，切り口の円はいちばん大きくなります。（半分に○）

3 箱《はこ》の中に，同じ大きさのボールが２こぴったり入っています。

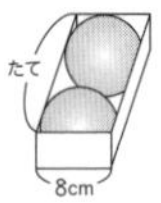

たて
8cm

① ボールの直径は何 cm ですか。

(8) cm

② 箱のたての長さは何 cm ですか。

(16) cm

P.65

ふりかえりテスト　円と球　名前

1 図のア，イ，ウにあてはまることばを，( )に書きましょう。(8×3)

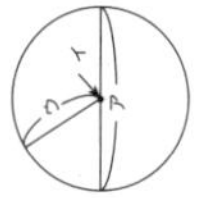

ア
イ
ウ

ア (直径)

イ (中心)

ウ (半径)

2 次《つぎ》の円の直径《ちょっけい》と半径《はんけい》の長さを書きましょう。(8×2)

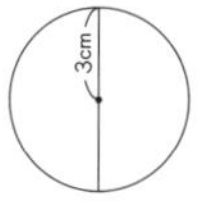

3cm

直径 (6) cm

半径 (3) cm

3 コンパスを使《つか》って，直径 6cm の円をかきましょう。(10)

略

4 ㋐と㋑の直線はどちらが長いですか。
コンパスを使って調《しら》べましょう。(8)

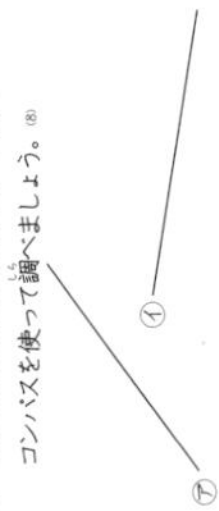

ア
イ

(㋑)

5 下の図は，球《きゅう》を真《ま》ん中で半分に切ったところです。

① ア，イ，ウにあてはまることばを，( )に書きましょう。(8×3)

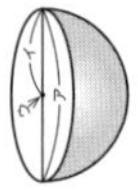

ア
イ
ウ

ア (直径)

イ (半径)

ウ (中心)

② 球を切ると切り口はどんな形をしていますか。(8)

(円)

6 箱《はこ》の中に，同じ大きさのボールが３こぴったり入っています。
この箱のたての長さをもとめましょう。(10)

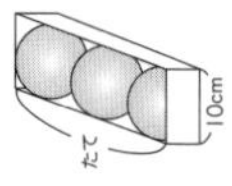

たて
10cm

式 10×3=30

答え 30cm

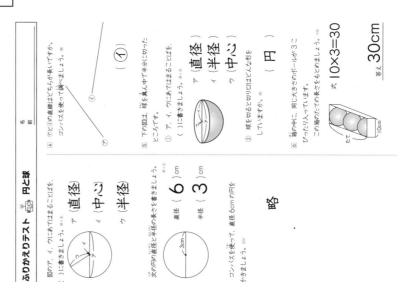

児童に実施させる前に，必ず指導される方が問題を解いてください。本書の解答は，あくまでも１つの例です。指導される方の作られた解答をもとに，本書の解答例を参考に児童の多様な考えに寄り添って○つけをお願いします。

解答

P.66

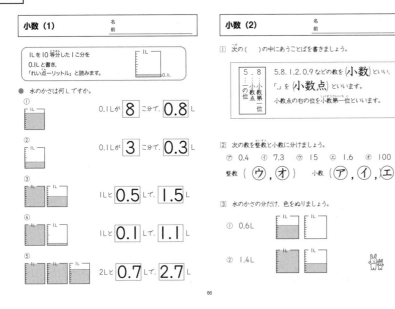

小数（1）

名前

1Lを10等分した1こ分を
0.1Lと書き，
「れい点一リットル」と読みます。

● 水のかさは何Lですか。

① 0.1Lが 8 こ分で， 0.8 L

② 0.1Lが 3 こ分で， 0.3 L

③ 1Lと 0.5 Lで， 1.5 L

④ 1Lと 0.1 Lで， 1.1 L

⑤ 2Lと 0.7 Lで， 2.7 L

66

小数（2）

名前

1 次の（　）の中にあうことばを書きましょう。

5.8，1.2，0.9 などの数を（小数）といい，
「.」を（小数点）といいます。
小数点の右の位を小数第一位といいます。

（5 … 一の位，. … 小数点，8 … 小数第一位）

2 次の数を整数と小数に分けましょう。

㋐ 0.4　㋑ 7.3　㋒ 15　㋓ 1.6　㋔ 100

整数（㋒，㋔）　小数（㋐，㋑，㋓）

3 水のかさの分だけ，色をぬりましょう。

① 0.6L

② 1.4L

P.67

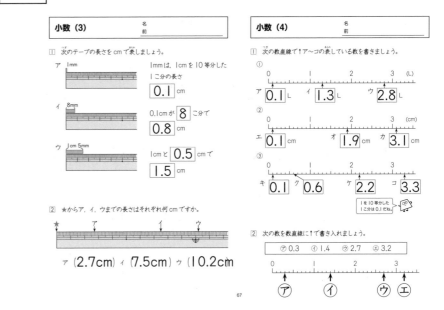

小数（3）

名前

1 次のテープの長さをcmで表しましょう。

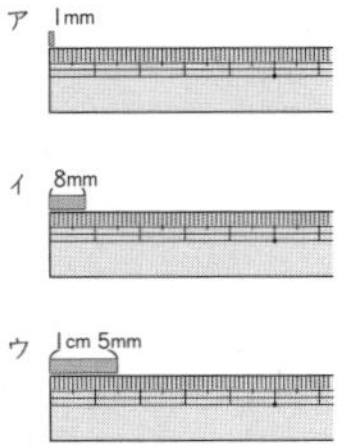

ア 1mmは，1cmを10等分した1こ分の長さ 0.1 cm

イ 0.1cmが 8 こ分で 0.8 cm

ウ 1cmと 0.5 cmで 1.5 cm

2 ★からア，イ，ウまでの長さはそれぞれ何cmですか。

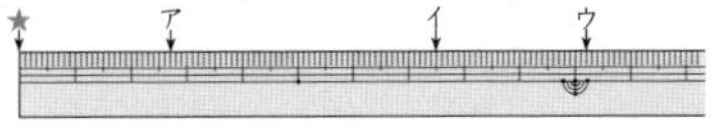

ア（2.7cm）イ（7.5cm）ウ（10.2cm）

67

小数（4）

名前

1 次の数直線で↑ア～コの表している数を書きましょう。

①（L）ア 0.1 L　イ 1.3 L　ウ 2.8 L

②（cm）エ 0.1 cm　オ 1.9 cm　カ 3.1 cm

③ キ 0.1　ク 0.6　ケ 2.2　コ 3.3

1を10等分した1こ分は0.1だね。

2 次の数を数直線に↑で書き入れましょう。

㋐ 0.3　㋑ 1.4　㋒ 2.7　㋓ 3.2

P.68

小数（5）

名前

● 下の数直線を見て，□にあてはまる数を書きましょう。

① 0.7は，0.1を 7 こ集めた数です。

② 2は，0.1を 20 こ集めた数です。

③ 3.5は，0.1を 35 こ集めた数です。

④ 0.1を10こ集めた数は 1 です。

⑤ 0.1を12こ集めた数は 1.2 です。

⑥ 0.1を46こ集めた数は 4.6 です。

⑦ 3.8は，1を 3 こと，0.1を 8 こ集めた数です。

⑧ 2より0.6大きい数は 2.6 です。

数直線に数を表してみるとよくわかるよ。

68

小数（6）

名前

● □にあてはまる不等号を書きましょう。

① 0.5 ＞ 0.2　② 2.9 ＜ 3

③ 1.8 ＜ 2.3　④ 0.8 ＜ 1.4

⑤ 4.6 ＞ 3.9　⑥ 1 ＜ 1.1

⑦ 0.1 ＞ 0　⑧ 1.2 ＜ 2.1

数を数直線に表すと，大きさがくらべやすいね。

数の大きい方をとおってゴールしましょう。とおった数を下の□に書きましょう。

① 4.3　② 1　③ 2

P.69

小数（7）

名前

1 ジュースがびんに0.6L，ペットボトルに0.2L入っています。

0.6L　0.2L

0.1が 6 こ　0.1が 2 こ

① あわせて何Lですか。

式 0.6 + 0.2 = 0.8

答え 0.8L

それぞれ0.1がいくつになるかで考えたらいいね。

② ちがいは何Lですか。

式 0.6 − 0.2 = 0.4

答え 0.4L

2 ① 0.4 + 0.2 = 0.6　② 0.6 + 0.3 = 0.9

③ 0.3 + 0.7 = 1　④ 0.5 + 0.5 = 1

⑤ 0.9 − 0.5 = 0.4　⑥ 0.7 − 0.1 = 0.6

⑦ 1 − 0.8 = 0.2　⑧ 1 − 0.4 = 0.6

69

小数（8）

小数のたし算

名前

① 2.7 + 3.6
筆算：2.7 + 3.6 = 6.3

❶ 位をそろえて書く。
❷ 整数のたし算と同じように計算する。
❸ 上の小数点にそろえて，答えの小数点をうつ。

② 4.3 + 1.5 = 5.8

③ 4.7 + 3.9 = 8.6　④ 3.2 + 5.5 = 8.7　⑤ 6.7 + 4.6 = 11.3

⑥ 2.9 + 6.8 = 9.7　⑦ 7.4 + 0.2 = 7.6　⑧ 1.3 + 8.8 = 10.1

⑨ 7.6 + 5.6 = 13.2　⑩ 5.7 + 0.9 = 6.6

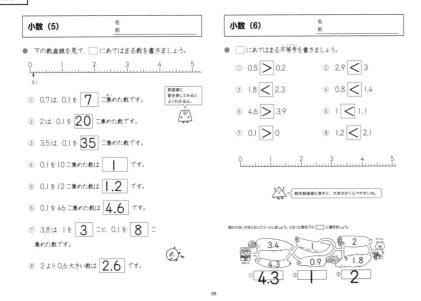

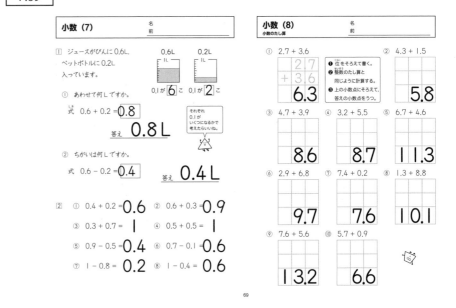

児童に実施させる前に，必ず指導される方が問題を解いてください。本書の解答は，あくまでも１つの例です。指導される方の作られた解答をもとに，本書の解答例を参考に児童の多様な考えに寄り添って○つけをお願いします。

P.70

小数 (9)
小数のたし算

名前

1 ① 7 + 2.5　9.5　② 5.8 + 3　8.8　③ 3.6 + 2.4　6.0

位をそろえてね。　答えは6だね。

④ 8 + 7.2　15.2　⑤ 4.3 + 6　10.3　⑥ 1.8 + 8.2　10.0

2 ① 4.8 + 5.9　10.7　② 8.6 + 6.5　15.1　③ 5.1 + 0.9　6.0

④ 9 + 3.4　12.4　⑤ 7.7 + 2.3　10.0

小数 (10)
小数のひき算

名前

① 5.4 − 2.7　2.7　② 7.6 − 3.8　3.8

小数のたし算と同じようにやってみよう。

③ 6.5 − 1.2　5.3　④ 3.2 − 1.5　1.7　⑤ 8.3 − 0.9　7.4

⑥ 7.3 − 4.8　2.5　⑦ 4.8 − 0.6　4.2　⑧ 5.1 − 3.3　1.8

⑨ 9.7 − 5.4　4.3　⑩ 2.4 − 0.8　1.6

70

P.71

小数 (11)
小数のひき算

名前

1 ① 7 − 5.4　1.6　② 4.6 − 2　2.6　③ 6.5 − 5.8　0.7

位をそろえてね。　答えに0をわすれないでね。

④ 10 − 8.3　1.7　⑤ 7.1 − 4　3.1　⑥ 3.4 − 2.9　0.5

2 ① 7.6 − 2.8　4.8　② 6.4 − 5.5　0.9　③ 8 − 3.5　4.5

④ 9.3 − 8.3　1.0　⑤ 12.2 − 6　6.2

小数 (12)

名前

1 5L あったジュースを，みんなで 2.6L 飲《の》みました。
のこりは，何 L ですか。

式 5−2.6=2.4

答え 2.4L

2 水そうに水が 3.8L 入っています。そこへ，水を 4.2 L 入れました。あわせて水は何 L ですか。

式 3.8+4.2=8.0

答え 8L

3 リボンが 2.3 m あります。そのうち，1.7 m 使《つか》いました。
のこりのリボンは何mですか。

式 2.3−1.7=0.6

答え 0.6m

71

P.72

ふりかえりテスト　小数

名前

1 次《つぎ》のかさを小数で表しましょう。(5×2)

① (0.6) L　② (1.4) L

2 ★から ア，イ までの長さをそれぞれ cm で表《あらわ》しましょう。(5×2)

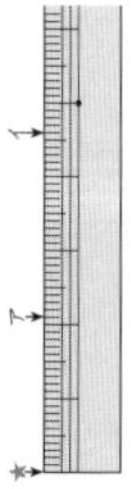

ア (2.1cm)　イ (4.6cm)

3 次の数直線で↑の表している数を書きましょう。(5×2)

ア 0.9　イ 1.3

4 □にあてはまる数を書きましょう。(5×3)

① 2.4は，0.1 を 24 こ集《あつ》めた数です。

② 0.1 を 16 こ集めた数は 1.6 です。

③ 5.6は，1 を 5 こと，0.1 を 6 こあわせた数です。

5 □にあてはまる不等号《ふとうごう》を書きましょう。(5×3)

① 3.2 > 2.3　② 1.1 > 0.9

③ 4.8 < 5

6 計算をしましょう。(5×6)

① 3.7 + 5.8　9.5　② 7.7 + 3　10.7　③ 4.6 + 1.4　6.0

④ 6.4 − 3.9　2.5　⑤ 5 − 2.9　2.1　⑥ 8.2 − 7.6　0.6

7 お茶が大きいやかんに 2.8L，ペットボトルに 1.2L 入っています。(5×2)

① あわせると，何 L ですか。

2.8+1.2=4.0

答え 4L

② ちがいは何 L ですか。

2.8−1.2=1.6

答え 1.6L

72

P.73

重さ (1)

名前

重《おも》さは，たんいにした重さが何こ分あるかで表《あらわ》します。
重さのたんいには，**グラム**があり，g と書きます。
1円玉1この重さは 1g です。

1 1円玉を使《つか》ってものの重さを調《しら》べました。g で表《あらわ》しましょう。

①

ハガキ
1円玉3こ

(3)g

②

いちご
1円玉20こ

(20)g

③

たまご
1円玉50こ

(50)g

④

消しゴム
1円玉16こ

(16)g

2 g を書くれんしゅうをしましょう。

1g　2g　略　3g　4g　5g

重さ (2)

名前

1 はかりで㋐と㋑の重《おも》さをはかりました。

㋐ さつまいも

㋑ キャベツ

① このはかりでは，何 g まではかれますか。

(1000)g

② さつまいもとキャベツの重さは，それぞれ何 g ですか。

㋐ (350)g　㋑ (700)g

2 メロンの重さをはかると，800g ありました。右のはかりにはりをかき入れましょう。

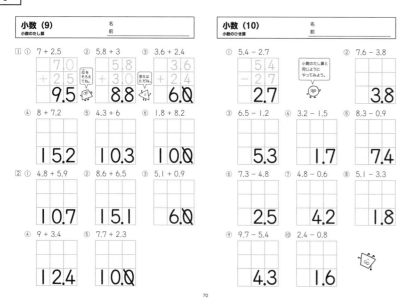

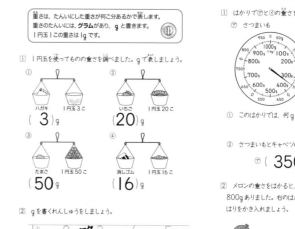

73

児童に実施させる前に，必ず指導される方が問題を解いてください。本書の解答は，あくまでも１つの例です。指導される方の作られた解答をもとに，本書の解答例を参考に児童の多様な考えに寄り添って○つけをお願いします。

P.74

重さ (3)

名前

重《おも》いものをはかるには kg (キログラム) というたんいを使《つか》います。 1kg = 1000g

kg			g
1	0	0	0

1kg 2kg 3kg 略

● かぼちゃの重さは何 g ですか。
また，何 kg 何 g ですか。

kg			g
1	6	0	0

1600 g
1 kg 600 g

重さ (4)

名前

● はかりのはりがさしているめもりは何 g ですか。
また，何 kg 何 g (何 kg) ですか。

水 1L の重さは 1kg なんだね。

①

1000 g
1 kg

kg			g
1	0	0	0

②

1300 g
1 kg 300 g

kg			g
1	3	0	0

P.75

重さ (5)

名前

1 □にあてはまる数を書きましょう

① 2000g = 2 kg
② 5600g = 5 kg 600 g
③ 4070g = 4 kg 70 g
④ 8kg = 8000 g
⑤ 6kg 30g = 6030 g

kg			g
2	0	0	0

略

2 □にあてはまる重さのたんい (g, kg) を書きましょう。

① 自転車 1 台の重さ …… 12 kg
② だいこん 1 本の重さ …… 1 kg
③ 教科書 1 さつの重さ …… 300 g

重い方をとおってゴールまでいきましょう。とおった方の重さに ○ をしましょう。

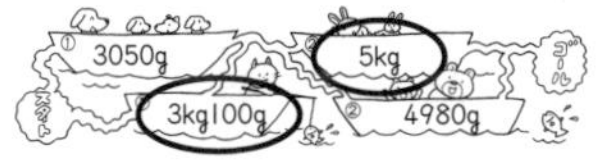

重さ (6)

名前

1 200g のかごに
450g のぶどうを入れます。
重さは何 g になりますか。

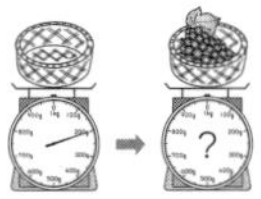

式 200g + 450g = 650g

答え 650g

2 にもつを入れたランドセルの
重さは 2kg 500g でした。
ランドセルの重さは 1kg です。
にもつの重さは何 kg 何 g ですか。

式 2kg500g − 1kg = 1kg500g

答え 1kg500g

3 計算をしましょう。

① 800g + 700g 1500g (1kg500g)
② 600g + 1kg 150g 1kg750g
③ 950g − 450g 500g
④ 1kg − 300g 700g

P.76

重さ (7)

名前

とても重《おも》いものの重さを表《あらわ》すたんいに，t (トン) があります。
1t = 1000kg です。

t			kg
1	0	0	0

1t 2t 3t 略

1 次《つぎ》の重さを t と kg で表しましょう。

① ゾウ 5t = 5000kg
② サイ 3t = 3000kg
③ トラック 4t = 4000kg

2 □にあてはまる重さのたんい (g, kg, t) を書きましょう。

① 乗用車《じょうようしゃ》 1 台の重さ ……… 2 t
② ノート 1 さつの重さ ……… 150 g
③ お兄さんの体重 ……… 57 kg
④ スイカ 1 この重さ ……… 3 kg

重さ (8)

名前

● 重《おも》さ，長さ，かさのたんいについて表《ひょう》にまとめました。

	k《キロ》	・	・		d《デシ》	c《センチ》	m《ミリ》
重さ	1kg	・	・	1g			(1mg)
長さ	1km	・	・	1m		1cm	1mm
かさ	(1kL)	・	・	1L	1dL		1mL

1000 倍　1000 倍

1 次《つぎ》の □にあてはまる数を書きましょう。

① 1kg = 1000 g
② 1km = 1000 m
③ 1m = 1000 mm
④ 1L = 1000 mL

2 上の表を見ながら，重さ，長さ，かさが大きい方を通って
ゴールまで行きましょう。通った方を下の □ に書きましょう。

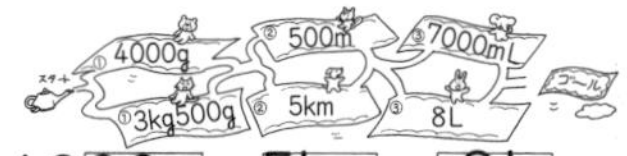

① 4000g ② 5km ③ 8L

P.77

分数 (1)

名前

1m を 4 等分《とうぶん》した 1 こ分の長さを 「四分の一メートル」といい，
$\frac{1}{4}$m と書きます。また，$\frac{1}{4}$m は，その 4 こ分で 1m になる長さです。

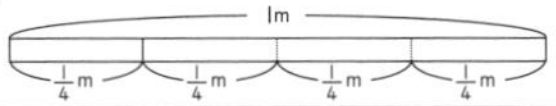

1 色をぬったところの長さはそれぞれ何 m ですか。

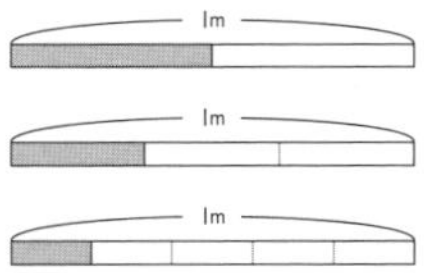

① $\frac{1}{2}$ m
② $\frac{1}{3}$ m
③ $\frac{1}{5}$ m

2 □にあてはまる数を書きましょう。

① 1m を 6 等分した 1 こ分の長さ $\frac{1}{6}$ m
② 3 こ分で 1m になる 1 こ分の長さ $\frac{1}{3}$ m
③ 2 こ分で 1m になる 1 こ分の長さ $\frac{1}{2}$ m

分数 (2)

名前

$\frac{1}{4}$m の 2 こ分の長さを 「四分の二メートル」といい，
$\frac{2}{4}$m と書きます。

分子　2 …… 2 こ分の長さ
分母　4 …… 1m を 4 等分した

1 色をぬったところの長さはそれぞれ何 m ですか。

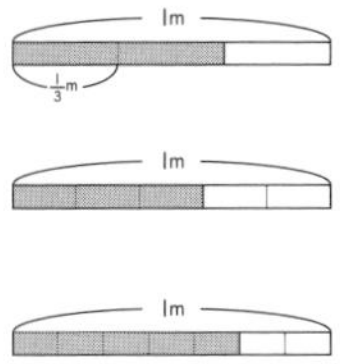

① $\frac{1}{3}$ m の 2 こ分で $\frac{2}{3}$ m
② $\frac{1}{5}$ m の 3 こ分で $\frac{3}{5}$ m
③ $\frac{1}{7}$ m の 5 こ分で $\frac{5}{7}$ m

2 次の長さだけ色をぬりましょう。

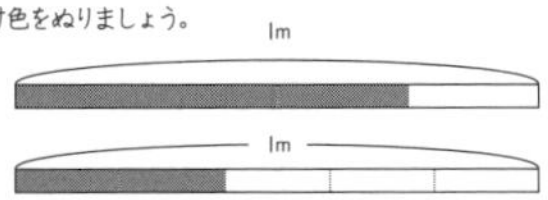

① $\frac{3}{4}$ m
② $\frac{2}{5}$ m

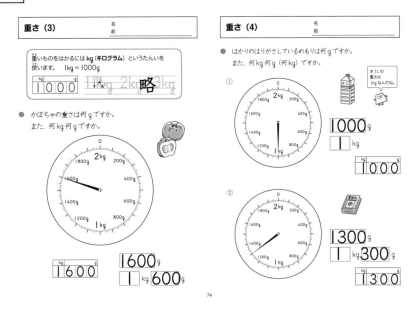

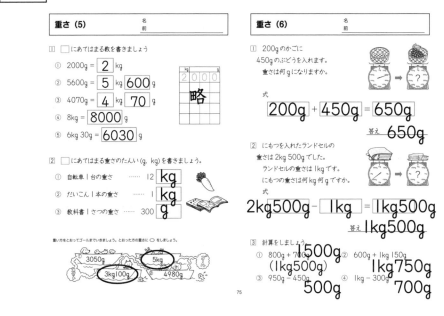

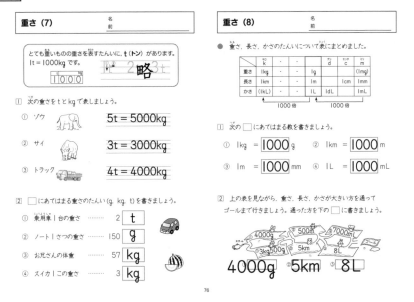

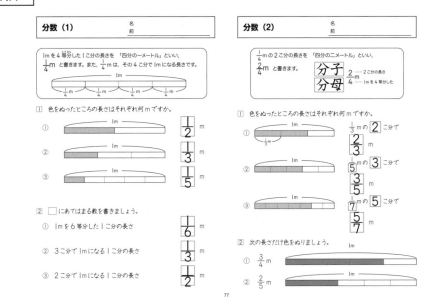

解答

児童に実施させる前に，必ず指導される方が問題を解いてください。本書の解答は，あくまでも１つの例です。指導される方の作られた解答をもとに，本書の解答例を参考に児童の多様な考えに寄り添って○つけをお願いします。

P.78

分数 (3)

名前

1 次《つぎ》の水のかさはそれぞれ何Lですか。

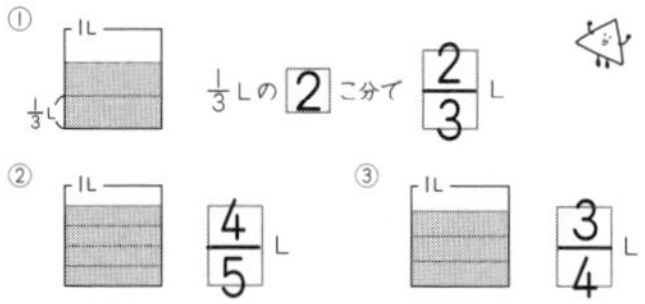

① $\frac{1}{3}$Lの 2 こ分で $\frac{2}{3}$ L

② $\frac{4}{5}$ L　③ $\frac{3}{4}$ L

2 次のかさの分だけ色をぬりましょう。

① $\frac{1}{5}$L　② $\frac{2}{4}$L　③ $\frac{4}{7}$L

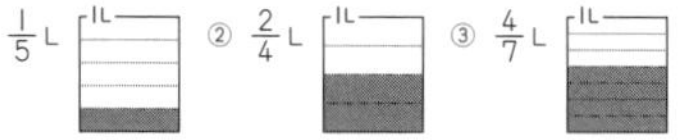

3 □にあてはまる数を書きましょう。

① 1Lを7等分《とうぶん》した3こ分のかさは $\frac{3}{7}$ Lです。

② 4こ分で1Lになる1こ分のかさは $\frac{1}{4}$ Lです。

③ $\frac{5}{6}$は，1Lを 6 等分した 5 こ分のかさです。

78

分数 (4)

名前

1 下の数直線の㋐～㋖にあてはまる分数を書きましょう。

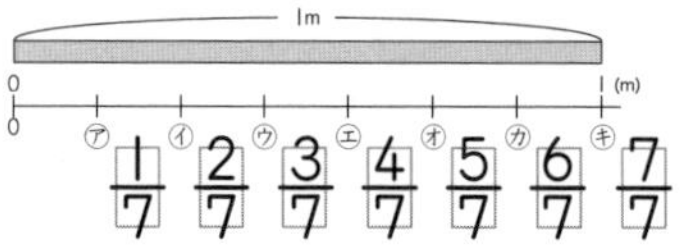

① ㋑，㋔，㋖はそれぞれ$\frac{1}{7}$mの何こ分の長さですか。

㋑ (2)こ分　㋔ (5)こ分　㋖ (7)こ分

② 1mと同じ長さの分数を書きましょう。1m = $\frac{7}{7}$ m

③ $\frac{2}{7}$mと$\frac{5}{7}$mでは，どちらがどれだけ長いですか。

($\frac{5}{7}$)mが($\frac{3}{7}$)m長い。

2 次《つぎ》の数直線の㋐～㋒にあてはまる分数を書きましょう。

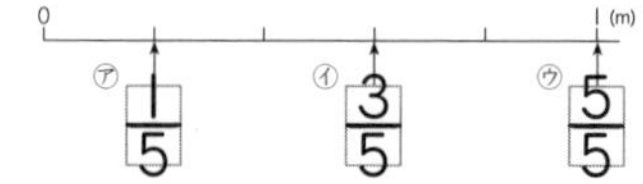

78

P.79

分数 (5)

名前

1 次《つぎ》の数直線の□にあてはまる分数を書きましょう。

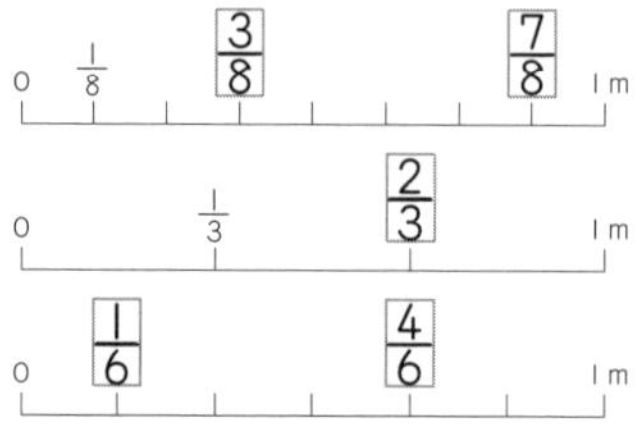

2 □にあてはまる等号《とうごう》や不等号《ふとうごう》を書きましょう。

数直線に表してみよう。

① $\frac{4}{7}$ < $\frac{6}{7}$

② $\frac{4}{4}$ = 1

③ 1 > $\frac{4}{5}$

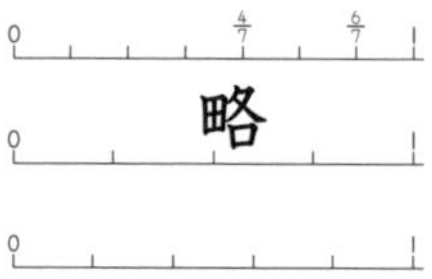

79

分数 (6)

名前

1 下の数直線の□には分数で，□には小数で，それぞれあてはまる数を書きましょう。

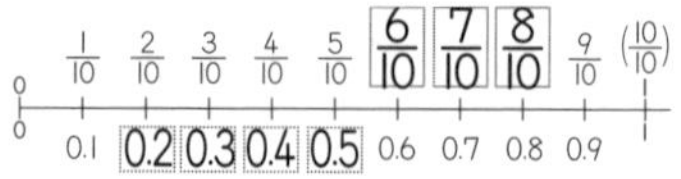

$\frac{1}{10}$ = 0.1

2 □にあてはまる分数や小数を書きましょう。

① 0.4 = $\frac{4}{10}$　② 0.7 = $\frac{7}{10}$

③ $\frac{2}{10}$ = 0.2　④ $\frac{8}{10}$ = 0.8

3 □にあてはまる等号《とうごう》や不等号《ふとうごう》を書きましょう。

上の数直線でたしかめよう。

① 0.1 < $\frac{3}{10}$　② $\frac{5}{10}$ > 0.3

③ $\frac{10}{10}$ > 0.9　④ 0.4 = $\frac{4}{10}$

79

P.80

分数 (7)

名前

1 ジュースがかんに$\frac{2}{7}$L，びんに$\frac{3}{7}$L入っています。あわせて何Lありますか。

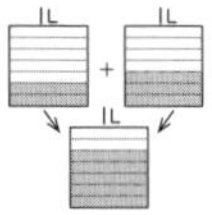

式《しき》 $\frac{2}{7}+\frac{3}{7}=\frac{5}{7}$

答え $\frac{5}{7}$L

2 $\frac{3}{5}+\frac{2}{5}$を計算しましょう。

式 $\frac{3}{5}+\frac{2}{5}=\frac{5}{5}$

$=1$

分母と分子が同じ数の分数は1と同じだったね。

3 計算をしましょう。

① $\frac{1}{6}+\frac{2}{6}=\frac{3}{6}$　② $\frac{3}{5}+\frac{1}{5}=\frac{4}{5}$

③ $\frac{1}{3}+\frac{1}{3}=\frac{2}{3}$　④ $\frac{4}{10}+\frac{5}{10}=\frac{9}{10}$

⑤ $\frac{2}{7}+\frac{4}{7}=\frac{6}{7}$　⑥ $\frac{1}{2}+\frac{1}{2}=1$

⑦ $\frac{3}{7}+\frac{4}{7}=1$　⑧ $\frac{7}{9}+\frac{2}{9}=1$

80

分数 (8)

名前

1 牛にゅうが$\frac{6}{7}$Lあります。$\frac{4}{7}$L飲《の》むと，のこりは何Lになりますか。

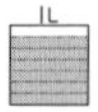

式《しき》 $\frac{6}{7}-\frac{4}{7}=\frac{2}{7}$

答え $\frac{2}{7}$L

上の$\frac{6}{7}$Lから$\frac{4}{7}$Lをとってみよう。

2 $1-\frac{1}{5}$を計算しましょう。

式 $1-\frac{1}{5}=\frac{5}{5}-\frac{1}{5}$

$=\frac{4}{5}$

1 = $\frac{□}{5}$ だったね。

3 計算をしましょう。

① $\frac{7}{8}-\frac{5}{8}=\frac{2}{8}$　② $\frac{3}{6}-\frac{2}{6}=\frac{1}{6}$

③ $\frac{5}{7}-\frac{3}{7}=\frac{2}{7}$　④ $\frac{9}{10}-\frac{6}{10}=\frac{3}{10}$

⑤ $\frac{4}{5}-\frac{1}{5}=\frac{3}{5}$　⑥ $1-\frac{2}{4}=\frac{2}{4}$

⑤ $1-\frac{2}{3}=\frac{1}{3}$　⑥ $1-\frac{6}{9}=\frac{3}{9}$

80

P.81

ふりかえりテスト　分数

名前

1 色をぬったところの長さを分数で表《あらわ》しましょう。(3×2)

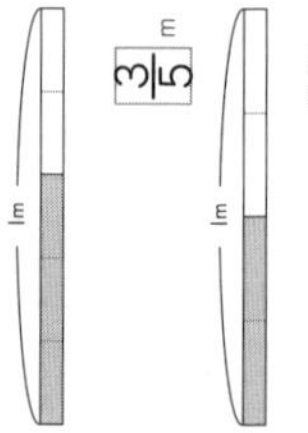

① $\frac{3}{5}$ m

② $\frac{2}{4}$ m

2 色をぬったところのかさを分数で表しましょう。(3×2)

① $\frac{2}{3}$ L

② $\frac{4}{7}$ L

3 □にあてはまる数を書きましょう。(5×3)

① 1mを8等分《とうぶん》した5こ分の長さは $\frac{5}{8}$ mです。

② $\frac{5}{6}$mは，$\frac{1}{6}$mの 5 こ分の長さです。

③ $\frac{1}{5}$mの 5 こ分の長さは1mです。

4 次《つぎ》の数直線の□にあてはまる分数を書きましょう。(4×2)

5 □にあてはまる分数や小数を書きましょう。(5×4)

① 0.8 = $\frac{8}{10}$　② 0.1 = $\frac{1}{10}$

③ $\frac{5}{10}$ = 0.5　④ $\frac{6}{10}$ = 0.6

6 □にあてはまる等号《とうごう》や不等号《ふとうごう》を書きましょう。(5×5)

① $\frac{6}{9}$ < $\frac{8}{9}$　② 1 = $\frac{7}{7}$

③ 0.5 > $\frac{3}{10}$　④ 0.1 = $\frac{1}{10}$

⑤ 1 > $\frac{4}{6}$

7 計算をしましょう。(5×4)

① $\frac{3}{8}+\frac{2}{8}=\frac{5}{8}$

② $\frac{8}{10}+\frac{2}{10}=1$

③ $\frac{7}{9}-\frac{5}{9}=\frac{2}{9}$

④ $1-\frac{2}{6}=\frac{4}{6}$

81

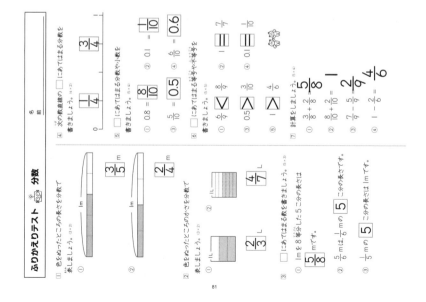

児童に実施させる前に，必ず指導される方が問題を解いてください。本書の解答は，あくまでも１つの例です。指導される方の作られた解答をもとに，本書の解答例を参考に児童の多様な考えに寄り添って○つけをお願いします。

解答

P.82

□を使った式（1）

名前

下のお話の場面《ばめん》で，わからない数を□としてたし算の式《しき》に表《あらわ》し，□にあてはまる数を計算でもとめましょう。

1 色紙を 23 まい持《も》っています。何まいかもらったので，全部《ぜんぶ》で 35 まいになりました。

式 23 ＋ □ ＝ 35

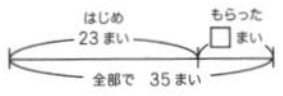

□の数は，ひき算でもとめられるね。

計算 35 － 23 ＝ 12　　答え 12 まい

2 バスに 18 人乗《の》っています。次《つぎ》のバスていで何人か乗ってきたので 25 人になりました。

式 18 ＋ □ ＝ 25

わからない数は，あとから乗ってきた人数だね。

計算 25 － 18 ＝ 7　　答え 7 人

□を使った式（2）

名前

下のお話の場面《ばめん》で，わからない数を□としてひき算の式《しき》に表《あらわ》し，□にあてはまる数を計算でもとめましょう。

1 公園で子どもが何人か遊《あそ》んでいました。15 人帰ったので，のこりが 10 人になりました。

式 □ － 15 ＝ 10

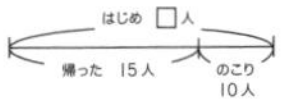

□の数は，たし算でもとめられるね。

計算 15 ＋ 10 ＝ 25　　答え 25 人

2 クッキーが何まいかありました。みんなで 27 まい食べたので，のこりが 23 まいになりました。

式 □ － 27 ＝ 23

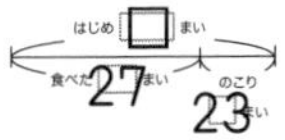

わからない数は，はじめにあったクッキーの数だね。

計算 27 ＋ 23 ＝ 50　　答え 50 まい

82

P.83

□を使った式（3）

名前

下のお話の場面《ばめん》で，わからない数を□としてかけ算の式《しき》に表《あらわ》し，□にあてはまる数を計算でもとめましょう。

1 みかんが同じ数ずつ入っているふくろが 6 ふくろあります。みかんは全部《ぜんぶ》で 30 こです。

式 □ × 6 ＝ 30

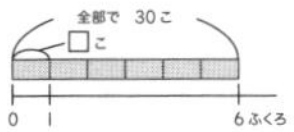

□の数は，わり算でもとめられるね。

計算 30 ÷ 6 ＝ 5　　答え 5 こ

2 子どもが同じ人数ずつ 3 台のバスに乗《の》ります。子どもは全部で 24 人です。

式 □ × 3 ＝ 24

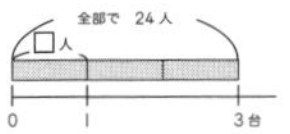

わからない数は，１台に乗る人数だね。

計算 24 ÷ 3 ＝ 8　　答え 8 人

□を使った式（4）

名前

下のお話の場面《ばめん》で，わからない数を□としてわり算の式《しき》に表《あらわ》し，□にあてはまる数を計算でもとめましょう。

1 キャラメルが 15 こあります。同じ数ずつ分けると，3 人に分けることができました。

式 15 ÷ □ ＝ 3

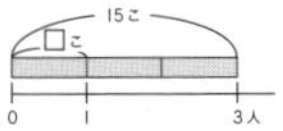

図を見ると，□はわり算でもとめられるね。

計算 15 ÷ 3 ＝ 5　　答え 5 こ

2 子どもが 42 人います。同じ人数ずつグループに分けると，6 つのグループに分けることができました。

式 42 ÷ □ ＝ 6

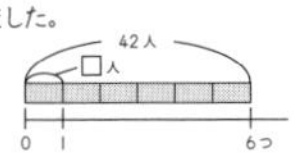

わからない数は，１つのグループの人数だね。

計算 42 ÷ 6 ＝ 7　　答え 7 人

83

P.84

かけ算の筆算 ②（1）

何十をかけるかけ算・2 けた × 2 けた（くり上がりなし）

名前

1 計算をしましょう。

① 2 × 40 ＝ 80　② 3 × 20 ＝ 60

③ 3 × 50 ＝ 150　④ 4 × 70 ＝ 280

⑤ 7 × 30 ＝ 210

2 筆算《ひっさん》でしましょう。

① 12 × 24

❶ 一の位《くらい》をかける　12 × 4 ＝ 48

12 × 24 → 48

❷ 十の位をかける　12 × 2 ＝ 24

12 × 24 → 48, 24

❸ たし算をする　48 ＋ 240 ＝ 288

12 × 24 → 48, 240 → 288

② 31 × 23 ＝ 713

③ 12 × 42 ＝ 504

④ 56 × 11 ＝ 616

⑤ 30 × 13 ＝ 390

かけ算の筆算 ②（2）

2 けた × 2 けた ＝ 3 けた（くり上がりあり）

名前

1

① 24 × 13：72 …24×3，24 …24×1，312

② 23 × 42：46 …23×2，92 …23×4，966

③ 26 × 23：78 …26×3，52 …26×2，598

2

① 28 × 32 ＝ 896　② 12 × 37 ＝ 444　③ 18 × 12 ＝ 216

④ 13 × 63 ＝ 819　⑤ 38 × 21 ＝ 798　⑥ 15 × 48 ＝ 720

84

P.85

かけ算の筆算 ②（3）

2 けた × 2 けた ＝ 3 けた（くり上がりあり）

名前

① 35 × 26 ＝ 910　② 18 × 53 ＝ 954　③ 26 × 21 ＝ 546

④ 23 × 38 ＝ 874　⑤ 17 × 56 ＝ 952　⑥ 29 × 29 ＝ 841

⑦ 42 × 16 ＝ 672　⑧ 15 × 12 ＝ 180

かけ算の筆算 ②（4）

2 けた × 2 けた ＝ 4 けた

名前

1

① 35 × 43：105 …35×3，140 …35×4，1505

② 48 × 26：288 …48×6，96 …48×2，1248

2

① 54 × 29 ＝ 1566　② 66 × 23 ＝ 1518　③ 47 × 53 ＝ 2491

④ 72 × 18 ＝ 1296　⑤ 32 × 37 ＝ 1184　⑥ 86 × 45 ＝ 3870

85

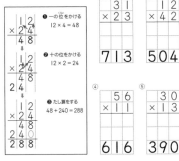

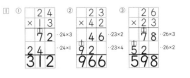

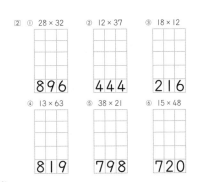

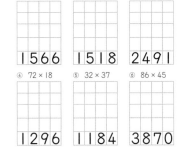

解答

児童に実施させる前に，必ず指導される方が問題を解いてください。本書の解答は，あくまでも１つの例です。指導される方の作られた解答をもとに，本書の解答例を参考に児童の多様な考えに寄り添って○つけをお願いします。

P.86

かけ算の筆算 ②（5） 名前

2けた×2けた＝4けた

① 65 × 18　1170

② 59 × 46　2714

③ 48 × 62　2976

④ 70 × 52　3640

⑤ 36 × 63　2268

⑥ 43 × 28　1204

⑦ 94 × 22　2068

⑧ 87 × 74　6438

くり上がりに
気をつけて
ゆっくり計算しよう。

かけ算の筆算 ②（6） 名前

2けた×2けた

① 36 × 22　792

② 52 × 17　884

③ 74 × 23　1702

④ 80 × 63　5040

⑤ 46 × 27　1242

答えの大きい方をとおってゴールしましょう。とおった答えを下の□に書きましょう。

① 25×29
② 63×47
① 62×12
② 32×92
ゴール

① 744　② 2961

P.87

かけ算の筆算 ②（7） 名前

3けた×2けた＝4けた

1 ①

	3	4	5
×		2	3
1	0	3	5
6	9	0	
7	9	3	5

…345×3　…345×2

②

	2	0	7
×		3	4
	8	2	8
6	2	1	
7	0	3	8

…207×4　…207×3

2 ① 253 × 36　9108

② 412 × 21　8652

③ 186 × 52　9672

④ 369 × 25　9225

⑤ 402 × 19　7638

⑥ 282 × 27　7614

かけ算の筆算 ②（8） 名前

3けた×2けた＝5けた

1 ①

		3	2	4
	×		5	7
	2	2	6	8
1	6	2	0	
1	8	4	6	8

…324×7　…324×5

②

		4	5	3
	×		2	8
	3	6	2	4
	9	0	6	
1	2	6	8	4

…453×8　…453×2

2 ① 508 × 35　17780

② 716 × 49　35084

③ 589 × 18　10602

④ 623 × 53　33019

P.88

かけ算の筆算 ②（9） 名前

3けた×2けた

① 198 × 46　9108

② 513 × 18　9234

③ 306 × 32　9792

④ 427 × 35　14945

⑤ 645 × 62　39990

答えの大きい方をとおってゴールしましょう。とおった答えを下の□に書きましょう。

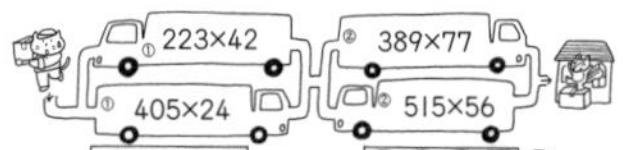
① 223×42
② 389×77
① 405×24
② 515×56

① 9720　② 29953

かけ算の筆算 ②（10） 名前

1 1箱《はこ》にクッキーが37まい入っています。
16箱では，クッキーは全部で何まいありますか。

式 37×16=592

答え 592まい

2 1こ82円のドーナツを35こ買います。
代金《だいきん》はいくらですか。

式 82×35=2870

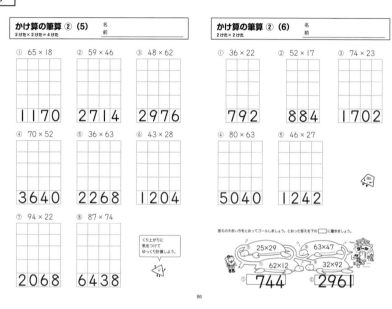

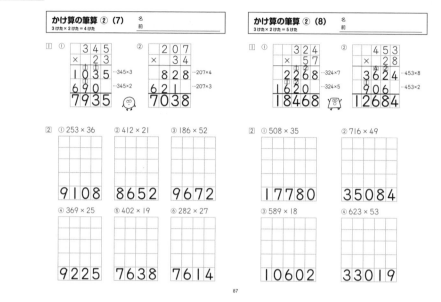

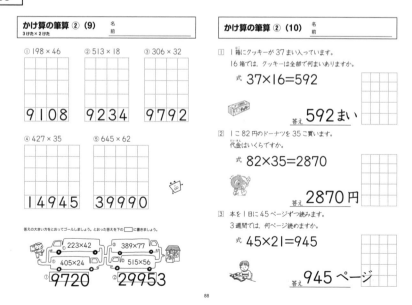

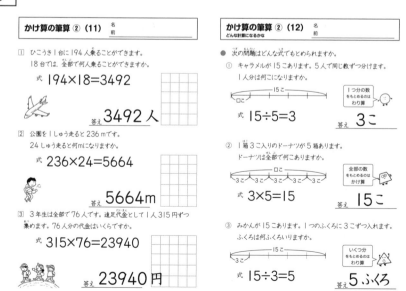

答え 2870円

3 本を1日に45ページずつ読みます。
3週間では，何ページ読めますか。

式 45×21=945

答え 945ページ

P.89

かけ算の筆算 ②（11） 名前

1 ひこうき1台に194人乗《の》ることができます。
18台では，全部《ぜんぶ》で何人乗ることができますか。

式 194×18=3492

答え 3492人

2 公園を1しゅう走ると236mです。
24しゅう走ると何mになりますか。

式 236×24=5664

答え 5664m

3 3年生は全部で76人です。遠足代金《だいきん》として1人315円ずつ集《あつ》めます。76人分の代金はいくらですか。

式 315×76=23940

答え 23940円

かけ算の筆算 ②（12） 名前

どんな計算になるかな

● 次《つぎ》の問題《もんだい》はどんな式《しき》でもとめられますか。

① キャラメルが15こあります。5人で同じ数ずつ分けます。
1人分は何こになりますか。

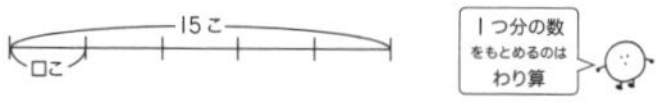
15こ
□こ
1つ分の数
をもとめるのは
わり算

式 15÷5=3

答え 3こ

② 1箱《はこ》3こ入りのドーナツが5箱あります。
ドーナツは全部《ぜんぶ》で何こありますか。

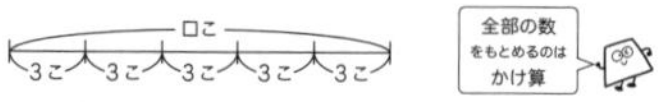
□こ
3こ
3こ
3こ
3こ
3こ
全部の数
をもとめるのは
かけ算

式 3×5=15

答え 15こ

③ みかんが15こあります。1つのふくろに3こずつ入れます。
ふくろは何ふくろいりますか。

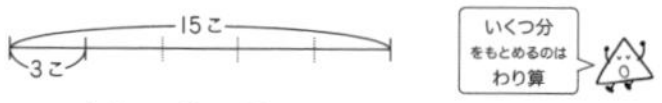
15こ
3こ
いくつ分
をもとめるのは
わり算

式 15÷3=5

答え 5ふくろ

P.90

かけ算の筆算 ② (13)
どんな計算になるかな　名前

● 次《つぎ》の問題《もんだい》はどんな式《しき》でもとめられますか。
□に式を書きましょう。

㋐ クッキーが 12 まいあります。4 まいずつ分けると，何人に分けることができますか。

12 ÷ 4

㋑ 色紙を 1 人に 12 まいずつ配《くば》ります。4 人に配るには，色紙は何まいいりますか。

12 × 4

㋒ 1 こ 25 円のあめを 5 こ買います。代金《だいきん》はいくらになりますか。

25 × 5

㋓ 3 年 1 組は 25 人です。同じ人数ずつ 5 つのグループに分けます。1 つのグループは何人になりますか。

25 ÷ 5

㋔ みかんが 25 こあります。5 人が 1 こずつ食べます。のこりは何こになりますか。

25 − 5

かけ算の筆算 ② (14)
どんな計算になるかな　名前

1 42cm のリボンを，同じ長さに 7 本に切り分けます。1 本は，何 cm になりますか。

式《しき》 42÷7=6

答え 6cm

2 みかんを，38 こずつ箱《はこ》に入れます。24 箱作るには，みかんは何こいりますか。

式 38×24=912

答え 912こ

3 紙パック入りのジュースが 12 本あります。1 つの紙パックに 180mL 入っています。ジュースは，全部《ぜんぶ》で何 mL ありますか。

式 180×12=2160

答え 2160mL

90

P.91

かけ算の筆算 ② (15)
どんな計算になるかな　名前

1 バスに子どもが 24 人乗《の》ります。
バス代は 1 人 130 円です。
バス代はみんなで何円になりますか。

式《しき》 130×24=3120

答え 3120 円

2 たまごが 53 こあります。
1 パックに 6 こずつ入れると，何パックできて何こあまりますか。

式 53÷6=8 あまり 5

答え 8 パックできて，5 こあまる。

3 花たばを 37 たば作ります。
1 つの花たばに花を 15 本ずつ入れます。
花は全部《ぜんぶ》で何本いるでしょうか。

式 15×37=555

答え 555 本

かけ算の筆算 ② (16)
どんな計算になるかな　名前

1 牛にゅうが 35dL あります。
1 日に 7dL ずつ飲《の》むと，何日分ありますか。

式《しき》 35÷7=5

答え 5 日分

2 バスが 18 台あります。1 台に 55 人ずつ乗《の》っています。
全部《ぜんぶ》で何人乗っていますか。

式 55×18=990

答え 990 人

3 計算問題《もんだい》が 67 問あります。
1 日 8 問ずつ計算すると，何日で全部終《お》わりますか。

式 67÷8=8 あまり 3
8+1=9

答え 9 日

91

P.92

ふりかえりテスト かけ算の筆算 ②
名前

1 筆算《ひっさん》をしましょう。(8×10)

① 16 × 54　864
② 23 × 35　805
③ 57 × 33　1881
④ 78 × 45　3510
⑤ 63 × 86　5418
⑥ 70 × 69　4830
⑦ 277 × 25　6925
⑧ 125 × 28　3500
⑨ 346 × 68　23528
⑩ 702 × 45　31590

2 おり紙の入った箱《はこ》が 42 箱あります。
1 箱に 56 まいずつ入っています。
おり紙は全部で何まいありますか。(10)

式 56×42=2352

答え 2352 まい

3 1 こ 286 円のプリンを 32 こ買います。
代金はいくらですか。(10)

式 286×32=9152

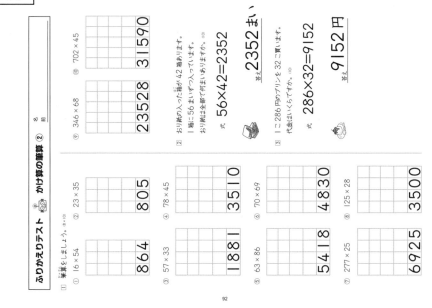

答え 9152 円

92

P.93

倍の計算 (1)
名前

1 赤いリボンが 18m，青いリボンが 6m あります。
赤いリボンは，青いリボンの何倍《ばい》の長さですか。

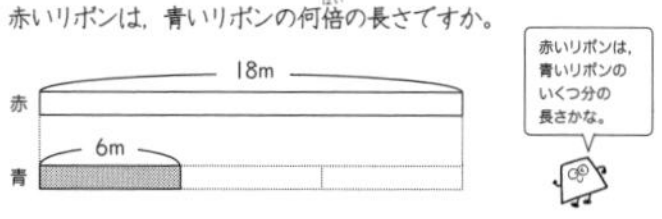

式《しき》 18 ÷ 6 = 3

答え 3 倍

2 さきさんは，色紙を 40 まい持《も》っています。
けんたさんは，8 まい持っています。
さきさんは，けんたさんの何倍のまい数の色紙をもっていますか。

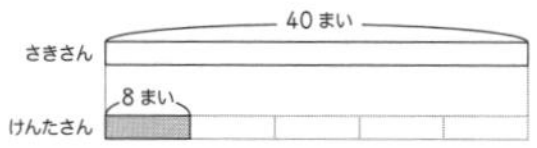

式 40 ÷ 8 = 5

答え 5 倍

倍の計算 (2)
名前

1 赤いリボンが 8m あります。青いリボンは，赤いリボンの 3 倍《ばい》の長さです。青いリボンは何 m ですか。

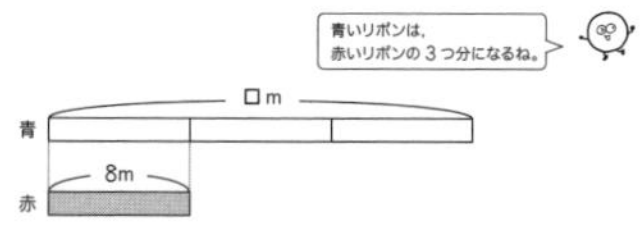

式《しき》 8 × 3 = 24

答え 24m

2 赤と青のリボンがあります。
赤のリボンは，青のリボンの 5 倍の長さで 20m です。
青のリボンは何 m ですか。

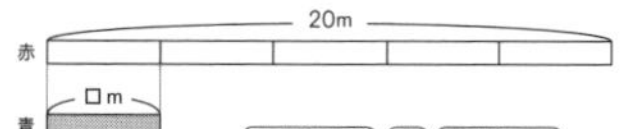

（青のリボンの長さ）（倍）（赤のリボンの長さ）
かけ算の式で表《あらわ》すと □ × 5 = 20

式 20 ÷ 5 = 4

答え 4m

93

解答

児童に実施させる前に，必ず指導される方が問題を解いてください。本書の解答は，あくまでも１つの例です。指導される方の作られた解答をもとに，本書の解答例を参考に児童の多様な考えに寄り添って○つけをお願いします。

P.94

倍の計算（3）　名前

倍《ばい》をもとめる

□1 28cm の赤いテープと 7cm の白いテープがあります。
赤いテープの長さは，白いテープの長さの何倍《なんばい》ですか。

28cm
赤
白
7cm
7 × □ = 28

式《しき》　28÷7=4　　答え　4 倍

□倍の大きさをもとめる

□2 8cm の青いテープがあります。緑《みどり》のテープは青いテープの 6 倍の長さです。緑のテープの長さは何 cm ですか。

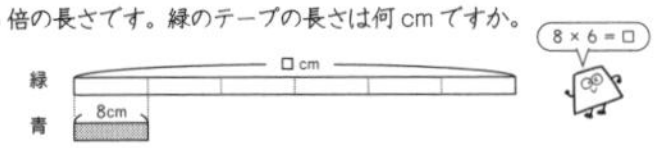
□ cm
緑
青
8cm
8 × 6 = □

式　8×6=48　　答え　48cm

もとにする大きさをもとめる

□3 ピンクとオレンジのテープがあります。ピンクのテープの長さはオレンジのテープの長さの 5 倍で 30cm です。
オレンジのテープの長さは何 cm ですか。

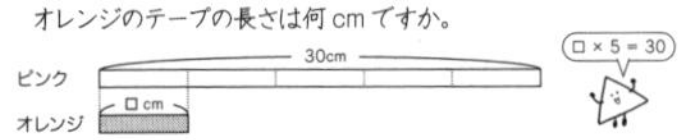
30cm
ピンク
オレンジ
□ cm
□ × 5 = 30

式　30÷5=6　　答え　6cm

94

倍の計算（4）　名前

□1 くりひろいに行き，たくとさんは 42 こ，弟は 7 こひろいました。
たくとさんは，弟の何倍《なんばい》くりをひろいましたか。

式《しき》　42÷7=6

答え　6 倍

□2 えみさんは，きのう本を 37 ページ読みました。
今日はきのうの 2 倍読みました。
えみさんは今日何ページ読みましたか。

式　37×2=74

答え　74 ページ

□3 あめとチョコレートがあります。
あめの数はチョコレートの 4 倍で 32 こあります。
チョコレートは何こありますか。

式　32÷4=8

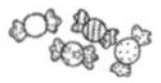

答え　8こ

P.95

三角形（1）　名前

□1 次《つぎ》の㋐〜㋔の図で，三角形はどれですか。
（　）に記号《きごう》を書きましょう。

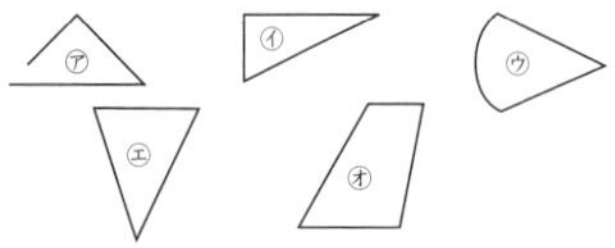
㋐
㋑
㋒
㋓
㋔

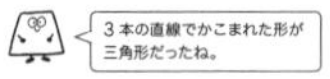
3 本の直線でかこまれた形が三角形だったね。

（ ㋑，㋓ ）

□2 次の三角形の名前を書きましょう。

㋐ 2 つの辺《へん》の長さが等《ひと》しい三角形　　㋑ 3 つの辺の長さが等しい三角形

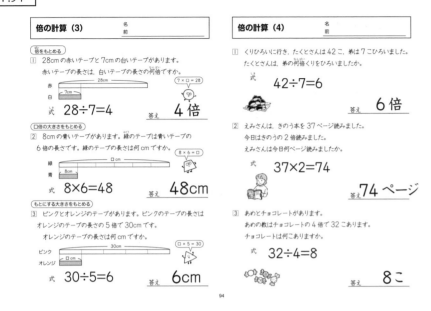

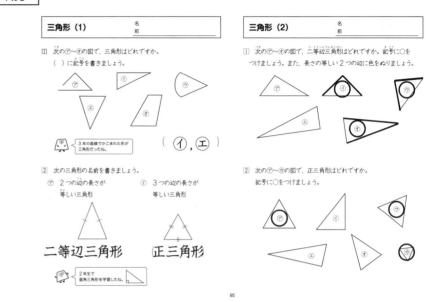

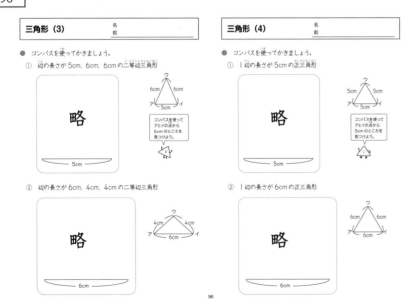

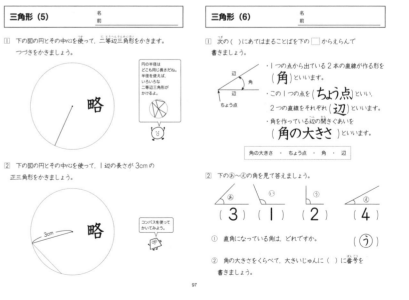

二等辺三角形　　（正三角形）

2 年生で
直角三角形を学習したね。

95

三角形（2）　名前

□1 次《つぎ》の㋐〜㋔の図で，二等辺三角形《にとうへんさんかくけい》はどれですか。記号《きごう》に○をつけましょう。また，長さの等しい 2 つの辺に色をぬりましょう。

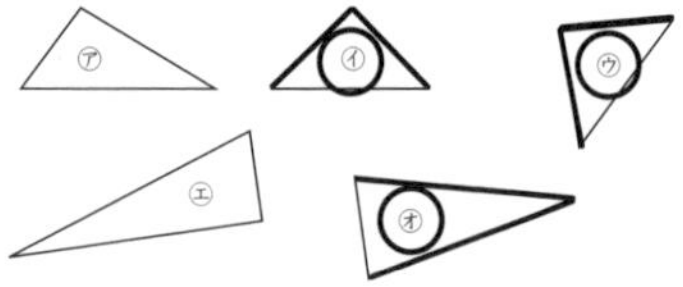
㋐
㋑
㋒
㋓
㋔

□2 次の㋐〜㋕の図で，正三角形はどれですか。
記号に○をつけましょう。

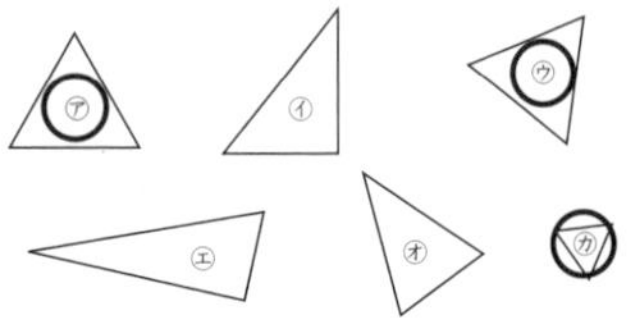
㋐
㋑
㋒
㋓
㋔
㋕

P.96

三角形（3）　名前

● コンパスを使《つか》ってかきましょう。

① 辺《へん》の長さが 5cm，6cm，6cm の二等辺三角形《にとうへんさんかくけい》

略
5cm

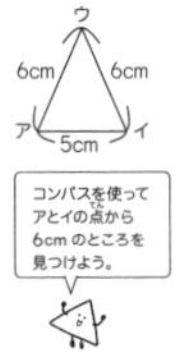
ウ
6cm
6cm
ア
5cm
イ
コンパスを使って
アとイの点《てん》から
6cm のところを
見つけよう。

② 辺の長さが 6cm，4cm，4cm の二等辺三角形

略
6cm

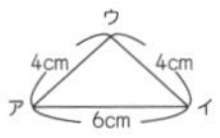
ウ
4cm
4cm
ア
6cm
イ

96

三角形（4）　名前

● コンパスを使《つか》ってかきましょう。

① 1 辺《ぺん》の長さが 5cm の正三角形《せいさんかくけい》

略
5cm

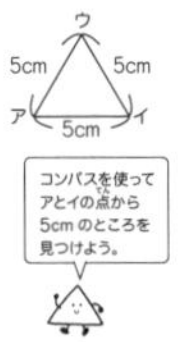
ウ
5cm
5cm
ア
5cm
イ
コンパスを使って
アとイの点《てん》から
5cm のところを
見つけよう。

② 1 辺の長さが 6cm の正三角形

略
6cm

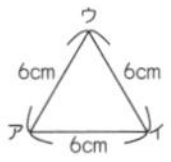
ウ
6cm
6cm
ア
6cm
イ

P.97

三角形（5）　名前

□1 下の図の円とその中心を使《つか》って，二等辺三角形《にとうへんさんかくけい》をかきます。
つづきをかきましょう。

略

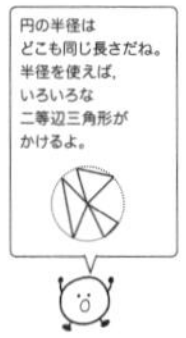
円の半径は
どこも同じ長さだね。
半径を使えば，
いろいろな
二等辺三角形が
かけるよ。

□2 下の図の円とその中心を使って，1 辺の長さが 3cm の正三角形をかきましょう。

3cm
略

コンパスを使って
かいてみよう。

97

三角形（6）　名前

□1 次《つぎ》の（　）にあてはまることばを下の □ からえらんで書きましょう。

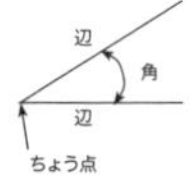
辺
角
辺
ちょう点

・1 つの点から出ている 2 本の直線が作る形を（角）といいます。
・この 1 つの点を（ちょう点）といい，
2 つの直線をそれぞれ（辺）といいます。
・角を作っている辺《へん》の開《ひら》きぐあいを（角の大きさ）といいます。

角の大きさ　・　ちょう点　・　角　・　辺

□2 下の㋐〜㋓の角を見て答えましょう。

あ
い
う
え

（ 3 ）　（ 1 ）　（ 2 ）　（ 4 ）

① 直角になっている角は，どれですか。　（ ㋒ ）

② 角の大きさをくらべて，大きいじゅんに（　）に番号《ばんごう》を書きましょう。

97

P.98

三角形（7）

名前

1 次《つぎ》の □ にあてはまる数を書きましょう。

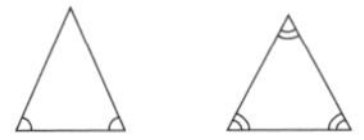

・二等辺三角形《にとうへんさんかくけい》の 2 つの辺の長さは等しく，2 つの角《かく》の大きさは同じです。

・正三角形の 3 つの辺の長さは等しく，3 つの角の大きさは同じです。

2 角の大きさをそれぞれくらべましょう。
角が大きい方の（ ）に○をしましょう。

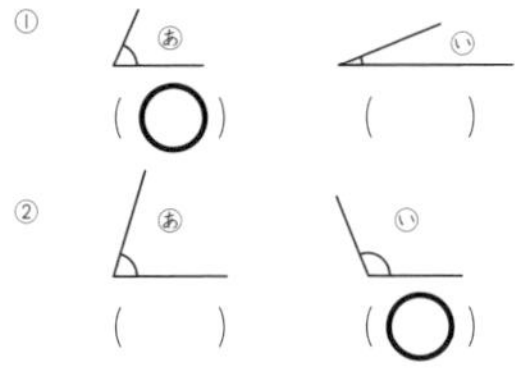
①
あ
い
②
あ
い

①（ ○ ）（ ）
②（ ）（ ○ ）

98

三角形（8）

名前

1 1《ひと》組《くみ》の三角《さんかく》じょうぎの角の大きさについて答えましょう。

あ
い
う
え
お
か

① 直角になっている角はどれですか。
（ あ ）（ お ）

② いと同じ角の大きさはどれですか。
（ う ）

③ いとえでは，どちらの角が大きいですか。
（ え ）

2 下のように，同じ三角じょうぎを２まいならべると何という三角形ができますか。

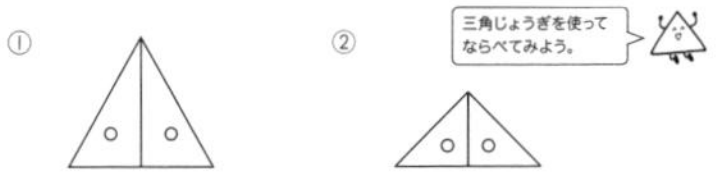
三角じょうぎを使ってならべてみよう。

①（ 正三角形 ）
② 二等辺三角形（直角二等辺三角形）

P.99

ぼうグラフと表（1）

名前

● 3年1組のみんなのすきな給食《きゅうしょく》について調《しら》べました。

すきな給食調べ

からあげ	カレーライス	ラーメン	からあげ	カレーライス
カレーライス	ラーメン	カレーライス	ラーメン	からあげ
ラーメン	カレーライス	からあげ	ナポリタン	カレーライス
やきそば	ラーメン	カレーライス	わかめごはん	ラーメン
ナポリタン	カレーライス	ラーメン	カレーライス	カレーライス
カレーライス	ハンバーグ	カレーライス		

① それぞれの人数を「正」の字を使《つか》って調べましょう。

すきな給食調べ

カレーライス	正正T
やきそば	一
ナポリタン	T
ラーメン	正T
からあげ	正
ハンバーグ	一
わかめごはん	一

② ①で調べた人数を表《ひょう》に整理《せいり》しましょう。

すきな給食調べ

しゅるい	人数（人）
カレーライス	12
ナポリタン	2
ラーメン	7
からあげ	4
その他《た》	3

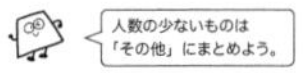
人数の少ないものは「その他」にまとめよう。

99

ぼうグラフと表（2）

名前

● 下のぼうグラフは，3年2組のすきな給食《きゅうしょく》をグラフに表《あらわ》したものです。

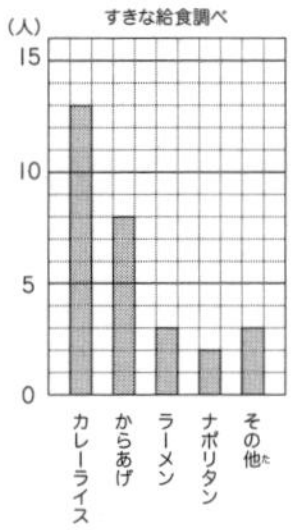
すきな給食調べ
(人)
15
10
5
0
カレーライス
からあげ
ラーメン
ナポリタン
その他《た》

① グラフの１めもりは，何人を表していますか。
（ 1 ）人

② いちばん人数が多《おお》いメニューは何ですか。
（ カレーライス ）

③ それぞれのメニューの人数は何人ですか。
カレーライス（ 13 ）人
からあげ（ 8 ）人
ラーメン（ 3 ）人
ナポリタン（ 2 ）人

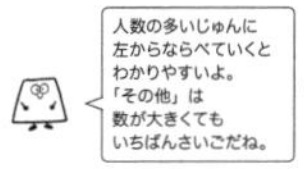
人数の多いじゅんに左からならべていくとわかりやすいよ。「その他」は数が大きくてもいちばんさいごだね。

④ からあげの人数は，ナポリタンの人数より何人多いですか。
（ 6 ）人

99

P.100

ぼうグラフと表（3）

名前

1 下のぼうグラフは，10月にほけん室に来た人数を学年ごとに表《あらわ》したものです。

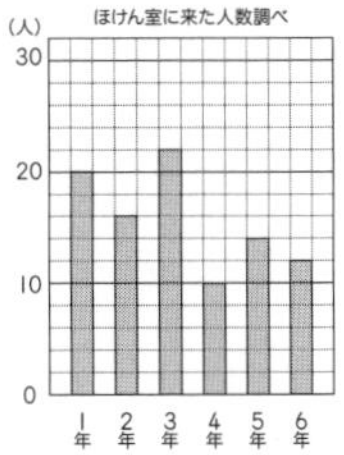
ほけん室に来た人数調べ
(人)
30
20
10
0
1年
2年
3年
4年
5年
6年

① グラフの１めもりは，何人を表していますか。
（ 2 ）人

② 次《つぎ》の学年の人数はそれぞれ何人ですか。
2年（ 16 ）人
3年（ 22 ）人
5年（ 14 ）人

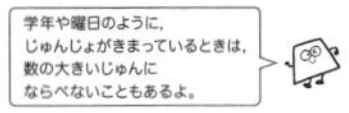
学年や曜日のように，じゅんじょがきまっているときは，数の大きいじゅんにならべないこともあるよ。

2 次のぼうグラフで，１めもりが表している大きさと，ぼうが表している大きさを答えましょう。

①
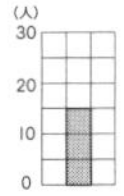
(人)
30
20
10
0

１めもり（ 5 ）人
ぼうの大きさ（ 15 ）人

②
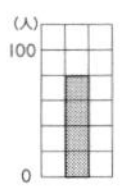
(人)
100
0

１めもり（ 20 ）人
ぼうの大きさ（ 80 ）人

100

ぼうグラフと表（4）

名前

● 下のぼうグラフは，3年生が先週図書室で本をかりたさっ数を曜日ごとに表《あらわ》したものです。

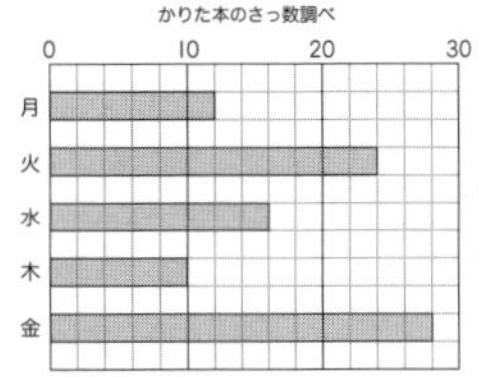
かりた本のさっ数調べ
0
10
20
30（さつ）
月
火
水
木
金

横むきのグラフもあるんだね。

① グラフの１めもりは，何さつを表《あらわ》していますか。
（ 2 ）さつ

0
10
0から10までは５めもりだから…。

② さっ数がいちばん多いのは何曜日ですか。
（ 金 ）曜日

③ 水曜日と金曜日のさっ数はそれぞれ何さつですか。
水曜日（ 16 ）さつ　金曜日（ 28 ）さつ

100

P.101

ぼうグラフと表（5）

名前

● 下の表《ひょう》は3年2組ですきなあそびを調《しら》べたものです。
この表をぼうグラフに表《あらわ》しましょう。

すきなあそび調べ

しゅるい	なわとび	ドッジボール	サッカー	おにごっこ	その他《た》
人数（人）	2	12	7	4	3

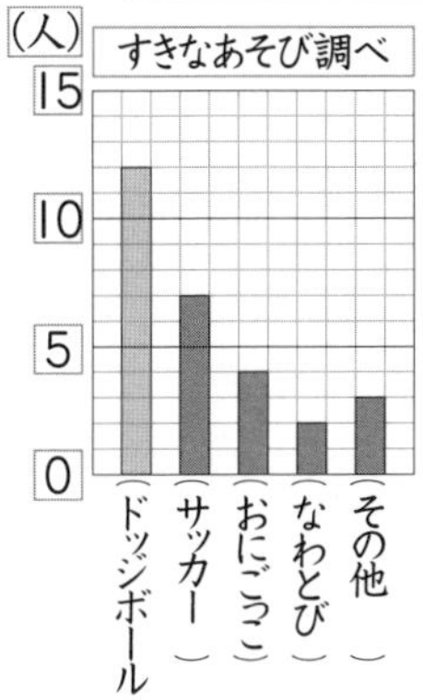
(人)
すきなあそび調べ
15
10
5
0
ドッジボール
サッカー
おにごっこ
なわとび
その他

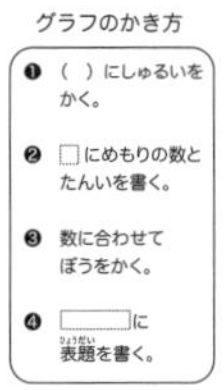
グラフのかき方
❶（ ）にしゅるいをかく。
❷ □にめもりの数とたんいを書く。
❸ 数に合わせてぼうをかく。
❹ □に表題《ひょうだい》を書く。

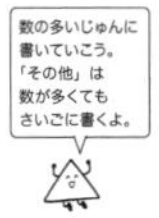
数の多いじゅんに書いていこう。「その他」は数が多くてもさいごに書くよ。

101

ぼうグラフと表（6）

名前

● 下の表《ひょう》は，さきさんが先週月曜日から金曜日に読書をした時間を表《あらわ》したものです。
この表をぼうグラフに表しましょう。

読書時間調べ

曜日	時間（分）
月	20
火	45
水	30
木	15
金	70

１めもりは何分になるかな。

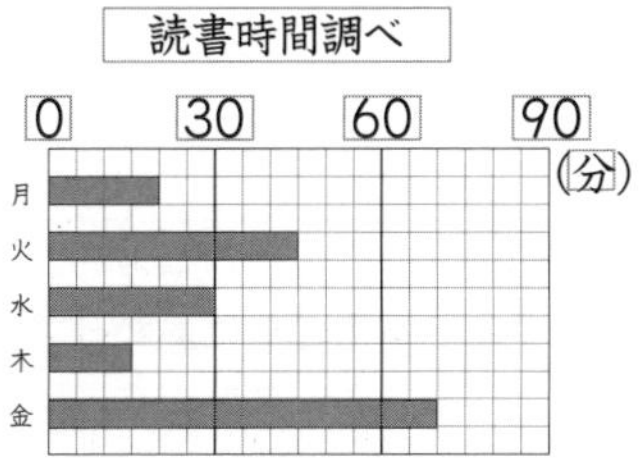
読書時間調べ
0
30
60
90
(分)
月
火
水
木
金

101

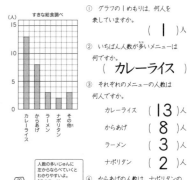

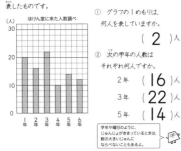

解答 児童に実施させる前に，必ず指導される方が問題を解いてください。本書の解答は，あくまでも１つの例です。指導される方の作られた解答をもとに，本書の解答例を参考に児童の多様な考えに寄り添って○つけをお願いします。

P.102

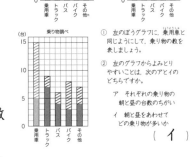

ぼうグラフと表（7）

名前

● 下の表《ひょう》は３年生の組ごとのすきなおにぎりのしゅるいを調《しら》べたものです。

すきなおにぎり（1組）

しゅるい	人数（人）
しゃけ	12
たらこ	7
ツナ	6
その他	2
合　計	27

すきなおにぎり（2組）

しゅるい	人数（人）
しゃけ	8
たらこ	3
ツナ	13
その他	4
合　計	28

すきなおにぎり（3組）

しゅるい	人数（人）
しゃけ	10
たらこ	6
ツナ	8
その他	3
合　計	27

① 上の表の２組と３組の人数の合計を書きましょう。

② 上の３つの表を下の１つの表に整理《せいり》しましょう。

３年生のすきなおにぎり

しゅるい＼組	1組	2組	3組	合計（人）
しゃけ	12	8	10	㋐ 30
たらこ	7	3	6	16
ツナ	6	13	8	27
その他	2	4	3	9
合　計	27	28	27	82

③ 表の㋐に入る数は何を表《あらわ》していますか。

（しゃけのおにぎりがすきな人の合計人数

④ 学年で２ばんめにすきな人が多いおにぎりは何ですか。

（　ツナ　）

ぼうグラフと表（8）

名前

● 下の㋐と㋑２つのぼうグラフは，朝と昼に学校の前を通った乗《の》り物《もの》の数を表《あらわ》したものです。

㋐

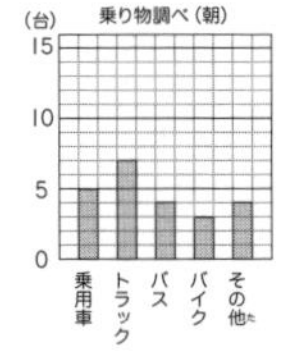

㋑

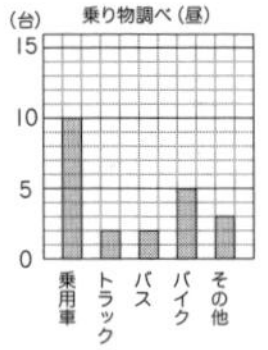

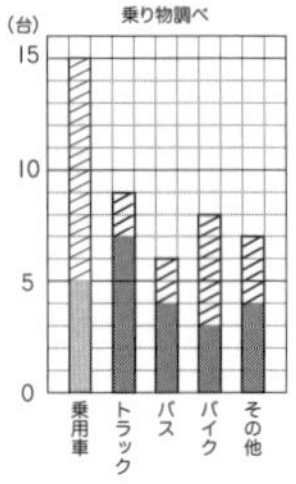

① 左のぼうグラフに，乗用車《じょうようしゃ》と同じようにして，乗り物の数を表しましょう。

② 左のグラフからよみとりやすいことは，次のアとイのどちらですか。

ア　それぞれの乗り物の朝と昼の台数のちがい

イ　朝と昼をあわせてどの乗り物が多いか

（　イ　）

102

新版　教科書がっちり算数プリント
スタートアップ解法編　3年　ふりかえりテスト付き
解き方がよくわかり自分の力で練習できる

2021年1月20日　第1刷発行

企画・編著：原田善造（他12名）
編集担当：桂真紀
イラスト：山口亜耶　他

発行者：岸本なおこ
発行所：喜楽研（わかる喜び学ぶ楽しさを創造する教育研究所）
〒604-0827　京都府京都市中京区高倉通二条下ル瓦町543-1
TEL　075-213-7701　FAX　075-213-7706
HP　http://www.kirakuken.jp/
印刷：株式会社米谷

ISBN:978-4-86277-317-3

Printed in Japan